化学工业出版社“十四五”普通高等教育规划教材
普通高等教育“新工科”系列精品教材

材料模拟基础

Fundamentals of Material Simulation

石永敬 主 编
曹献龙 陈 敏 副主编

化学工业出版社
·北京·

内容简介

《材料模拟基础》全面、系统地介绍了材料模拟模型基础、模型常用数值计算方法、有限差分法基本原理、有限元分析基本原理、Galerkin 加权残值法和变分方法及材料的传热及弹性有限元分析。全书内容共 6 章，其中第 1 章为绪论，第 2 章为模型常用计算方法，第 3 章到第 6 章依次是有限差分法基本原理、有限元分析基本原理、Galerkin 加权残值法和变分方法、材料的传热及弹性有限元分析。

本书可供教学、科研和从事材料模拟计算相关工作的教师、学生、研究生及工程技术人员参考使用，也可作为功能材料等相关专业的本科教材使用。

图书在版编目（CIP）数据

材料模拟基础 / 石永敬主编 ； 曹献龙，陈敏副主编. 北京 ： 化学工业出版社，2025. 1. -- （化学工业出版社“十四五”普通高等教育规划教材）（普通高等教育“新工科”系列精品教材） . -- ISBN 978-7-122-47054-6

Ⅰ. TB303

中国国家版本馆 CIP 数据核字第 20255JY499 号

责任编辑：李玉晖　杨　菁　金　杰　　文字编辑：蔡晓雅
责任校对：杜杏然　　装帧设计：刘丽华

出版发行：化学工业出版社
（北京市东城区青年湖南街 13 号　邮政编码 100011）
印　　装：河北延风印务有限公司
787mm×1092mm　1/16　印张 10　字数 217 千字
2025 年 2 月北京第 1 版第 1 次印刷

购书咨询：010-64518888　　售后服务：010-64518899
网　　址：http://www.cip.com.cn
凡购买本书，如有缺损质量问题，本社销售中心负责调换。

定　　价：38.00 元

前言

近二十年来，材料的模拟与计算伴随着材料功能的发展也取得了进一步的发展。材料的模拟与计算在材料的发展中具有特殊的优势，既能独立实现对材料的行为分析，也可以与实验法一起完成新材料的开发。材料模拟基础是功能材料专业的一门专业方向核心课程，是以材料模拟计算的基本过程及原理为主体的课程。学习本书前，学生应修完高等数学、材料力学、固体物理及材料科学基础等课程。本书的内容主要涵盖建模的基本方法、模型常用数值计算方法、有限差分计算、有限元基本分析原理、Galerkin 加权残值法和变分方法、材料的传热及弹性有限元分析。

本书的培养目标是，通过本书的学习，使学生能够基本掌握材料基本模型的概念、计算过程、计算方法及基本建模的思路、过程与步骤等。本书的内容有助于培养学生初步建立材料计算的思想，培养学生根据需要能够对材料的基本力学计算、传热计算等进行基本建模，具备能够通过建模计算初步解决材料的基本问题的能力，为学生后续课程的学习以及今后的工作岗位需求打下坚实的基础。

本书的编写结合了相关材料专业的教学要求、教学经验和体会，参考了国内外相关教学资料及教材，体现了实际的教学效果，满足培养应用型、创新型人才的目标需要。全书把材料模型的计算方法与计算过程有机结合在一起，并通过有限差分及有限元的计算来阐述材料的基本计算原理。

本书的编写以材料模型的建立与计算过程为主线，力图阐述清楚材料模型的计算过程，有助于读者建立模型与计算控制的联系，适合作为功能材料、无机非金属材料、金属材料、材料成型及控制等相关本科专业的本科生、研究生的专业课程教材，也适合这些专业领域的研发人员、管理人员及工程技术人员参考。

全书共分 6 章，其中重庆科技大学石永敬担任本书主编，策划全书的内容及统稿校对，并编写本书的第 1 章，重庆科技大学邸永江编写第 2 章，重庆科技大学董季玲编写第 3 章，攀枝花学院陈敏编写第 4 章，重庆科技大学曹献龙编写第 5 章、第 6 章。此外，本书在编写过程中参考了一些国内外的有关教材及论文，在此致以诚挚的谢意。

编者

目　录

5 Galerkin 加权残值法和变分方法 126

6 材料的传热及弹性有限元分析 145

参考文献 154

1 绪论

现代科学技术发展的一个重要特征是各门科学技术与数学的结合变得越来越紧密。数学的应用使科学技术日益精确化、定量化，科学的数学化已成为当代科学发展的一个重要趋势。数学模型从定量的角度对实际问题进行数学描述，是对实际问题进行理论分析和研究的有力工具，是数学学科连接其他非数学学科的桥梁。数学建模是一种具有创新性的科学方法，它将现实问题简化，并抽象为一个数学问题或数学模型，然后采用适当的数学方法求解，进而对现实问题进行定量分析和研究，最终达到解决实际问题的目的。计算机技术的发展为数学模型的建立和求解提供了新的舞台，极大地推动了数学向其他技术科学的渗透。材料科学作为 21 世纪的重要基础科学之一，同数学的发展紧密地结合在了一起。通过建立适当的数学模型对实际问题进行研究，已成为材料科学研究和应用的重要手段之一。从材料的合成、加工、性能表征到材料的应用都可以建立相应的数学模型。有关材料科学的许多研究论文都涉及了数学模型的建立和求解，这直接导致计算材料学的产生，这些数学模型与材料科学研究相结合，大大加快了材料研究的过程，并使之真正成为一门独立的学科。

1.1 数学模型基础

1.1.1 基本概念

科学的发展离不开数学，数学模型在其中又起着非常重要的作用，无论是自然科学还是社会科学的研究都离不开数学模型。虽然我们还没有将数学模型作为一门课程来学习过，但实际上，在已经学习过的其他课程中已经多次接触到了数学模型。在物理学中，最典型的就是力学中的牛顿三定律，在物理化学中的热力学定律，在电子学中反映电路理论基本规律的基尔霍夫定律，都是最精美的数学模型。此外在社会科学领域中也存在着大量的数学模型，如马尔萨斯的人口模型、马克思描述再生产基本规律的数学模型。这些反应某一类客观规律现象的数学式子就是这些现象的数学模型。怎样给数学模型下一个定义呢？我们通常把客观存在的事物及其运动形态统称为实体，模型则是对实体的特征及其变化规律的一种表示或抽象。而数学模型就是利用数学语言对某种事物系统的特征和数量关系建立起来的符号系统。

数学模型有广义和狭义之分。按广义理解：凡是以相应的客观原型（即实体）作为背景加以一级抽象或多级抽象的数学概念、数学式子、数学理论等都叫作数学模型。按狭义理解：那些反映特定问题或特定事物系统的数学符号系统就叫作数学模型。在应用数学中所指的数学模型，通常是按狭义理解的，而且构造数学模型的目的仅在于解决具体的实际问题。数学模型是为一定的目的对客观实际所作的一种抽象模拟，它用数学公式、数学符号、程序、图表等刻画客观事物的本质属性与内在联系，是对现实世界抽象、简化而又本质的描述。它源于实践却不是原型的简单复制，而是一种更高层次的抽象。它能够解释特定事物的各种显示形态，或者预测它将来的形态，或者能为控制某一事物的发展提供最优化策略，它的最终目标是解决实际问题。

1.1.2 数学模型的分类

数学模型按照不同的分类标准有着多种分类。按照人们对实体的认识过程来分，数学模型可以分为描述性数学模型和解释性数学模型。描述性数学模型是从特殊到一般，从分析具体客观事物及其状态开始，最终简化、抽象得到一个数学模型。客观事物之间量的关系通过数学模型被概括在一个具体而又抽象的数学结构之中。解释性数学模型是由一般到特殊，从一般的公理系统出发，借助于数学壳体，对具体客观事物给出正确解释。

按照建立模型的数学方法分，可以分为初等模型、图论模型、微分方程模型、最优控制模型、随机模型等。初等模型指的是采用简单且初等的方法建立问题的数学模型，该模型容易被更多的人理解、接受和采用，更具有普遍价值。该模型包括代数法建模、图解法建模等。图论模型指的是根据图论的方法，通过由点和边组成的图形为任何一个包含某种二元关系的系统提供一个数学模型，并根据图的性质进行分析。物质结构都可用点和边连接起来的图来模拟，有机化合物的分子结构、同分异构体的计算问题均可用图论中的树来研究。微分方程模型指的是在所研究的现象或过程中取一个局部或一个瞬间，然后找出有关变量和未知变量的微分或差分之间的关系式，从而获得系统的数学模型。微分方程模型在材料科学研究中应用很广泛，如材料中的扩散问题、材料电子显微分析中的衍衬运动学和衍衬动力学理论等。随机模型是根据概率论的方法讨论描述随机现象的数学模型。例如描述炮弹的运动轨迹和着弹点的数学模型、描述高分子材料链式化学反应的数学模型、多晶材料晶粒生长模拟中基于 Monte Carlo 方法的 Ising、Q-state Potts 等模型。

模拟模型是用其他现象或过程来描述所研究的现象或过程的数学模型，用模型的性质来代表原来的性质。例如可用电流模拟热流或流体的流动，用流体系统模拟车流等。在材料科学中的应用有采用非牛顿流体力学和流变学来描述高聚物加工过程、建立液晶高分子材料本构方程，已发展的有液晶高分子流体 B 模型、涉及聚合物熔体流动不稳定性的扰动本构理论模型。

按照特征分，模型可以分为静态模型和动态模型、确定性模型和随机模型、离散模型和连续性模型、线性模型和非线性模型等。在许多系统中，由于受到一些复杂而尚未完全搞清楚的因素的影响，系统在确定的输入条件下，得到的输出是不确定的输出结果，该系统是随机系统，其数学模型为随机模型。系统有确定的输入时，系统的输出也是确定的，这样的系统被称为确定系统，对应的数学模型为确定性模型。若系统的有关变量是连续变量，则称为连续系统，它们的数学模型为连续性模型。如果系统的有关变量是离散变量，则称该系统为离散系统，其模型为离散模型。离散系统及离散模型描述客观世界中很广泛的一类系统，因为计算机只能对离散数值进行运算，所以离散模型在应用上非常广泛，连续性模型有时候也要转化成离散模型。当采用有限单元法和有限差分法研究材料某些性质时，连续性模型被转化成离散模型。如果系统输入和输出呈线性关系，则该系统被称为线性系统，线性系统的数学模型称为线性模型。与之相反，如果系统输入与输出呈非线性关系，则该系统称为非线性系统，非线性系统的数学模型称为非线性模型。

1.1.3 数学模型的作用

数学模型的根本作用是它将客观原型进行抽象和简化，便于人们采用定量的方法去分析和解决实际问题。正因为如此，数学模型在科学发展、科学预见、科学预测、科学管理、科学决策、驾驭市场经济甚至个人高效工作和生活等众多方面发挥着特殊的重要作用。一门学科精密化和科学化的重要表现之一便是能够采用精密的数学语言来分析和描述。材料科学发展成为当代科学的重要支柱，数学的应用起着非常重要的作用：利用数学这一有效的工具，可以深刻认识客观现象的本质规律，促进科学的发展。在材料研究和应用中，要对有关问题进行计算，就必须先建立该问题的数学模型。

当代计算机科学的发展和广泛应用，使得数学模型的应用如虎添翼，加速数学向各个学科的渗透。在材料工程领域，实验是非常重要的手段，但现在认为，除了实验方法之外，数学模型是与其同样重要的，从材料设计上来看甚至是更好的一种方法。进行理论设计首先要建立正确的数学模型，这样才能设计出具有优良性能、工艺可行的材料。在生产过程中，为了分析和改进生产中出现的问题，先建立适当的数学模型，然后在计算机上进行模拟计算来代替实验，可以节约人力、物力和财力，还可以避免发生故障或危险，甚至完成实验不可能完成的任务。

1.2 建立数学模型的一般步骤和原则

数学模型的建立，简称数学建模。数学建模是构造刻画客观事物原型的数学模型并用以分析、研究和解决实际问题的一种科学方法。运用这种科学方法，必须从实际问题出发，紧紧围绕着建模的目的，运用观察力、想象力和逻辑思维，对实际问题进行抽象、简化，反复探索、逐步完善，直到构造出一个能够用于分析、研究和解决实际问题的数学模型。因此，数学建模不仅是一种定量解决实际问题的科学方法，还是一种从无到有的创新活动过程。

数学建模没有固定的模式，按照建模过程，一般采用的建模基本步骤如下：

① 建模准备。建模准备是确立建模课题的过程，就是要了解问题的实际背景，明确建模的目的。数学建模是一项创新活动，它所面临的课题是人们在生产和科研中为使认识和实践进一步发展必须解决的问题。找到需要解决的实际问题，如果这些实际问题需要给出定量的分析和解答，那么就可以把这些实际问题确立为数学建模的课题。应该深入生产和科研实际以及社会生活实际，掌握与课题有关的第一手资料，汇集与课题有关的信息和数据、弄清问题的实际背景和建模的目的，进行建模筹划。

② 建模假设。作为课题的原型往往都是复杂的、具体的，这样的原型如果不经过抽象和简化，人们对它的认识是困难的，也无法准确把握它的本质属性。而建模假设就是根据建模的目的对原型进行适当的抽象、简化，把那些反映问题本质属性的形态、量及其关系抽象出来，简化掉那些非本质的因素，使之摆脱原来的具体复杂形态，形成对建模有用的信息资源和前提条件。这是建立模型最关键的一步。

对原型的抽象、简化不是无条件的，必须按照假设的合理性原则进行。假设不合理或太简单，会导致模型的失败或部分失败；假设过于详细或考虑因素过多，会使模型太复杂而且会降低模型的通用性。假设合理性原则有以下几点：a. 目的性原则，从原型中抽象出与建模有关的因素，简化那些与建模无关的或关系不大的因素；b. 简明性原则，所给出的建模条件要简明、准确，有利于构造模型；c. 真实性原则，假设要科学，简化带来的误差应满足实际问题所能允许的误差范围；d. 全面性原则，对事物原型本身做出假设的同时，还要给出原型所处的环境条件。

③ 构造模型。在建模假设的基础上，进一步分析建模假设的内容。首先区分哪些是常量，哪些是变量；哪些是已知的量，哪些是未知的量，然后查明各种量所处的地位、作用和它们之间的关系，选择恰当的数学工具和构造模型的方法对其进行表征，构造出刻画实际问题的数学模型。在构造模型时究竟采用什么数学工具，要根据问题的特征、建模目的及建模人的数学特长而定。可以说，数学的任一分支在构造模型时都可能用到，而同一实际问题也可以构造出不同的数学模型。一般地，在能够达到预期目的的前提下，所用的数学工具越简单越好。

④ 模型求解。构造数学模型之后，根据已知条件和数据，分析模型的特征和模型的结构特点，设计或选择求解模型的数学方法和算法，然后编写计算机程序或运用与算法相适应的软件包，并借助计算机完成对模型的求解。

⑤ 模型分析。根据建模的目的要求，对模型求解的数字结果或进行稳定性分析，或进行系统参数的灵敏度分析，或进行误差分析等。通过分析，如果不符合要求，就修改或增减建模假设条件，重新建模，直至符合要求。如果通过分析符合要求，还可以对模型进行评价、预测、优化等方面的分析和探讨。

⑥ 模型检验。模型分析符合要求之后，还必须回到客观实际中对模型进行检验，检测模型是否符合客观实际。若不符合，就修改或增减假设条件，重新建模。循环往

复，不断完善，直到获得满意结果。目前计算机技术已为进行模型分析、模型检验提供了先进的手段，充分利用这一手段，可以节约大量的时间、人力和经费。

⑦ 模型应用。模型应用是数学建模的宗旨，也是对模型最客观、最公正的检验。一个成功的数学模型，必须根据建模的目的，将其用于分析、研究和解决实际问题，充分发挥数学模型在生产和科研中的特殊作用。

2 模型常用计算方法

数值计算是研究如何借助于计算工具，设计并求解数学模型的计算方法。这里的数学模型是材料计算过程中的数学模型，即给出一组数值型的数据或边界条件，建立模型并求解。模型反映数据与对应求解数据之间的某种确定关系。数值计算的历史源远流长，自有数学以来就有关于数值计算方面的研究。我国古代数学家刘徽利用割圆术求得圆周率的近似值，而后祖冲之求得圆周率的高精度的值都是数值计算方面的杰出成就。数值计算的理论与方法是在解决数值问题的长期实践过程中逐步形成和发展起来的。但在电子计算机出现以前，它的理论与方法发展得十分缓慢，甚至长期停滞不前，由于受到计算工具的限制，无法进行大量且复杂的计算。科学技术的发展与进步提出越来越多的复杂的数值计算问题，这些问题的圆满解决已远非人工手算所能胜任，必须依靠电子计算机快速准确的数据处理能力。这种用计算机处理数值问题的方法，称为科学计算。现代数值计算的理论与方法是与计算机技术的发展与进步一脉相承的。无论计算机在数据处理、信息加工等方面取得多么辉煌的成就，科学计算始终是计算机应用的一个重要方面，而数值计算的理论与方法是计算机进行科学计算的依据。它不但为科学计算提供可靠的理论基础，并且提供大量行之有效的数值问题的算法。由于计算机对数值计算这门学科的推动和影响，数值计算的重点转移到使用计算机编程算题的方面。所以，现代的数值计算理论与方法主要是面对计算机的。研究与寻求适合在计算机上求解各种数值问题的算法是数值计算这门学科的主要内容。

2.1 最小二乘拟合

(1) 最小二乘法

用插值法进行数值计算要求插值函数和被积函数在节点处的函数值甚至导数值完全相同，这实际上是假定已知数据相当准确。但在实际问题中，数据由观测得到，难免带有误差。此时采用高阶插值多项式，近似程度不一定很好，有时还会出现 Runge 现象，所以最好采用最小二乘法。

假定通过观测得到函数 $y=f(x)$ 的 m 个函数值 $y_i \approx f(x_i)(i=1, 2, \cdots, m)$，求 $f(x)$ 的简单近似式 $\varphi(x)$，使 $\varphi(x_i)$ 与 y_i 的差（称为残差或偏差）$e_i=\varphi(x_i)-y_i(i=1, 2, \cdots, m)$ 的平方和最小，即使

$$S=\sum_{i=1}^{m} e_i^2=\sum_{i=1}^{m}\left[\varphi(x_i)-y_i\right]^2 \tag{2.1}$$

最小，这就是最小二乘法。式中，$\varphi(x)$ 称为 m 个数据 $(x_i, y_i)(i=1, 2, \cdots, n)$ 的最小二乘拟合函数；$f(x)$ 称为被拟合函数。$y \approx \varphi(x)$ 近似反映变量 x 与 y 之间的函数关系 $y=f(x)$，称为经验公式或数学模型。

插值法是构建函数近似表达式的重要方法之一。在科学实验和工程测量中，常常得到一些离散的数据点。例如，在物理实验中，测量物体的运动速度与时间的关系，可能只在某些特定时间点 t_1，t_2，…，t_n 得到了速度 v_1，v_2，…，v_n 的值。通过插值法，可以构造一个连续的函数 $v(t)$，使得这个函数在给定的时间点 t_i 上的值恰好是 v_i，并且能够在这些离散点之间合理地估计速度的值。这样就可以更好地描述速度随时间的变化规律，像拉格朗日插值多项式、牛顿插值多项式等都可以用于这种数据拟合。

例 2.1 已知 x_1、x_2、…、x_n 及 $y_i=f(x_i)(i=1, 2, \cdots, n)$，由最小二乘法求 $f(x)$ 的拟合直线 $\varphi(x)=a+bx$。

解：记 $S(a, b)=\sum_{i=1}^{m}\left[y_i-\varphi(x_i)\right]^2=\sum_{i=1}^{n}\left[y_i-(a+bx_i)\right]^2$，

根据取极值的必要条件 $\frac{\partial S}{\partial a}=\frac{\partial S}{\partial b}=0$，可得
$$\begin{cases}-2\sum_{i=1}^{n}\left[y_i-(a+bx_i)\right]=0\\ -2\sum_{i=1}^{n}x_i\left[y_i-(a+bx_i)\right]=0\end{cases},$$

即

$$\begin{cases}na+(\sum_{i=1}^{n}x_i)b=\sum_{i=1}^{n}y_i\\ (\sum_{i=1}^{n}x_i)a+(\sum_{i=1}^{n}x_i^2)=\sum_{i=1}^{n}x_iy_i\end{cases} \tag{2.2}$$

当 $n>1$ 时，式（2.2）的系数行列式

$$D=\begin{vmatrix} n & \sum_{i=1}^{n}x_i \\ \sum_{i=1}^{n}x_i & \sum_{i=1}^{n}x_i^2\end{vmatrix}=n\sum_{i=1}^{n}x_i^2-(\sum_{i=1}^{n}x_i)^2=n\sum_{i=1}^{n}(x_i-\bar{x})\neq 0$$

其中，$\bar{x}=\frac{1}{n}\sum_{i=1}^{n}x_i$。从而式（2.2）有唯一解。

例 2.2 已知 x_1、x_2、…、x_n 及 $y_i=f(x_i)(i=1, 2, \cdots, n)$，由最小二乘法求

$f(x)$ 的拟合曲线 $\varphi(x)=a\mathrm{e}^{bx}$。

解：记 $S(a, b)=\sum_{i=1}^{n}[y_i-\varphi(x_i)]^2$，则由取极值的必要条件 $S'_a(a, b)=S'_b(a, b)=0$ 得到一个非线性方程组，难以求解。为此，考虑用对数将“曲线拉直”。记 $z_i=\ln y_i(i=1, \cdots, n)$，$\varphi(x)=\ln\varphi(x)=\bar{a}+bx(\bar{a}=\ln a)$，则可用式（2.2）求得 $\bar{a}$ 及 b，从而 $\varphi(x)=\mathrm{e}^{\phi(x)}=a\mathrm{e}^{bx}(a=\mathrm{e}^{\bar{a}})$。

例 2.3 当线性方程组未知数的个数少于方程的个数时，称之为超定方程组。用最小二乘法求下列超定方程组的数值解

$$\begin{cases}4x_1+2x_2=2\\3x_1-x_2=10\\11x_1+3x_2=8\end{cases}$$

解：由最小二乘原理，求 x_1、x_2 使函数 $S(x_1, x_2)$ 取极小值。

已知 $S(x_1, x_2)=(4x_1+2x_2-2)^2+(3x_1-x_2-10)^2+(11x_1+3x_2-8)^2$，

由 $\frac{\partial S}{\partial x_1}=\frac{\partial S}{\partial x_2}=0 \Rightarrow \begin{cases}73x_1+19x_2=63\\19x_1+7x_2=9\end{cases} \Rightarrow \begin{cases}x_1=1.8\\x_2=-3.6\end{cases}$。

上述例子都只是通过取极值的必要条件求出误差函数的稳定点，并没有证明它们就是所求的最小值点。下面建立最小二乘拟合的一般理论。

（2）法方程组法

定义 2.1 设有函数列 $\varphi_0(x)$、$\varphi_1(x)$、…、$\varphi_m(x)$，如果

$$l_0\varphi_0(x_i)+l_1\varphi_1(x_i)+\cdots+l_m\varphi_m(x_i)=0,\ i=1, 2, \cdots, n \tag{2.3}$$

当且仅当 $l_0=l_1=\cdots=l_m=0$ 时成立，则称函数 $\varphi_0(x)$、$\varphi_1(x)$、…、$\varphi_m(x)$ 关于节点 x_1、x_2、…、x_n 是线性无关的。

线性无关函数 φ_0、φ_1、…、φ_m 的线性组合全体 Φ 称为由 φ_0、φ_1、…、φ_m 张成的函数空间，记为 $\Phi=\mathrm{span}\{\varphi_0, \varphi_1, \cdots, \varphi_m\}=\{\varphi(x)=\sum_{i=0}^{m}a_i\varphi_i \mid a_0, a_1, \cdots, a_m\in\mathbf{R}\}$，并称 φ_0、φ_1、…、φ_m 为 Φ 的基函数。最小二乘拟合用数学语言表述为：已知数据 x_i，$y_i=f(x_i)(i=1, 2, \cdots, n)$ 和函数空间 $\Phi=\mathrm{span}\{\varphi_0, \varphi_1, \cdots, \varphi_m\}$，求一函数 φ^*，使 $\|f-\varphi^*\|_2=\min_{\varphi\in\Phi}\|f-\varphi\|_2$，令 $\varphi(x)=\sum_{i=0}^{m}a_j\varphi_j(x)$，$\varphi^*(x)=\sum_{j=0}^{m}a_j^*\varphi_j(x)$，那么有

$$S(a_0, a_1, \cdots, a_m)=\|f-\varphi\|_2^2=\sum_{i=0}^{n}\left[y_i-\sum_{j=0}^{m}a_j\varphi_j(x_i)\right]^2 \tag{2.4}$$

于是，问题等价于求 a_0^*、a_1^*、…、$a_m^*\in\mathbf{R}$，使

$$S(a_0^*, a_1^*, \cdots, a_m^*)=\min_{a_0, a_1, \cdots, a_m\in\mathbf{R}}S(a_0, a_1, \cdots, a_m) \tag{2.5}$$

根据函数极值的必要条件，对 a_0、a_1、…、a_m 求偏导数并令其等于零，$\frac{\partial S}{\partial a_k}=$

$0(k=0, 1, \cdots, m)$，可得 $-2\sum_{i=0}^{n}\left[y_i-\sum_{j=0}^{m}a_j\varphi_j(x_i)\right]\varphi_k(x_i)=0$，即 $\sum_{j=0}^{m}\sum_{i=1}^{n}a_j \varphi_j(x_i)\varphi_k(x_i)=\sum_{i=1}^{n}y_i\varphi_k(x_i)(k=0, 1, \cdots, m)$。可用内积表示为线性方程组

$$\sum_{j=0}^{m}(\varphi_j, \varphi_k)a_j=(f, \varphi_k), k=0, 1, \cdots, m \tag{2.6}$$

其矩阵形式为

$$\begin{bmatrix}(\varphi_0, \varphi_0) & (\varphi_0, \varphi_1) & \cdots & (\varphi_0, \varphi_m)\\(\varphi_1, \varphi_0) & (\varphi_1, \varphi_1) & \cdots & (\varphi_1, \varphi_m)\\ \vdots & \vdots & \cdots & \vdots\\(\varphi_m, \varphi_0) & (\varphi_m, \varphi_1) & \cdots & (\varphi_m, \varphi_m)\end{bmatrix}\begin{bmatrix}a_0\\a_1\\ \vdots\\a_m\end{bmatrix}=\begin{bmatrix}(f, \varphi_0)\\(f, \varphi_1)\\ \vdots\\(f, \varphi_m)\end{bmatrix} \tag{2.7}$$

方程组式（2.7）称为法方程组或正规方程组。

定理 2.1 如果函数 $\varphi_0(x)$、$\varphi_1(x)$、…、$\varphi_m(x)$ 关于节点 x_1、x_2、…、x_n 线性无关，则法方程组式（2.7）的解存在唯一，且是式（2.5）的唯一最优解。

例 2.4 已知 $\sin 0=0$，$\sin\frac{\pi}{6}=\frac{1}{2}$，$\sin\frac{\pi}{3}=\frac{\sqrt{3}}{2}$，$\sin\frac{\pi}{2}=1$，由最小二乘法求 $\sin x$ 的拟合曲线 $\varphi(x)=ax+bx^3$。

解：已知 $f(x)=\sin x$，$\varphi_0(x)=x$，$\varphi_1=x^3$，计算得

$$(\varphi_0, \varphi_0)=\sum_{i=1}^{4}[\varphi_0(x_i)]^2=\sum_{i=1}^{4}x_i^2=3.8382$$

$$(\varphi_0, \varphi_1)=(\varphi_1, \varphi_0)=\sum_{i=1}^{4}\varphi_0(x_i)\varphi_1(x_i)=\sum_{i=1}^{4}x_i^4=7.3658$$

$$(\varphi_1, \varphi_1)=\sum_{i=1}^{4}[\varphi_1(x_i)]^2=\sum_{i=1}^{4}x_i^6=16.3611$$

$$(f, \varphi_0)=\sum_{i=1}^{4}x_i\sin x_i=2.7395, (f, \varphi_1)=\sum_{i=1}^{4}x_i^3\sin x_i=4.9421$$

得法方程组

$$\begin{cases}3.8382a+7.3658b=2.7395\\7.3658a+16.3611b=4.9421\end{cases}$$

解得 $a=0.9856, b=-0.1417$。从而对应已知数据的 $\sin x$ 的最小二乘拟合曲线为

$$\varphi(x)=0.9856x-0.1417x^3$$

(3) 正交最小二乘拟合

最常见的拟合函数类是多项式，其基函数一般取幂函数 $\varphi_0(x)=1$，$\varphi_1(x)=x$，…，$\varphi_m(x)=x^m$。由于 $(\varphi_j, \varphi_k)=\sum_{i=1}^{n}x_i^{j+k}$，$(f, \varphi_k)=\sum_{i=1}^{n}x_i^k y_i$，法方程组为

$$
\begin{bmatrix}
n & \sum_{i=1}^{n} x_i & \cdots & \sum_{i=1}^{n} x_i^m \\
\sum_{i=1}^{n} x_i & \sum_{i=1}^{n} x_i^2 & \cdots & \sum_{i=1}^{n} x_i^{m+1} \\
\vdots & \vdots & \cdots & \vdots \\
\sum_{i=1}^{n} x_i^m & \sum_{i=1}^{n} x_i^{m+1} & \cdots & \sum_{i=1}^{n} x_i^{2m}
\end{bmatrix}
\begin{bmatrix} a_0 \\ a_1 \\ \vdots \\ a_m \end{bmatrix}
=
\begin{bmatrix}
\sum_{i=1}^{n} y_i \\
\sum_{i=1}^{n} x_i y_i \\
\vdots \\
\sum_{i=1}^{n} x_i^m y_i
\end{bmatrix}
\tag{2.8}
$$

但遗憾的是，当 m 比较大时，该方程组往往是病态的，从而导致结果误差很大。

定义 2.2 设节点 x_1、x_2、…、x_n 和多项式函数 $P(x)$ 和 $Q(x)$，如果 $(P, Q)=\sum_{i=1}^{n} P(x_i)Q(x_i)=0$，则称 $P(x)$ 和 $Q(x)$ 关于节点 x_1、x_2、…、x_n 正交。如果函数类 Φ 的基函数 ψ_0、ψ_1、…、ψ_m 两两正交，则称为一组正交基。

设 ψ_0、ψ_1、…、ψ_m 为函数类 Φ 的一组正交基，那么法方程组式（2.8）就成为简单的对角方程组，其解可以由下式直接给出

$$
\alpha_k=\frac{(f, \psi_k)}{(\psi_k, \psi_k)}, \ k=0, 1, \cdots, m \tag{2.9}
$$

从而避免求解病态方程组。

正交基可以由任意基 φ_0、φ_1、…、φ_m 通过施密特（Schmidt）正交化方程得到

$$
\psi_0(x)=\varphi_0(x)
$$

$$
\psi_1(x)=\varphi_1(x)-\frac{(\varphi_1, \psi_0)}{(\psi_0, \psi_0)}\varphi_0(x)
$$

$$
\psi_2(x)=\varphi_2(x)-\frac{(\varphi_2, \psi_0)}{(\psi_0, \psi_0)}\varphi_0(x)-\frac{(\varphi_2, \psi_1)}{(\psi_1, \psi_1)}\psi_1(x)
$$

……

$$
\psi_m(x)=\varphi_m(x)-\frac{(\varphi_m, \psi_0)}{(\psi_0, \psi_0)}\varphi_0(x)-\frac{(\varphi_m, \psi_1)}{(\psi_1, \psi_1)}\psi_1(x)-\cdots
$$

$$
-\frac{(\varphi_m, \psi_{m-1})}{(\psi_{m-1}, \psi_{m-1})}\psi_{m-1}(x) \tag{2.10}
$$

例 2.5 已知下列数据求拟合曲线 $\varphi(x)=a_0+a_1x+a_2x^2+a_3x^2$。

x	−2	−1	0	1	2
$f(x)$	−1	−1	0	1	1

解：取 $\varphi_0(x)=1$，$\varphi_1(x)=x$，$\varphi_2(x)=x^2$，$\varphi_3(x)=x^3$，先进行 Schmidt 正交化

$$
\psi_0(x)=\varphi_0(x)=1
$$

$$
\psi_1(x)=\varphi_1(x)-\frac{(\varphi_1, \psi_0)}{(\psi_0, \psi_0)}\varphi_0(x)=x
$$

$$
\psi_2(x)=\varphi_2(x)-\frac{(\varphi_2, \psi_0)}{(\psi_0, \psi_0)}\varphi_0(x)-\frac{(\varphi_2, \psi_1)}{(\psi_1, \psi_1)}\psi_1(x)=x^2-2
$$

$$\psi_3(x)=\varphi_3(x)-\frac{(\varphi_3,\ \psi_0)}{(\psi_0,\ \psi_0)}\varphi_0(x)-\frac{(\varphi_3,\ \psi_1)}{(\psi_1,\ \psi_1)}\psi_1(x)-\frac{(\varphi_3,\ \psi_2)}{(\psi_2,\ \psi_2)}=x^3-\frac{17}{5}x$$

则 ψ_0、ψ_1、ψ_2、ψ_3 两两正交，计算得

$$(\psi_0,\ \psi_0)=5,\ (\psi_1,\ \psi_1)=10,\ (\psi_1,\ \psi_2)=14,\ (\psi_3,\ \psi_3)=14.4,$$
$$(f,\ \psi_0)=0,\ (f,\ \psi_1)=6,\ (f,\ \psi_2)=0,\ (f,\ \psi_3)=-2.4$$

从而，由式（2.9）得

$$a_0=0,\ a_1=\frac{6}{10}=\frac{3}{5},\ a_2=0,\ a_3=\frac{-2.4}{14.4}=-\frac{1}{6}$$

故 $\varphi(x)=\frac{3}{5}\psi_1(x)-\frac{1}{6}\psi_3(x)=\frac{3}{5}x-\frac{1}{6}(x^3-\frac{17}{5}x)=\frac{7}{6}x-\frac{1}{6}x^3$。

2.2 牛顿型迭代法

（1）牛顿法的基本思想与算法

牛顿法是一种特殊形式的迭代法，它是求解非线性方程最有效的方法之一。其基本思想是：利用泰勒公式将非线性函数在方程的某个近似根处展开，然后截取其线性部分作为函数的一个近似，通过解一个一元一次方程来获得原方程的一个新的近似根。

具体地说，设当前点为 x_k，将 $f(x)$ 在 x_k 处泰勒展开并截取线性部分得

$$f(x)\approx f(x_k)+f'(x_k)(x-x_k) \tag{2.11}$$

令上式右端为 0，解得

$$x_{k+1}=x_k-\frac{f(x_k)}{f'(x_k)},\ k=0,\ 1,\ \cdots \tag{2.12}$$

式（2.12）称为牛顿迭代公式。

根据导数的几何意义及上述推导过程可知，牛顿法在几何上表现为：x_{k+1} 是函数 $f(x)$ 在点 $[x_k, f(x_k)]$ 处的切线与 x 轴的交点。牛顿法的本质是一个不断用切线来近似曲线的过程，故牛顿法也称为切线法。至于牛顿法的终止条件，可以采用与简单迭代法相同的终止条件。

牛顿迭代格式算法步骤如下：

① 取初始点 x_0，最大迭代次数 N 和精度要求 ε，置 $k=0$；

② 计算：$x_{k+1}=x_k-\dfrac{f(x_k)}{f'(x_k)}$；

③ 若 $|x_{k+1}-x_k|<\varepsilon$，则停算；

④ 若 $k=N$，则停算；否则，置 $k=k+1$，转步骤②。

例 2.6 用牛顿法求方程 $f(x)=x\mathrm{e}^x-1=0$ 在 [0，1] 内的一个实根，取初始点为 $x_0=0.5$，精度为 10^{-5}。

解：计算结果如下：$k=3$，$x=0.56714329040978$。

（2）牛顿法的收敛速度

定理 2.2 设函数 $f(x)$ 二次连续可导，x^* 满足 $f(x^*)=0$ 及 $f'(x^*)\neq 0$，则存

在 $\delta>0$，当 $x_0\in[x_0-\delta, x_0+\delta]$ 时，牛顿法是收敛的，且收敛阶至少是 2（即至少是平方收敛的）。

由定理 2.2 的条件 $[f(x^*)=0, f'(x^*)\neq 0]$ 可知，当 x^* 是方程 $f(x)=0$ 的单根时，收敛阶至少是二阶的。如果 x^* 是方程 $f(x)=0$ 的重根，情况会是怎么样的呢？我们来做一些简单的分析。

设 x^* 是方程 $f(x)=0$ 的 m 重根，即

$$f(x)=(x-x^*)^m g(x), \quad m\geqslant 2 \tag{2.13}$$

其中 $g(x)$ 有二阶导数且 $g(x^*)\neq 0$，计算 $\varphi(x)=x-f(x)/f'(x)$ 的导数，得

$$\varphi'(x)=\frac{\left(1-\dfrac{1}{m}\right)+(x-x^*)\dfrac{2g'(x)}{mg(x)}+(x-x^*)^2\dfrac{g''(x)}{m^2g(x)}}{\left[1+(x-x^*)\dfrac{2g'(x)}{mg(x)}\right]^2} \tag{2.14}$$

所以有

$$\varphi'(x^*)=1-\frac{1}{m} \tag{2.15}$$

当 $m\geqslant 2$ 时，$\varphi'(x^*)\neq 0$，且有 $|\varphi'(x)|<1$，这样，牛顿法就至多只有线性收敛速度了。这说明在重根的情形下，牛顿法就失去了快速收敛的优点而变得不再实用。

为改善重根时牛顿法的收敛速度，可以采用下面两种方法。

方法一：当根的重数 $m\geqslant 2$ 时，将迭代函数改为

$$\varphi(x)=x-\frac{mf(x)}{f'(x)} \tag{2.16}$$

容易验证由上式定义的 $\varphi(x)$ 满足 $\varphi'(x^*)=0$，因此迭代公式

$$x_{k+1}=x_k-\frac{mf(x_k)}{f'(x_k)}, \quad k=0, 1, \cdots \tag{2.17}$$

至少是二阶收敛的。

稍加思考便会发现上述加速方法并不适用，因为事先并不知道根的重数 m，故这一方法只具有理论上的意义，下面的方法才是求重根时比较实用的加速方法。

方法二：若 x^* 是 $f(x)=0$ 的 m 重根，则必为

$$\mu(x)=\frac{f(x)}{f'(x)} \tag{2.18}$$

的单根。基于这个事实可以将牛顿迭代函数修改为

$$\varphi(x)=x-\frac{\mu(x)}{\mu'(x)}=x-\frac{f(x)f'(x)}{[f'(x)]^2-f(x)f''(x)} \tag{2.19}$$

根据定理 2.2，关于 $\mu(x)$ 的牛顿迭代公式

$$x_{k+1}=x_k-\frac{f(x_k)f'(x_k)}{[f'(x_k)]^2-f(x_k)f''(x_k)}, \quad k=0, 1, \cdots \tag{2.20}$$

至少是二阶收敛的。式（2.20）称为求重根的牛顿加速公式。

例 2.7 取初始点为 $x_0=1.5$，分别用牛顿法和牛顿加速公式（2.20）计算方程 $x^3-x^2-x+1=0$ 的根。

解：容易发现 $x=1$ 是二重根。利用牛顿法的迭代公式为

$$x_{k+1}=x_k-\frac{x_k^2-1}{3x_k+1} \tag{2.21}$$

而利用牛顿加速公式（2.20）的迭代公式为

$$x_{k+1}=\frac{x_k^2+6x_k+1}{3x_k^2+2x_k+3} \tag{2.22}$$

利用式（2.21），迭代 13 次近似解为：$x_{13}=1.001$。而利用式（2.22）迭代 3 次即可得到十分精确的结果：$x_1=0.96078$，$x_2=0.9996$，$x_3=1.0000$。由此可见，牛顿迭代加速公式（2.20）是有效的。

（3）阻尼牛顿法

一般来说，牛顿法的收敛性依赖于初值 x_0 的选取，如果 x_0 偏离 x^* 较远，则牛顿法可能收敛缓慢甚至发散。例如，用牛顿法求方程 $x^3-x-1=0$ 的近似根，如果取 $x_0=1.5$，用牛顿迭代公式

$$x_{k+1}=x_k-\frac{x_k^3-x_k-1}{3x_k^2+1} \tag{2.23}$$

迭代 3 次可得结果 $x_1=1.3478$、$x_2=1.3252$、$x_3=1.3247$，其误差小于 10^{-5}。但如果取 $x_0=-2.0$，则要得到同样精度的解需要迭代 65 次。

因此，为了保证当 x_0 远离 x^* 时，迭代仍然收敛，可在牛顿迭代公式中增加一个参数 α，改为

$$x_{k+1}=x_k-\alpha_k\frac{f(x_k)}{f'(x_k)},\ k=0,\ 1,\ \cdots \tag{2.24}$$

其中 α_k 的选择保证

$$|f(x_{k+1})|<|f(x_k)| \tag{2.25}$$

式（2.24）和式（2.25）合起来称为阻尼牛顿法或牛顿下降法。

选择 α_k，通常采用简单后退准则，即取 $\rho=0.5$，记 m_k 是使下面不等式成立的最小非负整数 m

$$|f[x_k-\rho^m f(x_k)/f'(x_k)]|<|f(x_k)| \tag{2.26}$$

然后令 $\alpha_k=\rho^{mk}$ 即可。

阻尼牛顿算法格式的具体步骤如下：

① 取初始点 x_0、$\rho=0.5$，最大迭代次数 N 和精度要求 ε，置 $k=0$；

② 计算 $f(x_k)$ 及 $f'(x_k)$；

③ 对于 $m=0$，1，…，检验不等式 $|f[x_k-\rho^m f(x_k)/f'(x_k)]|<|f(x_k)|$，记 m_k 为使上述不等式成立的最小非负整数 m；

④ 置 $\alpha_k=\rho^{mk}$，$x_{k+1}=x_k-\alpha_k f(x_k)/f'(x_k)$；

⑤ 若 $|x_{k+1}-x_k|<\varepsilon$，则停算；

⑥ 若 $k=N$，则停算；否则，置 $k=k+1$，转步骤②。

(4) 离散牛顿法

用牛顿法或阻尼牛顿法解方程 $f(x)=0$ 的优点是收敛速度快，但牛顿法有一个明显的缺点：每次迭代除需计算函数值 $f(x_k)$，还需计算导数 $f'(x_k)$ 的值，如果 $f(x)$ 比较复杂，计算 $f'(x_k)$ 就可能十分麻烦；尤其当 $|f'(x_k)|$ 很小时，计算需十分精确，否则会产生较大的误差。

为避免计算导数，可以改用差商（离散形式）代替导数（连续形式），即

$$f'(x_k) \approx \frac{f(x_k)-f(x_{k-1})}{x_k - x_{k-1}} \tag{2.27}$$

得到牛顿迭代公式的离散化形式

$$x_{k+1} = \underset{f(x_k)}{x_k} - \frac{f(x_k)}{-f(x_{k-1})}(x_k - x_{k-1}) \tag{2.28}$$

迭代式（2.28）称为离散牛顿法或割线法。可以证明下面的收敛定理。

定理 2.3 设函数 $f(x)$ 在其零点 x^* 的某个邻域 $S=\{x \| x-x^* | \leqslant \delta\}$ 内有二阶连续导数，且对任意 $x \in S$，有 $f'(x) \neq 0$，则当 $\delta > 0$ 充分小时，对 S 中任意 x_0、x_1，由离散牛顿迭代式（2.28）产生的序列 $\{x_k\}$ 收敛到方程 $f(x)$ 的根 x^*，且具有超越性收敛速度，其收敛阶 $p=1.618$。

由于离散牛顿法不需要计算导数，虽然收敛阶低于牛顿法，但高于简单迭代法。因此，离散牛顿法在非线性方程的求解中得到广泛的应用，也是工程计算中的常用方法之一。

综上所述，离散牛顿法的计算步骤可归纳如下：

① 取初始点 x_0、x_1，最大迭代次数 N 和精度要求 ε，置 $k=0$；

② 计算 $f(x_k)$ 及 $f(x_{k-1})$；

③ 置 $x_{k+1} = x_k - \dfrac{f(x_k)}{f(x_k)-f(x_{k-1})}(x_k - x_{k-1})$；

④ 若 $|-x_{k+1}-x_k| < \varepsilon$，则停算；

⑤ 若 $k=N$，则停算；否则，置 $x_{k-1}=x_k$，$x_k=x_{k+1}$，$k=k+1$，转步骤②。

例 2.8 用离散牛顿法求方程 $f(x)=xe^x-1=0$ 在 $[0, 1]$ 内的一个实根，取初始点为 $x_0=0.4$、$x_1=0.6$，精度为 10^{-5}。

解：可得计算结果：$k=3$，$x=0.56714329035989$。

2.3 常微分方程的数值解法

在工程计算中，许多实际问题的数学模型可以用常微分方程来描述。但是除了常系数线性微分方程和少数特殊的微分方程可以用解析方法来解外，绝大多数常微分方程难以求得其精确解。因此研究常微分方程的数值解法具有十分重要的应用意义。

本章主要讨论一阶常微分方程初值问题

$$\begin{cases} y' = f(x, y), (a \leqslant x \leqslant b) \\ y(x_0) = y_0 \end{cases} \tag{2.29}$$

的数值解法。根据常微分方程解的存在唯一性定理，在 $f(x, y)$ 满足一定的条件时，解函数 $y = y(x)$ 是唯一存在的。

取步长 h，记 $x_n = x_0 + nh$（$n=1, 2$），按一定的递推公式依次求得各节点 x_n 上解函数值 $y(x_n)$ 的近似值 y_n，称 $y = y(x)$ 为初值问题式（2.29）的数值解。

常微分方程初值问题的数值解法一般分为两大类：

① 一步法：这类方法在计算 y_{n+1} 时只用到 x_{n+1}、x_n 和 y_n，即前一步的值。因此在有了初值之后就可以逐步往下计算，其代表是龙格-库塔方法。

② 多步法：这类方法在计算 y_{n+1} 时除用到 x_{n+1}、x_n 和 y_n 以外，还要用到 x_{n-p}、$x_{n-p}(p=1, \cdots, k)$，即前面 k 步的值。其代表是阿达马斯方法。

2.3.1 欧拉方法及其改进

(1) 欧拉格式和隐式欧拉格式

由数值微分的向前差商公式可以解决初值问题式（2.29）中导数 y' 的数值计算问题

$$y'(x_n) \approx \frac{y(x_n + h) - y(x_n)}{h} = \frac{y(x_{n+1}) - y(x_n)}{h} \tag{2.30}$$

由此可得

$$y(x_{n+1}) \approx y(x_n) + hy'(x_n) \tag{2.31}$$

式（2.29）实际上给出

$$y'(x) = f[x, y(x)] \Rightarrow y'(x_n) = f[x_n, y(x_n)] \tag{2.32}$$

于是有

$$y(x_{n+1}) \approx y(x_n) + hf[x_n, y(x_n)] \tag{2.33}$$

再由

$$y_n \approx y(x_n), \quad y_{n+1} \approx y(x_{n+1}) \tag{2.34}$$

得

$$y_{n+1} = y_n + hf(x_n, y_n), \quad n = 0, 1, \cdots \tag{2.35}$$

递推式（2.35）称为欧拉格式。同样，由向后差商公式可导出下面的差分格式

$$y_{n+1} = y_n + hf(x_{n+1}, y_{n+1}), \quad n = 0, 1, \cdots \tag{2.36}$$

式（2.36）为一关于 y_{n+1} 的非线性方程，称为隐式欧拉格式。隐式格式使用不方便，但它一般比显式格式具有更好的数值稳定性。

常微分方程数值解的误差分析一般比较困难，通常只考虑第 $n+1$ 步的所谓“局部”截断误差。

定义 2.3 对于求解初值问题式（2.35）的某差分格式，h 为步长。假设 y_1，…，

y_n 是准确的，称

$$\varepsilon_{n+1}=y(x_{n+1})-y_{n+1} \tag{2.37}$$

为该差分格式的局部截断误差。当 $\varepsilon_{n+1}=O(h^{p+1})$ 时，称该差分格式具有 p 阶精度。

例 2.9 讨论欧拉格式式（2.35）和隐式欧拉格式式（2.36）的精度。

解：将 $y(x)$ 在 x_n 处用泰勒公式展开得

$$y(x)=y(x_n)+y'(x_n)(x-x_n)+\frac{y''(x_n)}{2!}(x-x_n)^2+\frac{y'''(x_n)}{3!}(x-x_n)^3+\cdots$$

即有

$$y(x_{n+1})=y(x_n)+hy'(x_n)+\frac{h^2}{2}y''(x_n)+\frac{h^3}{6}y'''(x_n)+\cdots \tag{2.38}$$

① 对应于欧拉格式式（2.35），当 $y_n=y(x_n)$ 时

$$y_{n+1}=y_n+hf(x_n,\ y_n)=y(x_n)+hf(x_n,\ y(x_n))=y(x_n)+hy'(x_n)$$

从而比较式（2.38）得

$$y(x_{n+1})-y_{n+1}=O(h^2)$$

即欧拉公式为一阶精度。

② 对应隐式欧拉公式式（2.36），由二元函数的泰勒展开式

$$\begin{aligned}f(x,\ y)=&f(x_n,\ y_n)+f_x(x_n,\ y_n)(x-x_n)\\&+f_y(x_n,\ y_n)(y-y_n)+O[(x-x_n)^2+(y-y_n)^2]\end{aligned}$$

当 $y_n=y(x_n)$ 时

$$\begin{aligned}&f(x_{n+1},\ y_{n+1})y_n\\&=f(x_n,\ y_n)+hf_x(x_n,\ y_n)+f_y(x_n,\ y_n)(y_{n+1}-y_n)+O[h^2+(y_{n+1}-y_n)^2]\\&=f(x_n,\ y(x_n))+h[f_x(x_n,\ y(x_n))+f(x_{n+1},\ y_{n+1})f_y(x_n,\ y_n)+O(h)]\\&=y'(x_n)+O(h)\end{aligned}$$

由此得 $y_{n+1}=y(x_n)+hy'(x_n)+O(h^2)$，比较式（2.38）得 $y(x_{n+1})-y_{n+1}=O(h^2)$，知隐式欧拉格式也是一阶格式。

(2) 欧拉格式的改进

对于初值问题式（2.29），还可以根据导数与积分的关系，利用数值积分法导出新的求解格式，有望提高欧拉格式的精度。事实上，对式（2.29）两边在区间 $[x_n,\ x_{n+1}]$ 上求积分得

$$y(x_{n+1})=y(x_n)+\int_{x_n}^{x_{n+1}}f[x,\ y(x)]\mathrm{d}x \tag{2.39}$$

应用数值积分公式求解式（2.39）中的积分，可得相应的差分格式。例如，由左矩形公式

$$\int_a^b f(x)\mathrm{d}x\approx(b-a)f(a) \tag{2.40}$$

可导出欧拉公式式（2.35）

$$y(x_{n+1})\approx y(x_n)+(x_{n+1}-x_n)f[x_n,\ y(x_n)]$$

$$\Rightarrow y_{n+1}=y_n+hf(x_n,\ y_n) \tag{2.41}$$

而由右矩形公式

$$\int_a^b f(x)\mathrm{d}x\approx(b-a)f(b) \tag{2.42}$$

可导出隐式欧拉公式：

$$y(x_{n+1})\approx y(x_n)+(x_{n+1}-x_n)f[x_{n+1},\ y(x_{n+1})]$$

$$\Rightarrow y_{n+1}=y_n+hf(x_{n+1},\ y_{n+1}) \tag{2.43}$$

此外，由梯形公式

$$\int_a^b f(x)\mathrm{d}x\approx\frac{(b-a)}{2}[f(b)-f(a)] \tag{2.44}$$

可导出下面的差分格式

$$y(x_{n+1})\approx y(x_n)+\frac{h}{2}\{f[x_n,\ y(x_n)]+f[x_{n+1},\ y(x_{n+1})]\} \tag{2.45}$$

即

$$y_{n+1}=y_n+\frac{h}{2}[f(x_n,\ y_n)+f(x_{n+1},\ y_{n+1})] \tag{2.46}$$

式（2.46）称为梯形格式。同隐式欧拉格式的局部截断误差的推导过程相类似，可以证明，对于梯形格式式（2.46）的局部截断误差为

$$y(x_{n+1})-y_{n+1}=O(h^3) \tag{2.47}$$

即梯形格式具有二阶精度。

但梯形格式不便于使用，也是一个隐格式。为此，可以考虑用其他的显格式对式（2.46）右端的 y_{n+1} 进行预报，再用式（2.46）求解，这种方法称为“预报-校正”法。

如先用欧拉格式式（2.35）对 y_{n+1} 进行计算，并将结果记为 $\bar{y}_{n+1}$，再代入式（2.46）可得“预报-校正”形式的差分格式

$$\begin{cases}\bar{y}_{n+1}=y_n+hf(x_n,\ y_n)\\ y_{n+1}=y_n+\dfrac{h}{2}[f(x_n,\ y_n)+f(x_{n+1},\ \bar{y}_{n+1})]\end{cases} \tag{2.48}$$

式（2.48）称为改进欧拉格式。

对于改进欧拉格式，也可以证明其精度是二阶的。事实上，当 $y_n=y(x_n)$ 时，由二元函数的泰勒展开式

$$\begin{aligned}f(x_{n+1},\ \bar{y}_{n+1})&=f[x_n+h,\ y_n+hf(x_n,\ y_n)]\\&=f(x_n,\ y_n)+hf_x(x_n,\ y_n)+hf(x_n,\ y_n)f_y(x_n,\ y_n)+O(h^2)\\&=f[x_n,\ y(x_n)]+hf_x[x_n,\ y(x_n)]+hf[x_n,\ y(x_n)]\\&\quad f_y[x_n,\ y(x_n)]+O(h^2)\end{aligned} \tag{2.49}$$

注意到

$$y'(x_n)=f[x_n,\ y(x_n)],\ y''(x_n)=f_x[x_n,\ y(x_n)]+y'(x_n)f_y[x_n,\ y(x_n)]$$

于是有

$$f(x_{n+1},\ \bar{y}_{n+1})=y'(x_n)+hy''(x_n)+O(h^2)$$

代入式（2.48）的第二式得

$$y_{n+1}=y(x_n)+\frac{h}{2}[y'(x_n)+y'(x_n)+hy''(x_n)+O(h^2)]$$

$$=y(x_n)+hy'(x_n)+\frac{1}{2}h^2y''(x_n)+O(h^3) \tag{2.50}$$

从而比较例 2.9 中式（2.38）得 $y(x_{n+1})-y_{n+1}=O(h^3)$，即改进欧拉格式的精度是二阶的。

2.3.2 龙格-库塔格式

(1) 龙格-库塔法的基本思想

考虑方程式（2.29），由拉格朗日中值定理，存在 $0<\theta<1$，使得

$$\frac{y(x_{n+1})-y(x_n)}{h}=y'(x_n+\theta h)$$

于是，由 $y'=f(x,y)$ 得

$$y(x_{n+1})=y(x_n)+hf(x_n+\theta h,\ y(x_n+\theta h)) \tag{2.51}$$

记 $K^*=f[x_n+\theta h,\ y(x_n+\theta h)]$，则称 K^* 为区间 $[x_n,\ x_{n+1}]$ 上的平均斜率。

接下来讨论一种由式（2.51）导出的平均斜率算法，即所谓的龙格-库塔法。在欧拉公式中，简单地取点 x_n 的斜率 $K_1=f(x_n,\ y_n)$ 作为平均斜率 K^*，精度自然很低。而改进欧拉公式可以写成下列平均化的形式

$$\begin{cases} y_{n+1}=y_n+h(K_1+K_2)/2 \\ K_1=f(x_n,\ y_n) \\ K_2=f(x_{n+1},\ y_{n+1}) \end{cases} \tag{2.52}$$

上述公式可以理解为：用 x_n 和 x_{n+1} 两个点的斜率值 K_1 与 K_2 的算术平均值作为平均斜率值 K^*，而 x_{n+1} 处的斜率值则通过已知信息 y_n 来预测。

如果能够在区间 $[x_n,\ x_{n+1}]$ 上多预报几个点的斜率值 K_1、K_2、…、K_r，然后取它们的加权平均值

$$\sum_{i=1}^{r}a_iK_i\ (a_1+\cdots+a_r=1) \tag{2.53}$$

作为 K^* 的近似值。设计区间 $[x_n,\ x_{n+1}]$ 上 r 个点的预报斜率值 K_1、K_2、…、K_r 及权系数 a_1、a_2、…、a_r，使得差分格式

$$y_{n+1}=y_n+h\sum_{i=1}^{r}a_iK_i \tag{2.54}$$

达到 r 阶精度，则称式（2.54）为 r 阶龙格-库塔格式。

(2) 龙格-库塔格式推导

考虑差分格式

$$\begin{cases} y_{n+1}=y_n+h(\lambda_1K_1+\lambda_2K_2) \\ K_1=f(x_n,\ y_n) \\ K_2=f(x_n+ph,\ y_n+phK_1),\ 0<p\leqslant 1 \end{cases} \tag{2.55}$$

K_1 视为 $y(x)$ 在点 x_n 处的斜率，K_2 视为 $y(x)$ 在点 $x_{n+p}=x_n+ph$ 处的预报斜率，若参数 λ_1、λ_1 及 p 的取值使得式（2.55）具有二阶精度，则称之为二阶龙格-库塔格式。

接着推导二阶龙格-库塔格式式（2.55）中的参数 λ_1、λ_2 及 p 应满足的条件。设 $y_n=y(x_n)$ 准确，得 $K_1=y'(x_n)$，由二元函数的泰勒展开得

$$
\begin{aligned}
K_2&=f(x, y_n)+phf_x(x_n, y_n)+phK_1f_y(x_n, y_n)+O(h^2)\\
&=f[x, y(x_n)]+ph\{f_x[x_n, y(x_n)]+y'(x_n)f_y[x_n, y(x_n)]\}+O(h^2)\\
&=y'(x_n)+phy''(x_n)+O(h^2)
\end{aligned}
\tag{2.56}
$$

于是

$$
\begin{aligned}
y_{n+1}&=y_n+h\{\lambda_1y'(x_n)+\lambda_2[y'(x_n)+phy''(x_n)]+O(h^2)\}\\
&=y_n+(\lambda_1+\lambda_2)hy'(x_n)+\lambda_2ph^2y''(x_n)+O(h^3)
\end{aligned}
\tag{2.57}
$$

从而由 $y_{n+1}=y_n+h\sum\limits_{i=1}^{r}a_iK_i$，比较例 2.9 中式（2.38）得

$$
\lambda_1+\lambda_2=1,\ \lambda_2p=\frac{1}{2}
\tag{2.58}
$$

从式（2.58）可看出，三个参数只有两个约束条件，有一个自由度，因此二阶龙格-库塔格式是一个系列差分格式。如取

$$
\lambda_1+\lambda_2=\frac{1}{2},\ p=1
$$

则得到改进欧拉公式（2.52）。又如取

$$
\lambda=0,\ \lambda_2=1,\ p=\frac{1}{2}
$$

则得

$$
\begin{cases}
y_{n+1}=y_n+hK_2\\
K_1=f(x_n, y_n)\\
K_2=f(x_{n+\frac{1}{2}}, y_n+hK_1/2)
\end{cases}
\tag{2.59}
$$

其中

$$
x_{n+\frac{1}{2}}=x_n+\frac{1}{2}h
$$

式（2.59）称为中点格式。

在二阶龙格-库塔格式的基础上可以进一步构造更高的龙格-库塔格式。如对差分格式

$$
\begin{cases}
y_{n+1}=y_n+h(\lambda_1K_1+\lambda_2K_2+\lambda_3K_3),\ \lambda_1+\lambda_2+\lambda_3=1\\
K_1=f(x_n, y_n)\\
K_2=f(x_{n+p}, y_n+phK_1),\ 0<p\leqslant 1\\
K_3=f(x_{n+q}, y_n+qh[(1-\alpha)K_1+\alpha K_2]),\ p\leqslant q\leqslant 1
\end{cases}
\tag{2.60}
$$

其中，K_1 视为 $y(x)$ 在点 x_n 处的斜率；K_2、K_3 分别视为 $y(x)$ 在点 $x_{n+ph}=$

x_n+ph 和在点 $x_{n+qh}=x_n+qh$ 处的预报斜率。若参数 λ_1、λ_2、λ_3、p、q 及 α 的取值使得式（2.60）具有三阶精度，则称之为三阶龙格-库塔格式。

三阶龙格-库塔格式也不止一个，最常用的是下面的三阶库塔格式

$$\begin{cases} y_{n+1}=y_n+\dfrac{h}{6}(K_1+4K_2+K_3) \\ K_1=f(x_n,\ y_n) \\ K_2=f\left(x_{n+\frac{1}{2}},\ y_n+\dfrac{h}{2}K_1\right) \\ K_3=f[x_{n+1},\ y_n+h(-K_1+2K_2)] \end{cases} \tag{2.61}$$

同样，最常用的四阶龙格-库塔格式是下面的四阶经典龙格-库塔格式

$$\begin{cases} y_{n+1}=y_n+\dfrac{h}{6}(K_1+2K_2+2K_3+K_4) \\ K_1=f(x_n,\ y_n) \\ K_2=f\left(x_{n+\frac{1}{2}},\ y_n+\dfrac{h}{2}K_1\right) \\ K_3=f\left(x_{n+1},\ y_n+\dfrac{h}{2}K_2\right) \\ K_4=f(x_{n+1},\ y_n+hK_3) \end{cases} \tag{2.62}$$

例 2.10 取步长 $h=0.2$，用四阶龙格-库塔法计算下面的初值问题

$$\begin{cases} y'=y-\dfrac{2x}{y},\ 0\leqslant x\leqslant 1 \\ y(0)=1 \end{cases}$$

并与精确解比较，其中精确解为 $y=\sqrt{1+2x}$。

解：由式（2.62）得 $y_{n+1}=y_n+\dfrac{0.2}{6}(K_1+2K_2+2K_3+K_4)$，其中

$$K_1=y_n-\frac{2x_n}{y_n},\qquad K_2=y_n+0.1K_1-2\,\frac{x_n+0.1}{y_n+0.1K_1}$$

$$K_3=y_n+0.1K_2-2\,\frac{x_n+0.1}{y_n+0.1K_2},\qquad K_4=y_n+0.2K_3-2\,\frac{x_n+0.2}{y_n+0.2K_3}$$

计算结果如表 2.1 所示。

表 2.1 例 2.10 计算结果

x_n	y_n	$y(x_n)$
0.0	1.00000	1.00000
0.2	1.183229	1.183216
0.4	1.341667	1.341641
0.6	1.483281	1.483240
0.8	1.612514	1.612452
1.0	1.732142	1.732051

例 2.11 取 $h=0.1$，用四阶经典龙格-库塔格式求解下列初值问题

$$\begin{cases} y'=x+y, & 0\leqslant x\leqslant 0.5 \\ y(0)=1 \end{cases}$$

并与精确解 $y(x)=2e^x-x-1$ 进行比较。

解：根据式（2.62）四阶经典龙格-库塔格式求解可得表 2.2。

表 2.2 例 2.11 计算结果

x_n	y_n	$y(x_n)$	误差（$\times 10^{-0.005}$）
0.0	1.0000	1.0000	0
0.1	1.1103	1.1103	0.0169
0.2	1.2428	1.2428	0.0375
0.3	1.3997	1.3997	0.0621
0.4	1.5838	1.5838	0.0915
0.5	1.7974	1.7974	0.1264

2.3.3 收敛性与稳定性

现在来讨论前述差分格式的收敛性和绝对稳定性问题。对于差分格式的误差问题需要从两个方面加以考虑。首先是截断误差问题，定义已经对差分格式的局部截断误差给出定性描述，而本节将要对整体截断误差做出定性描述，即讨论差分格式的收敛性问题。其次是舍入误差问题，本节将要对“试验方程”讨论数据差是否会被差分格式放大，即讨论差分格式的绝对稳定性问题。

(1) 收敛性分析

给出差分格式收敛的定义如下。

定义 2.4 如果对于任意固定的 $x_N=x_0+Nh$，当 $N\to\infty$（同时有 $h\to\infty$）时，数值解 $y_N\to y(x)$，称求解常微分方程初值问题式（2.29）的差分格式是收敛的。

例 2.12 证明欧拉格式对于求解下列方程收敛

$$\begin{cases} y'=-y \\ y(0)=1 \end{cases}$$

证明：

取 $h=\dfrac{\overline{x}}{N}$，$x_N=nh(n=0, 1, \cdots, N)$，则有 $\overline{x}=xN$。

由欧拉格式得：

$$y_{n+1}=y_n+hf(x_n, y_n)=(1-h)y_n=(1-h)^{n+1}y_0=(1-h)^{n+1}$$

于是

$$y_N(h)=y_N=(1-h)^N=\left[(1-\frac{\bar{x}}{N})^{-\frac{N}{\bar{x}}}\right]^{-\bar{x}}\rightarrow e^{-\bar{x}}(N\rightarrow\infty)$$

又容易发现 $y(x)=e^{-x}$ 是原方程的解析解，故得 $y_N(h)\rightarrow y(\bar{x})(N\rightarrow\infty)$。

定理 2.4 设差分格式

$$y_{n+1}=y_n+h\varphi(x_n,\ y_n,\ h) \tag{2.63}$$

为解初值问题式（2.29）的 p 阶格式，即局部截断误差为 $O(h^{p+1})$。若增量函数 $\varphi(x,\ y,\ h)$ 关于 y 满足 Lipschitz 条件，即存在 $L>0$，使 $\forall x$、y、$\bar{y}$、h 成立

$$|\varphi(x,\ y,\ h)-\varphi(x,\ \bar{y},\ h)|\leqslant L|y-\bar{y}| \tag{2.64}$$

则数值解的整体截断误差为 $e_n=y(x_n)-y_n=O(h^P)$。

例 2.13 若方程式（2.29）中的函数 $f(x,\ y)$ 满足 Lipschitz 条件，即存在 $L>0$ 使得 $\forall x$、y、$\bar{y}$ 成立 $|f(x,\ y)-f(x,\ \bar{y})|\leqslant L|y-\bar{y}|$，讨论欧拉格式和改进欧拉格式的收敛性问题。

解：对于欧拉格式 $y_{n+1}=y_n+hf(x_n,\ y_n)$，对应的增量函数 $\varphi(x,\ y,\ h)=f(x,\ y)$，故当 $f(x,\ y)$ 关于 y 满足 Lipschitz 条件时，由定理 2.4 知 $y(x_n)-y_n=O(h)$，从而格式收敛。

对于改进欧拉格式 $y_{n+1}=y_n+\frac{h}{2}\{f(x_n,\ y_n)+f[x_{n+1},\ y_n+hf(x_n,\ y_n)]\}$，增量函数为 $\varphi(x,\ y,\ h)=\frac{1}{2}\{f(x,\ y)+f[x+h,\ y+hf(x,\ y)]\}$，则有

$$\begin{aligned}|\varphi(x,\ y,\ h)-\varphi(x,\ \bar{y},\ h)|&\leqslant\frac{1}{2}|f(x,\ y)-f(x,\ \bar{y})|+\frac{1}{2}|f[x+h,\\&\quad y+hf(x,\ y)]-f[x+h,\ \bar{y}+hf(x,\ \bar{y})]|\\&\leqslant\frac{L}{2}|y-\bar{y}|+\frac{L}{2}|[y+hf(x,\ y)]-[\bar{y}+hf(x,\ \bar{y})]|\\&\leqslant\frac{L}{2}|y-\bar{y}|+\frac{L}{2}|y-\bar{y}|+\frac{hL}{2}|f(x,\ y)-f(x,\ \bar{y})|\\&\leqslant(\frac{L}{2}+\frac{L}{2}+\frac{hL^2}{2})|y-\bar{y}|=\frac{L}{2}(2+hL)|y-\bar{y}|\end{aligned}$$

只要取 $h<1$，即有 $|\varphi(x,\ y,\ h)-\varphi(x,\ \bar{y},\ h)|\leqslant\frac{1}{2}(2+L)|y-\bar{y}|=\bar{L}|y-\bar{y}|$。即 $\varphi(x,\ y,\ h)$ 满足式（2.64），故由定理 2.4 知 $y(x_n)-y_n=O(h^2)$，从而改进欧拉格式是收敛的。

（2）绝对稳定性

差分格式的数值稳定性问题很难作一般性的讨论。通常人们仅用试验方程

$$y'=\lambda y,\ \lambda<0 \tag{2.65}$$

作讨论。这是由于当 $\lambda>0$ 时，方程式（2.63）的解不是渐近稳定的，即任意初始偏差都可能造成解的巨大差异，是病态问题。这里，λ 代表 $f(x,\ y)$ 对于 y 偏导数的大致取值。

定义 2.5 设由某差分格式求试验方程式（2.65）的数值解，若当 y_n 有扰动（数据误差或舍入误差）ε 时，y_{n+1} 因此产生的偏差不超过 $|\varepsilon|$，则称该差分格式是绝对稳定的。

例 2.14 对于试验方程 $y'=\lambda y(\lambda<0)$，分别讨论当步长 h 在什么范围取值时，欧拉格式式（2.35）和隐式欧拉格式式（2.36）是绝对稳定的。

解：对于欧拉格式，由试验方程得 $y_{n+1}=y_n+hf(x_n, y_n)=(1+h\lambda)y_n$

若 y_n 有扰动 ε_n，y_{n+1} 因此产生偏差 ε_{n+1}，则有

$$y_{n+1}+\varepsilon_{n+1}=(1+h\lambda)(y_n+\varepsilon_n)\Rightarrow\varepsilon_{n+1}=(1+h\lambda)\varepsilon_n$$

从而，欧拉格式稳定当且仅当 $|\varepsilon_{n+1}|=|1+h\lambda|\times|\varepsilon_n|\Leftrightarrow|1+h\lambda|\leqslant 1$。

由

$$|1+h\lambda|<1\Rightarrow 1+h\lambda\geqslant -1\Rightarrow h\lambda\geqslant -2\Rightarrow h\leqslant -\frac{2}{\lambda}$$

可知，欧拉格式是“条件稳定”的，且 $|\lambda|$ 越大，稳定区域越小。

又对于隐式欧拉格式，由试验方程得

$$y_{n+1}=y_n+hf(x_{n+1}, y_{n+1})=y_n+h\lambda y_{n+1}\Rightarrow y_{n+1}=\frac{y_n}{1-h\lambda}$$

若 y_n 有扰动 ε_n，y_{n+1} 因此产生偏差 ε_{n+1}，则有

$$y_{n+1}+\varepsilon_{n+1}=\frac{y_n+\varepsilon_n}{1-h\lambda}\Rightarrow\varepsilon_{n+1}=\frac{\varepsilon_n}{1-h\lambda}\Rightarrow|\varepsilon_{n+1}|=\frac{|\varepsilon_n|}{1-h\lambda}\leqslant|\varepsilon_n|$$

由此可见，隐式欧拉格式是“无条件”绝对稳定的。用类似的方法可以证明，改进欧拉格式具有与欧拉格式相仿的稳定性，而梯形格式是绝对稳定的。一般地，隐格式比显格式具有更好的稳定性。

2.3.4 阿达马斯格式

一步格式在计算时只有到前面一步的近似值（比如龙格-库塔格式），这是一步格式的优点。但是正因为如此，要提高精度就需要增加中间函数值的计算，这就加大计算量。下面介绍多步格式，它在计算 y_{n+1} 时除了用到 x_n 上的近似值 y_n 外，还用到 $x_{n-p}(p=1, 2, \cdots)$ 上的近似值 y_{n-p}。线性多步格式的典型代表是阿达马斯格式，它直接利用求解节点的斜率值来提高精度。其中，将 $y(x)$ 在 x_n、x_{n-1}、x_{n-2}、$\cdots$ 处斜率值的加权平均作为平均斜率值 K^* 的近似值所得到的格式称为显式阿达马斯格式；而将 x_{n+1}、x_n、x_{n-1}、$\cdots$ 处斜率值的加权平均作为平均斜率值 K^* 的近似值所得到的格式称为隐式阿达马斯格式。

为简化讨论，记 $f_k=f(x_k, y_k)$，$k=n+1, n, n-1, \cdots$

定义 2.6 若差分格式

$$y_{n+1}=y_n+h\sum_{k=1}^{r}\lambda_k f_{n-k+1},\quad \sum_{k=1}^{r}\lambda_k=1 \tag{2.66}$$

为 r 阶格式，则称之为 r 阶显式阿达马斯格式。又若差分格式

$$y_{n+1}=y_n+h\sum_{k=1}^{r}\lambda_k f_{n-k+2},\quad \sum_{k=1}^{r}\lambda_k=1 \tag{2.67}$$

为 r 阶格式，则称之为 r 阶隐式阿达马斯格式。

例 2.15 分别导出二阶显式与隐式阿达马斯格式。

解：设 $f_k=y'(x_k)(k=1, 2, \cdots, n)$。

① 由 $y_{n+1}=y_n+h[(1-\lambda)f_n+\lambda f_{n-1}]=y(x_n)+h[(1-\lambda)y'(x_n)+\lambda y'(x_{n-1})]$

$$=y(x_n)+h\{(1-\lambda)y'(x_n)+\lambda[y'(x_n)-hy''(x_n)+O(h^2)]\}$$

$$=y(x_n)+hy'(x_n)-\lambda h^2y''(x_n)+O(h^3)$$

及 $y(x_{n+1})-y_{n+1}=O(h^3)$，比较例 2.9 中式（2.38）得 $\lambda=-1/2$，从而有二阶显式阿达马斯格式：$y_{n+1}=y_n+\frac{h}{2}(3f_n-f_{n-1})$。

② 为简便计，分别用 f、f_x、f_y 表示 $f(x_n, y_n)$、$f'_x(x_n, y_n)$、$f'_y(x_n, y_n)$，由二元函数的泰勒展开式 $f_{n+1}=f(x_{n+1}, y_{n+1})=f+hf'_x+f'_y(y_{n+1}-y_n)+O[h^2+(y_{n+1}-y_n)^2]$，利用 $y_{n+1}=y_n+h[(1-\lambda)f_n+\lambda f_{n+1}]$，得 $f_{n+1}=f+hf'_x+(1-\lambda)hff'_y+\lambda hf_{n+1}f'_y+O(h^2)$

那么有 $$f_{n+1}=\frac{f+hf'_x+(1-\lambda)hff'_y+O(h^2)}{1-\lambda hf'_y}$$

$$=[f+hf'_x+(1-\lambda)hff'_y+O(h^2)][1+\lambda hf'_y+O(h^2)]$$

$$=f+h(f'_x+ff'_y)+O(h^2)$$

$$=y'(x_n)+hy''(x_n)+O(h^2)$$

这样，由

$$y_{n+1}=y_n+h[(1-\lambda)f_n+\lambda f_{n+1}]$$

$$=y(x_n)+h\{(1-\lambda)y'(x_n)+\lambda[y'(x_n)+hy''(x_n)+O(h^2)]\}$$

$$=y(x_n)+hy'(x_n)+\lambda h^2y''(x_n)+O(h^3)$$

及 $y(x_{n+1})-y_{n+1}=O(h^3)$，比较例 2.9 中式（2.38）得 $\lambda=1/2$，从而有二阶隐式阿达马斯格式

$$y_{n+1}=y_n+\frac{h}{2}(f_n+f_{n+1})$$

恰为梯形格式。

例 2.16 导出三阶显式阿达马斯格式。

解：设 $f_k=y'(x_k)(k=1, 2, \cdots, n)$ 则

$$y=y_n+h(\lambda_1f_n+\lambda_2f_{n-1}+\lambda_3f_{n-2})$$

$$=y(x_n)+h[\lambda_1y'(x_n)+\lambda_2y'(x_{n-1})+\lambda_3y'(x_{n-2})]$$

$$=y(x_n)+h\left\{\lambda_1y'(x_n)+\lambda_2\left[y'(x_n)-hy''(x_n)+\frac{h^2}{2}y'''(x_n)\right]\right.$$

$$\left.+\lambda_3[y'(x_n)-2hy''(x_n)+2h^2y'''(x_n)]+O(h^3)\right\}$$

整理得

$$y_{n+1}=y(x_n)+h(\lambda_1+\lambda_2+\lambda_3)y'(x_n)+h^2(-\lambda_2-2\lambda_3)y''(x_n)$$

$$+h^3(\frac{\lambda_2}{2}+2\lambda_3)y'''(x_n)+O(h^4)$$

由上式及 $y(x_{n+1})-y_{n+1}=O(h^4)$，比较例 2.9 中式（2.38）得

$$\lambda_1+\lambda_2+\lambda_3=1,\quad -\lambda_2-2\lambda_3=\frac{1}{2},\quad \frac{\lambda_2}{2}+3\lambda_3=\frac{1}{6}$$

解得 $\lambda_1=\frac{23}{12}$，$\lambda_2=-\frac{16}{12}$，$\lambda_1=\frac{5}{12}$。

如前所述，可得三阶显式阿达马斯格式

$$y_{n+1}=y_n+\frac{h}{12}(23f_n-16f_{n-1}+5f_{n-2})$$

例 2.17 用待定系数法导出四阶隐式和显式阿达马斯格式。

解：① 对于隐式阿达马斯格式，设 $y_{n+1}=y_n+h(\lambda_1 f_{n-2}+\lambda_2 f_{n-1}+\lambda_3 f_n+\lambda_4 f_{n+1})$。局部截断误差

$$\begin{aligned}R[y]&=y(x_{n+1})-y_{n+1}=y(x_n+h)-y_{n+1}\\&=y(x_n+h)-y(x_n)-h\,[\lambda_1 y'(x_n-2h)\\&\quad+\lambda_2 y'(x_n-h)+\lambda_3 y'(x_n)+\lambda_4 y'(x_n+h)]\end{aligned}$$

令 $R[x^k]=0(k=1\sim 4)$ 及 $x_n=0$，代入上式得

$$\begin{cases}h(\lambda_1+\lambda_2+\lambda_3+\lambda_4-1)=0\\h^2(4\lambda_1+2\lambda_2-2\lambda_4+1)=0\\h^3(12\lambda_1+3\lambda_2+3\lambda_4-1)=0\\h^4(32\lambda_1+4\lambda_2-4\lambda_4+1)=0\end{cases}$$

解得 $\lambda_1=\frac{1}{24}$，$\lambda_2=-\frac{5}{24}$，$\lambda_3=\frac{19}{24}$，$\lambda_4=\frac{9}{24}$。

得四阶隐式格式

$$y_{n+1}=y_n+\frac{h}{24}(f_{n-2}-5f_{n-1}+19f_n+9f_{n+1})\tag{2.68}$$

式（2.68）称为四阶阿达马斯内插入式，它是一个线性三步四阶隐式公式，应用十分广泛。

② 对于显式阿达马斯格式，设 $y_{n+1}=y_n+h(\lambda_1 f_n+\lambda_2 f_{n-1}+\lambda_3 f_{n-2}+\lambda_4 f_{n-3})$。局部截断误差

$$\begin{aligned}R[y]&=y(x_{n+1})-y_{n+1}=y(x_n+h)-y_{n+1}\\&=y(x_n+h)-y(x_n)-h\,[\lambda_1 y'(x_n)+\lambda_2 y'(x_n-h)\\&\quad+\lambda_3 y'(x_n-2h)+\lambda_4 y'(x_n-3h)]\end{aligned}$$

令 $R[x^k]=0(k=1\sim 4)$ 及 $x_n=0$，代入上式得

$$\begin{cases}h(\lambda_1+\lambda_2+\lambda_3+\lambda_4-1)=0\\h^2(2\lambda_2+4\lambda_3+6\lambda_4+1)=0\\h^3(3\lambda_2+12\lambda_3+27\lambda_4-1)=0\\h^4(4\lambda_2+32\lambda_3+108\lambda_4+1)=0\end{cases}$$

解得 $\lambda_1=\frac{55}{24}$，$\lambda_2=-\frac{59}{24}$，$\lambda_3=\frac{37}{24}$，$\lambda_4=-\frac{9}{24}$。

得四阶显式格式

$$y_{n+1}=y_n+\frac{h}{24}(55f_n-59f_{n-1}+37f_{n-2}-9f_{n-3}) \tag{2.69}$$

式（2.69）称四阶阿达马斯外推公式，这是一个四阶显式迭代格式。

实际应用中，常将四阶阿达马斯外推公式式（2.69）与内插公式式（2.68）配套使用，构成预报-校正公式，即

$$\begin{cases} p_{n+1}=y_n+\dfrac{h}{24}(55f_n-59f_{n-1}+37f_{n-2}-9f_{n-3}) \\ y_{n+1}=y_n+\dfrac{h}{24}[f_{n-2}-5f_{n-1}+19f_n+9f(x_{n+1},\ p_{n+1})] \end{cases}$$

注意到，外推公式式（2.69）需要4个初值，通常需要借助于其他差分格式（如龙格-库塔格式）计算初值才能启动。

2.3.5 一阶微分方程组和高阶微分方程

前面已介绍一阶常微分方程的各种数值方法，这些方法对常微分方程组和高阶常微分方程同样适用。为了避免书写上的复杂，下面以二阶常微分方程和两个未知函数的方程组来叙述这些方法的计算公式，其截断误差和推导过程与一阶的情形完全一样，不再赘述，只列出计算格式。

(1) 一阶常微分方程组

$$\begin{cases} y'=f(x,\ y,\ z),\ y(x_0)=y_0 \\ z'=g(x,\ y,\ z),\ z(x_0)=z_0 \end{cases} \tag{2.70}$$

1）欧拉格式

对 $n=0,\ 1,\ 2,\ \cdots$，计算

$$\begin{cases} y_{n+1}=y_n+hf(x_n,\ y_n,\ z_n),\ y(x_0)=y_0 \\ z_{n+1}=z_n+hg(x_n,\ y_n,\ z_n),\ z(x_0)=z_0 \end{cases} \tag{2.71}$$

2）改进欧拉格式

对 $n=0,\ 1,\ 2,\ \cdots$，计算

$$\begin{cases} p_{n+1}=y_n+hf(x_n,\ y_n,\ z_n) \\ q_{n+1}=z_n+hg(x_n,\ y_n,\ z_n) \\ y_{n+1}=y_n+\dfrac{h}{2}[f(x_n,\ y_n,\ z_n)+f(x_{n+1},\ p_{n+1},\ q_{n+1})] \\ z_{n+1}=z_n+\dfrac{h}{2}[g(x_n,\ y_n,\ z_n)+g(x_{n+1},\ p_{n+1},\ q_{n+1})] \end{cases} \tag{2.72}$$

其中，$y(x_0)=y_0$；$z(x_0)=z_0$。

3）经典四阶龙格-库塔格式

对 $n=0,\ 1,\ 2,\ \cdots$，计算

$$\begin{cases} y_{n+1}=y_n+\dfrac{h}{6}(K_1+2K_2+2K_3+K_4) \\ z_{n+1}=z_n+\dfrac{h}{6}(L_1+2L_2+2L_3+L_4) \end{cases} \tag{2.73}$$

其中

$$\begin{cases} K_1=f(x_n,\ y_n,\ z_n),\ L_1=g(x_n,\ y_n,\ z_n) \\ K_2=f\left(x_n+\dfrac{h}{2},\ y_n+\dfrac{K_1}{2},\ z_n+\dfrac{L_1}{2}\right),\ L_2=g\left(x_n+\dfrac{h}{2},\ y_n+\dfrac{K_1}{2},\ z_n+\dfrac{L_1}{2}\right) \\ K_3=f\left(x_n+\dfrac{h}{2},\ y_n+\dfrac{K_2}{2},\ z_n+\dfrac{L_2}{2}\right),\ L_3=g\left(x_n+\dfrac{h}{2},\ y_n+\dfrac{K_2}{2},\ z_n+\dfrac{L_2}{2}\right) \\ K_4=f(x_n+h,\ y_n+K_3,\ z_n+L_3),\ L_4=g(x_n+h,\ y_n+K_3,\ z_n+L_3) \end{cases}$$

4）阿达马斯外插格式

记 f_{n-k}、g_{n-k} 分别表示 $f(x_{n-k},\ y_{n-k},\ z_{n-k})$、$g(x_{n-k},\ y_{n-k},\ z_{n-k})(k=0,\ 1,\ 2,\ 3)$。对 $n=0,\ 1,\ 2,\ \cdots$，计算

$$\begin{cases} y_{n+1}=y_n+\dfrac{h}{26}(55f_n-59f_{n-1}+37f_{n-2}-9f_{n-3}) \\ z_{n+1}=z_n+\dfrac{h}{24}(55g_n-59g_{n-1}+37g_{n-2}-9g_{n-3}) \end{cases} \tag{2.74}$$

其中，$y(x_0)=y_0$；$z(x_0)=z_0$。

5）阿达马斯预报-校正格式

记 f_{n-k}、g_{n-k} 分别表示 $f(x_{n-k},\ y_{n-k},\ z_{n-k})$、$g(x_{n-k},\ y_{n-k},\ z_{n-k})(k=0,\ 1,\ 2,\ 3)$。对 $n=0,\ 1,\ 2,\ \cdots$，计算

$$\begin{cases} p_{n+1}=y_n+\dfrac{h}{24}(55f_n-59f_{n-1}+37f_{n-2}-9f_{n-3}) \\ q_{n+1}=z_n+\dfrac{h}{24}(55g_n-59g_{n-1}+37g_{n-2}-9g_{n-3}) \\ y_{n+1}=y_n+\dfrac{h}{24}[f_{n-2}-5f_{n-1}+19f_n+9f(x_{n+1},\ p_{n+1},\ q_{n+1})] \\ z_{n+1}=z_n+\dfrac{h}{24}[g_{n-2}-5g_{n-1}+19g_n+9g(x_{n+1},\ p_{n+1},\ q_{n+1})] \end{cases} \tag{2.75}$$

其中，$y(x_0)=y_0$；$z(x_0)=z_0$。

例 2.18　取 $h=0.02$，求刚性微分方程

$$\begin{cases} y'=-0.01y-99.99z,\ y(0)=2 \\ z'=-100z,\ z(0)=1 \end{cases}$$

的数值解，其解析解为 $y=e^{-0.01x}+e^{-100x}$，$z=e^{-100x}$。

解：略。

例 2.19　考虑下面的 Lorenz 方程组

$$
\begin{cases}
\dfrac{\mathrm{d}x}{\mathrm{d}t}=-\sigma x+\sigma y \\
\dfrac{\mathrm{d}y}{\mathrm{d}t}=\alpha x-y-xz \\
\dfrac{\mathrm{d}z}{\mathrm{d}t}=xy-\beta z
\end{cases}
$$

参数α、β、σ适当的取值会使系统趋于混沌状态。取$\alpha=30$、$\beta=2.8$、$\sigma=12$，利用经典四阶龙格-库塔法求其数值解，并绘制z随x变化的曲线。

解：略。

（2）高阶常微分方程

对于高阶常微分方程，它总可以化成方程组的形式。例如，二阶方程

$$
\begin{cases}
y''=g(x,\ y,\ y') \\
y(x_0)=y_0,\ y'(x_0)=y'_0
\end{cases}
\tag{2.76}
$$

总可以化为一阶方程组

$$
\begin{cases}
y'=z \\
z'=g(x,\ y,\ z) \\
y(x_0)=y_0,\ z(x_0)=y'_0=z_0
\end{cases}
\tag{2.77}
$$

所以没有必要再对高阶方程给出计算公式。但应注意到，把高阶方程化为方程组时，其函数取特定的形式，因此，这时的计算公式可以化简。例如，对改进欧拉格式，因$f(x,\ y,\ z)=z$，故公式可表示为以下形式。

对$n=0,\ 1,\ 2,\ \cdots$，计算

$$
\begin{cases}
p_{n+1}=y_n+hz_n \\
q_{n+1}=z_n+hg(x_n,\ y_n,\ z_n) \\
y_{n+1}=y_n+\dfrac{h}{2}(z_n+q_{n+1}) \\
z_{n+1}=z_n+\dfrac{h}{2}[g(x_n,\ y_n,\ z_n)+g(x_{n+1},\ p_{n+1},\ q_{n+1})]
\end{cases}
\tag{2.78}
$$

其中，$y(x_0)=y_0$；$z(x_0)=y'_0=z_0$。

例 2.20 取$h=0.1$，求二阶方程$\begin{cases}y''=2y^3,\ 1\leqslant x\leqslant 1.5 \\ y(1)=y'(1)=1\end{cases}$的数值解，其解析解为$y=\dfrac{1}{x-2}$。

解：将二阶方程写成一阶方程组的形式

$$
\begin{cases}
y'=z, & y(1)=1 \\
z'=2y^3, & z(1)=1
\end{cases}
$$

```
ans =
    1.0000   -1.0000   -1.0000
    1.1000   -1.1111   -1.1111
    1.2000   -1.2500   -1.2500
    1.3000   -1.4285   -1.4286
    1.4000   -1.6666   -1.6667
    1.5000   -1.9998   -2.0000
```

上面的显示结果，第 1 列是节点，第 2 列是数值解，第 3 列是精确解。

3 有限差分法基本原理

许多物理现象或其运动、演化过程可以用一个微分方程的定解问题来描述。例如，无限长细弦的自由振动问题可归结成二阶双曲线型方程的初值问题，而弦对平衡位置的偏移就是方程的解。但是，绝大多数偏微分方程定解问题的解通常并不能用显式的公式来表达，有时即使可用公式表示，但也往往因为过于复杂，而需要采用各种近似方法来计算它的解。差分方法就是求解（偏）微分方程定解问题的常用近似方法之一。Courant、Friedrichs、Lewy（1928 年）首次对偏微分方程的差分方法做出完整的论述。第二次世界大战以来，快速电子计算机的诞生为差分方法提供了强有力的工具，从而促使这一数值分析方法迅速地发展起来。

有限差分法的基本思想是用离散的、只含有限个未知数的差分方程去代替连续变量的微分方程和定解条件。对于求解的偏微分方程定解问题，有限差分方法的主要步骤如下。利用网格线将定解区域化为离散点集；在此基础上，通过适当的途径将微分方程离散化为差分方程，并将定解条件离散化，这一过程叫作构造差分格式。不同的离散化途径一般会得到不同的差分格式。建立差分格式后，就把原来的偏微分方程定解问题化为代数方程组。通过解代数方程组，得到定解问题的解在离散点上的近似值组成的离散解，应用插值方法可从离散解得到定解问题在整个定解区域上的近似解。由此可见，有限差分方法有大体固定的模式，它有较强的通用性。但是，不能误认为不去了解这种逼近方法的基本知识，只是单纯模仿，便能轻易获得满意的结果。因为在应用这种逼近方法时会产生许多重要的但还是相当困难的数学问题，包括精度、稳定性与收敛性等。本章主要介绍有限差分方法的一些基本概念和构造差分格式的基本方法，以及给出一些力学问题有限差分求解的全过程。

3.1 有限差分的基本概念

本节首先针对单变量系统，基于 Taylor（泰勒）展开式导出若干有限差分表达式；接着将所得结果推广到两个自变量以及多自变量函数系统中。

3.1.1 函数的表示

先考虑单变量函数 $u(x)$，x 为自变量。将区域 x 离散化为一系列点（或节点，有时也称作结点），如图 3.1 所示，使得

$$u(x_r)=u(rh)=u_r(r=0, 1, 2, \cdots) \tag{3.1}$$

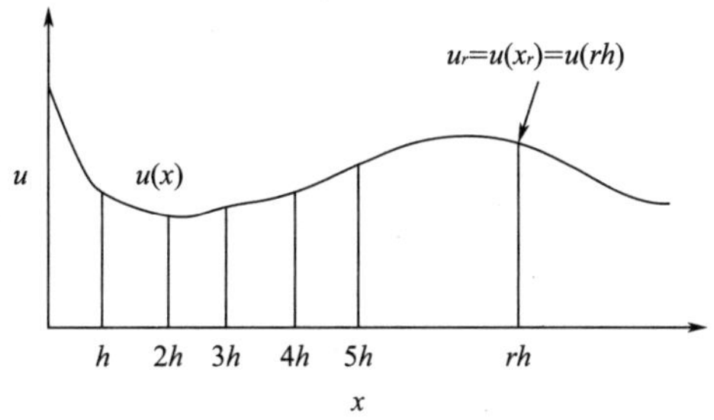

图 3.1 等格距 h 时函数 $u(x)$ 的离散化

在用 rh 代替 x_r 后，节点坐标就仅仅由整数 r 和格距 h 的乘积给定（这里不妨假设 h 为常数并规范化为小于 1)，其中 h 称为沿 x 方向的步长。整数 r 表示节点沿 x 坐标的位置，通常，当 $x=0$ 时 $r=0$。当 h 是常数时，$u(rh)$ 就可表示为 u_r。

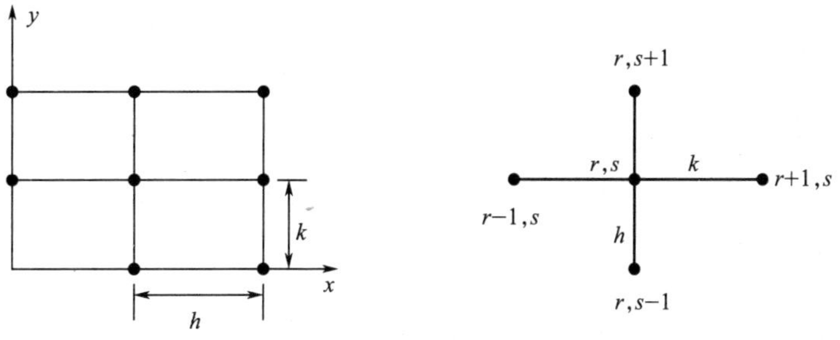

(a)二维

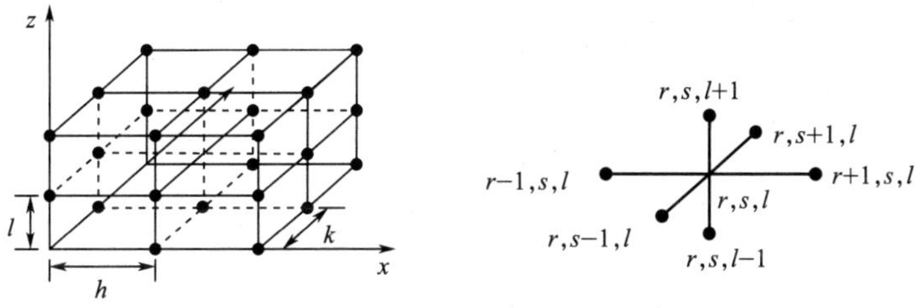

(b)三维

图 3.2 二维有限差分离散网格和三维有限差分离散网格

在二维情形下［图 3.2 (a)］，函数 $u(x, y)$ 在任何节点位置的值可表示为

$$u(x_r, y_s)=u(rh, sk)=u_{r,s}(r=0, 1, 2, \cdots; s=0, 1, 2, \cdots) \tag{3.2}$$

其中，x 方向的格距为h；y 方向的格距为k（或者，h 称为沿x 方向的步长，k 称为沿 y 方向的步长）；整数 r 和s 分别表示函数$u(x, y)$ 沿 x 和 y 坐标的位置。此外，对于与任意点（r，s）相邻的节点，可以表示如下

$$u_{r\pm1,\ s}=u[(r\pm1)h,\ sk] \quad 或 \quad u_{r,\ s\pm1}=u[rh,\ (s\pm1)k] \tag{3.3}$$

类似地，同样可以对三维情形下［图 3.2（b）］函数$u(x, y, z)$ 给出离散表示，在此不再详述。

3.1.2 单变量函数的有限差分公式

Taylor 级数展开式对于有限差分公式的建立和分类具有十分重要的意义，而且一定程度上其对于许多函数的近似逼近也是如此。因此，在具体研究各种数值方法之前，有必要对有关 Taylor 级数的知识做一下简单回顾。

单变量函数 $u(x)$ 在离散点 x_r 处的 Taylor 级数展开用前面所采用的记号可表示为

$$u(x_r+h)=u(x_r)+hu_x\Big|x_r+\frac{h^2}{2!}u_{xx}\Big|x_r+\frac{h^3}{3!}u_{xxx}\Big|x_r+\cdots \tag{3.4a}$$

或

$$u(x_r-h)=u(x_r)-hu_x\Big|x_r+\frac{h^2}{2!}u_{xx}\Big|x_r-\frac{h^3}{3!}u_{xxx}\Big|x_r+\cdots \tag{3.4b}$$

重新整理上两式后，可另写成

$$u_x\,|\,x_r=\frac{u(x_r+h)-u(x_r)}{h}-\frac{h}{2!}u_{xx}\Big|x_r-\frac{h^2}{3!}u_{xxx}\Big|x_r-\cdots \tag{3.5a}$$

$$u_x\,|\,x_r=\frac{u(x_r)-u(x_r-h)}{h}+\frac{h}{2!}u_{xx}\Big|x_r-\frac{h^2}{3!}u_{xxx}\Big|x_r-\cdots \tag{3.5b}$$

进而，在点 x_r 处的一阶导数的两个近似公式可由式（3.5a）和式（3.5b）给出

$$u_x\,|\,x_r=(u_x)_r\approx\frac{u(x_r+h)-u(x_r)}{h}=\frac{u_{r+1}-u_r}{h} \tag{3.6a}$$

$$u_x\,|\,x_r=(u_x)_r\approx\frac{u(x_r)-u(x_r-h)}{h}=\frac{u_r-u_{r-1}}{h} \tag{3.6b}$$

由于上式中级数被截断，因此这些近似公式肯定存在一定的误差 E_r。此截断误差可由级数被截部分的第一项（也是最大一项）表示出，即

$$E_r=\begin{cases}-\dfrac{h}{2}u_{xx}\,|\,x=\tilde{x}=o(h),\ (x_r<\tilde{x}<x_r+h)\\[2ex] \dfrac{h}{2}u_{xx}\,|\,x=\tilde{x}=o(h),\ (x_r-h<\tilde{x}<x_r)\end{cases} \tag{3.7}$$

称此误差 $o(h)$ 与 h 同阶。对于足够小的步长 h，误差 $o(h)$ 的绝对值将小于 Ah（A 为一常数）。式（3.6a）和式（3.6b）分别称作函数 $u(x)$ 关于自变量 x 的一阶向前差商和向后差商。

如果将式（3.5a）与式（3.5b）相加并求解 $(u_x)_r$，则得

$$(u_x)_r=\frac{u_{r+1}-u_{r-1}}{2h} \tag{3.8}$$

其被截去的第一项为

$$E_r=\frac{h^2}{6}u_{xxx}\,|\,x=\tilde{x}=o(h^2),\ (x_{r-1}<\tilde{x}<x_{r+1}) \tag{3.9}$$

即截断误差为 $o(h^2)$ 阶。式（3.8）称作函数 $u(x)$ 关于自变量 x 的一阶中心差商。

为了获得函数高阶导数的近似，例如二阶导数，将式（3.5a）减去式（3.5b）并求解 $(u_{xx})_r$，得到

$$(u_{xx})_r=\frac{u_{r+1}-2u_r+u_{r-1}}{h^2} \tag{3.10}$$

其被截去的第一项为

$$E_r=-\frac{h^3}{12}u_{xxxx}\,|\,x=\tilde{x}=o(h^2),\ (x_{r-1}<\tilde{x}<x_{r+1}) \tag{3.11}$$

即式（3.10）的截断误差为 $o(h^2)$ 阶。依次类推不难得到更高阶（如：三阶、四阶）导数的近似表示公式。

虽然可以沿用上面的方式推导出更为复杂的公式，但运算过程十分复杂，这里介绍另外一种使用算子推导的方法。定义符号以及算子，如表 3.1 所示。

表 3.1　差分算子以及符号

符号	算子	差分表示式
Δ	向前差分	$\Delta u_r=u_{r+1}-u_r$
∇	向后差分	$\nabla u_r=u_r-u_{r-1}$
δ	中心差分	$\delta u_r=u_{r+1/2}-u_{r-1/2}$
E	移位	$\mathrm{E}u_r=u_{r+1}$
μ	平均	$\mu u_r=(u_{r+1/2}+u_{r-1/2})/2$
D	微分	$\mathrm{D}u_r=(\mathrm{d}u/\mathrm{d}x)_{x=x_r}=(u_x)_r$

利用定义的算子，用一种简单的推导和表述方式将所有可能的微分式的有限差分形式表示出来，其所得结果与通过 Taylor 级数所导出的公式相同。由表 3.1 中定义的各种线性算子，在不同的算子间存在很多关系式，这里给出几个作为例证。

$$\Delta u_r=u_{r+1}-u_r=\mathrm{E}u_r-u_r=(\mathrm{E}-1)u_r\Rightarrow\Delta=\mathrm{E}-1 \tag{3.12}$$

$$\nabla u_r=u_r-u_{r-1}=u_r-\mathrm{E}^{-1}u_r=(1-\mathrm{E}^{-1})u_r\Rightarrow\nabla=1-\mathrm{E}^{-1} \tag{3.13}$$

$$\mu(\delta u_r)=\frac{\delta u_{r+1/2}+\delta u_{r-1/2}}{2}=\frac{u_{r+1}-u_{r-1}}{2} \tag{3.14}$$

$$\delta^2u_r=\delta(\delta u_r)=\delta(u_{r+1/2}-u_{r-1/2})=u_{r+1}-2u_r+u_{r-1} \tag{3.15}$$

$$\mu\delta^3u_r=\frac{u_{r+2}-2u_{r+1}+2u_{r-1}-u_{r-2}}{2} \tag{3.16}$$

进一步，可将 Taylor 级数式（3.4a）另表示为

$$u_{r+1}=u_r+h(u_x)_r+\frac{h^2}{2!}(u_{xx})_r+\frac{h^3}{3!}(u_{xxx})_r+\cdots$$

$$=\left(1+hD+\frac{h^2D^2}{2!}+\frac{h^3D^3}{3!}+\cdots\right)u_r=\exp(hD)u_r \tag{3.17}$$

但由前面的定义，$Eu_r=u_{r+1}$，故有

$$E=\exp(hD) \tag{3.18}$$

或者

$$hD=\ln E=\begin{cases}\ln(1+\Delta)=\Delta-\frac{1}{2}\Delta^2+\frac{1}{3}\Delta^3-\cdots\\-\ln(1-\nabla)=\nabla+\frac{1}{2}\nabla^2+\frac{1}{3}\nabla^3+\cdots\end{cases} \tag{3.19}$$

同样地，容易证明

$$\delta=2\sinh\left(\frac{hD}{2}\right) \tag{3.20}$$

其证明如下

$$u_{r+1/2}=u_r+(h/2)(u_x)_r+\frac{(h/2)^2}{2!}(u_{xx})_r+\frac{(h/2)^2}{3!}(u_{xxx})_r+\cdots$$

$$=\left[1+(h/2)D+\frac{(h/2)^2D^2}{2!}+\frac{(h/2)^3D^3}{3!}+\cdots\right]u_r=\exp\left(\frac{hD}{2}\right)u_r \tag{3.21}$$

$$u_{r-1/2}=u_r+(-h/2)(u_x)_r+\frac{(-h/2)^2}{2!}(u_{xx})_r+\frac{(-h/2)^2}{3!}(u_{xxx})_r+\cdots$$

$$=\left[1+(-h/2)D+\frac{(-h/2)^2D^2}{2!}+\frac{(-h/2)^3D^3}{3!}+\cdots\right]u_r=\exp\left(\frac{-hD}{2}\right)u_r \tag{3.22}$$

由式（3.21）与式（3.22）相减得到

$$u_{r+1/2}-u_{r-1/2}=\exp\left(\frac{hD}{2}\right)u_r-\exp\left(\frac{-hD}{2}\right)u_r=\delta u_r \tag{3.23}$$

即有

$$\delta=\exp\left(\frac{hD}{2}\right)-\exp\left(\frac{-hD}{2}\right)\text{或}\ \delta=2\sinh\left(\frac{hD}{2}\right) \tag{3.24}$$

获证。

由式（3.20），有

$$hD=2\sinh^{-1}\left(\frac{\delta}{2}\right)=\delta-\frac{1}{2^2 3!}\delta^3+\frac{3^2}{2^4 5!}\delta^5-\cdots \tag{3.25}$$

结合式（3.19），可获得 hD 的各种不同表述，即函数一阶导数的几种差分表示式。再对这些公式进行平方、立方、四次方等，就可得到 h^2D^2、h^3D^3、h^4D^4、…。将这些算子应用于 u_r 或者 $u_{r\pm 1/2}$，可得到单变量函数的前几阶导数表示式，由于高次方的运算相当冗长，这里只是给出如下的最终结果。

一阶导数：

$$h(u_x)_r=\left(\Delta-\frac{1}{2}\Delta^2+\frac{1}{3}\Delta^3-\cdots\right)u_r \tag{3.26a}$$

或
$$h(u_x)_r=\left(\nabla+\frac{1}{2}\nabla^2+\frac{1}{3}\nabla^3+\cdots\right)u_r \tag{3.26b}$$

或
$$h(u_x)_r=\mu\left(\delta-\frac{1}{3}\delta^3+\frac{1}{30}\delta^5-\cdots\right)u_r \tag{3.26c}$$

二阶导数：

$$h^2(u_{xx})_r=\left(\Delta^2-\Delta^3+\frac{11}{12}\Delta^4-\cdots\right)u_r \tag{3.27a}$$

或
$$h^2(u_{xx})_r=\left(\nabla^2+\nabla^3+\frac{11}{12}\nabla^4+\cdots\right)u_r \tag{3.27b}$$

或
$$h^2(u_{xx})_r=\left(\delta^2-\frac{1}{12}\delta^4+\frac{1}{90}\delta^6-\cdots\right)u_r \tag{3.27c}$$

三阶导数：

$$h^3(u_{xxx})_r=\left(\Delta^3-\frac{3}{2}\Delta^4+\frac{7}{4}\Delta^5-\cdots\right)u_r \tag{3.28a}$$

或
$$h^3(u_{xxx})_r=\left(\nabla^3+\frac{3}{2}\nabla^4+\frac{7}{4}\nabla^5+\cdots\right)u_r \tag{3.28b}$$

或
$$h^3(u_{xxx})_r=\mu\left(\delta^3-\frac{1}{4}\delta^5+\frac{1}{120}\delta^7-\cdots\right)u_r \tag{3.28c}$$

四阶导数：

$$h^4(u_{xxxx})_r=\left(\Delta^4-2\Delta^5+\frac{17}{6}\Delta^6-\cdots\right)u_r \tag{3.29a}$$

或
$$h^4(u_{xxxx})_r=\left(\nabla^4+2\nabla^5+\frac{17}{6}\nabla^6+\cdots\right)u_r \tag{3.29b}$$

或
$$h^4(u_{xxxx})_r=\left(\delta^4-\frac{1}{6}\delta^6+\frac{7}{240}\delta^8-\cdots\right)u_r \tag{3.29c}$$

从以上 $h(u_x)_r$、$h^2(u_{xx})_r$、$h^3(u_{xxx})_r$，…的表达式中适当地截断无穷级数就可得到各种近似差分公式。例如，在向前差分公式式（3.26a）中，若将一阶差分以后的各项舍去则得

$$(u_x)_r=\frac{\Delta u_r}{h}=\frac{u_{r+1}-u_r}{h} \tag{3.30}$$

上式与直接由 Taylor 级数方法得到的式（3.6a）结果一致。其近似公式的截断误差由被略去的第一个差分项及其非零系数确定，即

$$E_r=-\frac{1}{2h}\Delta^2u_r=-\frac{1}{2h}h^2(u_{xx})_{\tilde{x}}=o(h),\ (x_r<\tilde{x}<x_{r+1}) \tag{3.31}$$

这与 Taylor 级数误差估计结果也完全一致。表 3.2 中给出单变量函数常用的前几阶有限差分近似表达公式以及相应的误差阶。

表 3.2 单变量函数差分公式

导数	有限差分近似公式	误差阶
$(u_x)_r$	$(u_{r+1}-u_r)/h$	$o(h)$
	$(u_r-u_{r-1})/h$	$o(h)$
	$(u_{r+1}-u_{r-1})/(2h)$	$o(h^2)$
	$(-u_{r+2}+4u_{r+1}-3u_r)/(2h)$	$o(h^2)$
	$(-u_{r+2}+8u_{r+1}-8u_{r-1}+u_{r-2})/(12h)$	$o(h^4)$
$(u_x)_r$	$(u_{r+1}-2u_r+u_{r-1})/h^2$	$o(h^2)$
	$(-u_{r+2}+16u_{r+1}-30u_r+16u_{r-1}-u_{r-2})/(12h^2)$	$o(h^4)$
$(u_{xxx})_r$	$(u_{r+2}-2u_{r+1}+2u_{r-1}-u_{r-2})/(2h^3)$	$o(h^2)$
$(u_{xxxx})_r$	$(u_{r+2}-4u_{r+1}+6u_r-4u_{r-1}+u_{r-2})/h^4$	$o(h^2)$

3.1.3 多变量函数的有限差分公式

利用上节的结果，可以直接推广到多变量函数 $u(x_1, x_2, x_3, \cdots)$ 的许多有用的有限差分近似公式。这里，不妨以二元函数 $u(x, y)$ 为例，给出其多阶偏导数的差分近似表示公式。与单变量函数情形不同，需要补充的新概念包括用符号 $u_{r,s}$ 代替 u_r 表示在节点 (r, s) 处的函数值，以及对 x 求偏导数时 y 保持不变，反之亦然。

结合 $(u_x)_r \approx (u_{r+1}-u_r)\ h$ 以及图 3.2 (a)，不难得到

$$\frac{\partial u(x_r, y_s)}{\partial x}=(u_x)_{r,s}=\frac{u_{r+1,s}-u_{r,s}}{h}+o(h) \tag{3.32a}$$

$$\frac{\partial u(x_r, y_s)}{\partial y}=(u_y)_{r,s}=\frac{u_{r+1,s}-u_{r,s}}{k}+o(k) \tag{3.32b}$$

在上式中的 $(u_x)_{r,s}$ 保持下标 s 不变（即 $y=$常数），而在 $(u_y)_{r,s}$ 中保持 r 不变（即 $x=$常数）。

对应于二阶导数 $(u_{xx})_r \approx (u_{r+1}-2u_{r-1})\ h^2$，相应的二维近似公式可用相同的方法得到

$$\frac{\partial^2 u(x_r, y_s)}{\partial x^2}=(u_{xx})_{r,s}=\frac{u_{r+1,s}-2u_{r,s}+u_{r-1,s}}{h^2}+o(h^2) \tag{3.33a}$$

$$\frac{\partial^2 u(x_r, y_s)}{\partial y^2}=(u_{yy})_{r,s}=\frac{u_{r,s+1}-2u_{r,s}+u_{r,s-1}}{k^2}+o(k^2) \tag{3.33b}$$

现在还需要给出混合偏导数的有限差分表达式

$$\frac{\partial^2 u(x_r, y_s)}{\partial x \partial y}=(u_{xy})_{r,s}=\frac{\partial}{\partial x}[(u_y)_{r,s}] \tag{3.34}$$

利用式 (3.8)，上式可以进一步表示为

$$(u_{xy})_{r,s}=\frac{\partial}{\partial x}[(u_y)_{r,s}]=\frac{1}{2h}[(u_y)_{r+1,s}-(u_y)_{r-1,s}]+o(h^2)$$

$$=\frac{1}{2h}\left[\frac{u_{r+1,s+1}-u_{r+1,s-1}}{2k}-\frac{k^2}{3!}(u_{yyy})_{r+1,s}+\cdots\right.$$

$$\left.-\frac{u_{r-1,s+1}-u_{r-1,s-1}}{2k}+\frac{k^2}{3!}(u_{yyy})_{r-1,s}+\cdots\right]+o(h^2) \qquad (3.35)$$

即

$$(u_{xy})_{r,s}=\frac{1}{2h}\left[\frac{u_{r+1,s+1}-u_{r-1,s+1}-u_{r+1,s-1}+u_{r-1,s-1}}{2k}\right]+o(h^2)+o(k^2) \qquad (3.36)$$

当 h 与 k 相等时，上式变成

$$(u_{xy})_{r,s}=\frac{1}{4h^2}(u_{r+1,s+1}-u_{r-1,s+1}-u_{r+1,s-1}+u_{r-1,s-1})+o(h^2) \qquad (3.37)$$

进一步，采用类似的方法，可以得到函数 u（x，y）常用的有限差分近似公式，并将它们列于表 3.3 中。

表 3.3　二元函数 $u(x, y)$ 的有限差分公式（$h=k$）

导数	有限差分近似公式	误差阶
$(u_x)_{r,s}$	$(u_{r+1,s}-u_{r,s})/h$	$o(h)$
	$(u_{r,s}-u_{r-1,s})/h$	$o(h)$
	$(u_{r+1,s}-u_{r-1,s})/(2h)$	$o(h^2)$
	$(-u_{r+2,s}+4u_{r+1,s}-3u_{r,s})/(2h)$	$o(h^2)$
$(u_{xx})_{r,s}$	$(-u_{r+1,s}-2u_{r+1,s}+u_{r-1,s})/h^2$	$o(h^2)$
	$(u_{r+2,s}+16u_{r+1,s}-30u_{r,s}+16u_{r-1,s}-u_{r-2,s})/(12h^2)$	$o(h^4)$
$(u_{xxx})_{r,s}$	$(u_{r+2,s}-2u_{r+1,s}+2u_{r-1,s}-u_{r-2,s})/(2h^3)$	$o(h^2)$
$(u_{xy})_{r,s}$	$(u_{r+1,s+1}-u_{r-1,s+1}-u_{r+1,s-1}+u_{r-1,s-1})/(4h^2)$	$o(h^4)$
$(u_{xxyy})_{r,s}$	$(u_{r+1,s+1}+u_{r-1,s+1}+u_{r+1,s-1}+u_{r-1,s-1}$ $-2u_{r+1,s}-2u_{r-1,s}-2u_{r,s+1}-2u_{r,s-1}+4u_{r,s})/h^4$	$o(h^2)$

注：对于 $(u_y)_{r,s}$、$(u_{yy})_{r,s}$、$(u_{yyy})_{r,s}$ 的形式可直接仿照表中的公式得到，只需保持 r 不变而 s 变化，并且用 k 取代 h。

多元（变量）函数 $u(x_1, x_2, x_3, \cdots)$ 的有限差分公式可仿照上面介绍的二元函数 $u(x, y)$ 差分格式建立的方法和思路给出。例如，结合图 3.2（b）的三维有限差分离散网格，三元函数 $u(x, y, z)$ 的二阶导数可写成

$$(u_{zz})_{r,s,l}=\frac{u_{r,s,l-1}-2u_{r,s,l}+u_{r,s,l+1}}{l^2}+o(l^2) \qquad (3.38)$$

3.2　差分方程与差分格式构造

本节将以一些简单的微分方程（包括常微分方程和偏微分方程）为例，引入用差分方法求解微分方程的一些概念，并说明求解过程与原理。

3.2.1 微分方程以及定义

在此有必要对微分方程的定义以及力学中的常见微分方程作简单回顾。在力学、物理学等领域中，各个定律并不一定直接由某些表征物理量的未知函数与自变量间的量的规律给出，而往往是由这些函数和它们对自变量的各阶导数或偏导数的关系给出，这种带有导数或微分符号的未知函数的方程称为微分方程。如果微分方程关于未知函数和它的各阶导数是线性的，则称为线性微分方程；否则，称为非线性微分方程。

一般地，微分方程中，如果其中的未知函数只与一个自变量有关，则称之为常微分方程

$$F(x, y, y', y'', \cdots, y^{(n)})=0 \tag{3.39}$$

其中，x 为自变量；y 为未知函数；$\{y', y'', \cdots, y^{(n)}\}$ 为未知函数的各阶导数或微分。方程中所含未知函数导数的最高阶数（例如 n）称为这个方程或方程组的阶（例如：n 阶常微分方程）。

微分方程中，如果其中的未知函数与多于一个的自变量有关，则称为偏微分方程，记为

$$F(x_1, x_2, \cdots, x_m; u_{x_1}, u_{x_2}, \cdots, u_{x_m}, u_{x_1x_1}, u_{x_1x_2}, \cdots)=0 \tag{3.40}$$

其中，$u=u(x_1, x_2, \cdots, x_m)$ $(m\geqslant 2)$ 为未知函数；F 是关于 $\{x_1, x_2, \cdots, x_m\}$、$u$ 以及 u 的有限个偏导数的已知函数。如果在 F 中含有 u 的偏导数的最高阶为 n，则称为 n 阶偏微分方程。如果 F 关于 u 及其导数是齐次的，则称微分方程是齐次的。

下面给出一些力学中常见的微分方程。

物体运动方程

$$\frac{\mathrm{d}s}{\mathrm{d}t}=v(t), \quad \frac{\mathrm{d}v}{\mathrm{d}t}=a(t) \tag{3.41}$$

梁的静力平衡方程

$$\frac{\mathrm{d}M}{\mathrm{d}x}=Q(x), \quad \frac{\mathrm{d}Q}{\mathrm{d}x}=q(x) \tag{3.42}$$

振动方程

$$\frac{\mathrm{d}^2 s}{\mathrm{d}t^2}+a\frac{\mathrm{d}s}{\mathrm{d}t}+bs=f(t) \tag{3.43}$$

圆薄膜振动方程

$$x\frac{\mathrm{d}^2 w}{\mathrm{d}x^2}+\frac{\mathrm{d}w}{\mathrm{d}x}+kxw=0 \tag{3.44}$$

悬索方程

$$\frac{\mathrm{d}^2 y}{\mathrm{d}x^2}-\frac{w}{H}\sqrt{1+\left(\frac{\mathrm{d}y}{\mathrm{d}x}\right)^2}=0 \tag{3.45}$$

梁的挠度方程

$$\frac{\mathrm{d}^2}{\mathrm{d}x^2}\left[EJ(x)\frac{\mathrm{d}^2 w}{\mathrm{d}x^2}\right]=q(x) \tag{3.46}$$

圆柱壳的轴对称弯曲方程

$$\frac{\mathrm{d}^4 w}{\mathrm{d}x^4}+\frac{Eh}{a^2 D}w=\frac{q(x)}{D} \tag{3.47}$$

弹性基础上梁的挠度方程

$$EJ\frac{\mathrm{d}^4 w}{\mathrm{d}x^4}+kw=q(x) \tag{3.48}$$

拉普拉斯方程

$$\frac{\partial^2 \phi}{\partial x^2}+\frac{\partial^2 \phi}{\partial y^2}=0(\text{二维}) \quad \text{或} \quad \frac{\partial^2 \phi}{\partial x^2}+\frac{\partial^2 \phi}{\partial y^2}+\frac{\partial^2 \phi}{\partial z^2}=0(\text{三维}) \tag{3.49}$$

热传导或扩散方程

$$a\frac{\partial v}{\partial t}=\frac{\partial^2 v}{\partial x^2}+\frac{\partial^2 v}{\partial y^2} \tag{3.50}$$

弦的振动方程

$$\frac{\partial^2 Y}{\partial t^2}=a^2\frac{\partial^2 Y}{\partial x^2} \tag{3.51}$$

双调和方程

$$\frac{\partial^4 \phi}{\partial x^4}+2\frac{\partial^4 \phi}{\partial x^2 \partial y^2}+\frac{\partial^4 \phi}{\partial y^4}=0 \tag{3.52}$$

薄板的弯曲方程

$$D\left(\frac{\partial^4 w}{\partial x^4}+2\frac{\partial^4 w}{\partial x^2 \partial y^2}+\frac{\partial^4 w}{\partial y^4}\right)=q(x, y) \tag{3.53}$$

不难看出：式（3.41）～式（3.48）为常微分方程，式（3.49）～式（3.53）为偏微分方程。并且，式（3.41）、式（3.42）是一阶方程，式（3.43）～式（3.46）以及式（3.49）～式（3.51）为二阶方程，式（3.47）、式（3.48）及式（3.52）、式（3.53）为四阶方程。在动力学中，最常见的是二阶微分方程，在弹性理论中，最常见的是四阶微分方程。

必须指出，所有的物理学、力学等学科领域中的微分方程，都是根据一些基本定律以及实验现象为基础建立的。这些方程中的量，包括自变量和特定函数的物理量，都是有量纲的物理量。由量纲分析和相似理论，这些物理量所组成的物理方程都可以化为无量纲形式。在这种无量纲形式的微分方程中，所有的自变量和有着特定物理意义的函数表征的量都是无量纲，并且还会出现一些决定这个物理系统的无量纲常数——相似模量。这种无量纲形式的微分方程，才是纯数学的微分方程，其是一类可以描述很多不同物理现象的微分方程。

此外，在具体求解微分方程时，必须附加某些定解条件，微分方程和定解条件一起组成定解问题。对于高阶微分方程，定解条件通常有三种提法：一种是给出积分曲线在初始时刻的性态，这类条件称为初始条件，相应的定解问题称为初值问题；一种是给出积分曲线在边界上的性态，这类条件称为边界条件，相应的定解问题称为边值问题；最后一种是既给出部分初始条件，又给出部分边界条件，即混合定解条件，相应的定解问题称为混合问题。

3.2.2 常微分方程的差分格式构造与求解

在力学问题中，有些力学现象与规律可由较为简单的常微分方程来描述，例如：天体的运动，火箭在发动机推动下在空间飞行，物体在一定条件下的运动变化，弹簧振子的振动，梁的扭转、弯曲等。

这里不妨以二阶常微分方程为例，如下

$$y''+p(x)y'+q(x)y=r(x), \quad (a<x<b) \tag{3.54}$$

定解条件的提法

$$\alpha_0 y'(a)+\beta_0 y(a)=\gamma_0, \quad \alpha_1 y'(b)+\beta_1 y(b)=\gamma_1 \tag{3.55}$$

上式中，通过参数（α_0，β_0，γ_0）和（α_1，β_1，γ_1）取值的不同，可以构造出包括初值条件、边界条件或混合条件的定解条件。

结合前面所介绍的有限差分公式，微分方程式（3.54）相应的差分方程为

$$\frac{y_{n+1}-2y_n+y_{n-1}}{h^2}+p_n\frac{y_{n+1}-y_{n-1}}{2h}+q_n y_n=r_n, \quad (n=1, 2, \cdots, N-1) \tag{3.56}$$

其中，步长 $h=(b-a)/N$；节点 $x_n=x_0+nh$（$n=0, 1, \cdots, N$）。相应的定解条件化为

$$\alpha_0\frac{y_1-y_0}{h}+\beta_0 y_0=\gamma_0, \quad \alpha_1\frac{y_N-y_{N-1}}{h}+\beta_1 y_N=\gamma_1 \tag{3.57}$$

通常，把定解问题中的微分方程所对应的差分方程和定解条件的离散形式统称为定解问题的一个差分格式。于是，式（3.56）和式（3.57）构成了定解问题式（3.54）和式（3.55）的一个差分格式。有时定解条件的离散形式是很明显的，主要是构造离散化的差分方程，在这种情况下，常把得到的差分方程直接称为一个差分格式。此外，由式（3.56）和式（3.57）可以看出，待求离散节点处的函数未知值数的个数为 $N+1$（即未知数 y_0，y_1，…，y_N），而方程的个数也为 $N+1$，其完全可以获得问题的解。上面的定解差分格式也可写成矩阵形式，即

$$\boldsymbol{A}\boldsymbol{y}=\boldsymbol{b} \tag{3.58}$$

其中，$\boldsymbol{y}=[y_0 \quad y_1 \quad \cdots \quad y_N]^{\mathrm{T}}$ 为待求未知函数列阵；系数矩阵 $\boldsymbol{A}$ 和非奇次列阵 $\boldsymbol{b}$ 分别为

$$\boldsymbol{A}=\begin{bmatrix} -\alpha_0+h\beta_0 & \alpha_0 & & & 0 \\ 2-hp_1 & -4+2h^2q_1 & 2+hp_1 & & \\ & \ddots & \ddots & \ddots & \\ & & 2-hp_{N-1} & -4+2h^2q_{N-1} & 2+hp_{N-1} \\ 0 & & & -\alpha_1 & \alpha_1+h\beta_1 \end{bmatrix} \tag{3.59}$$

$$\boldsymbol{b}=[h\gamma_0 \quad 2h^2r_1 \quad 2h^2r_2 \quad \cdots \quad 2h^2r_{N-1} \quad h\gamma_1]^{\mathrm{T}} \tag{3.60}$$

故微分方程式（3.54）及定解条件式（3.55）的差分解不难得到

$$\boldsymbol{y}=\boldsymbol{A}^{-1}\boldsymbol{b} \tag{3.61}$$

例 3.1 用差分方法解边值问题

$$\begin{cases} y''(x)-y(x)=x \ (0<x<1) \\ y(0)=0,\ y(1)=1 \end{cases}$$

解：取步长 $h=0.1$，节点 $x_n=\frac{1}{10}n(n=0,\ 1,\ 2,\ \cdots,\ 10)$，将原方程的差分格式表示如下

$$\begin{bmatrix} 10^{-1} & 0 & & & 0 \\ 2 & -4-2\times10^{-2} & 2 & & \\ & \ddots & \ddots & \ddots & \\ & & 2 & -4-2\times10^{-2} & 2 \\ 0 & & & 0 & 10^{-1} \end{bmatrix} \begin{bmatrix} y_0 \\ y_1 \\ \vdots \\ \\ y_{10} \end{bmatrix} = \begin{bmatrix} 0 \\ 2\times10^{-2}\times0.1 \\ \vdots \\ 2\times10^{-2}\times0.9 \\ 10^{-1} \end{bmatrix}$$

解此线性方程组，可以得到表 3.4 的结果。

表 3.4 差分方法的计算结果（在节点上）

x_n	0.0	0.1	0.2	0.3	0.4	0.5	0.6	0.7	0.8	0.9	1.0
y_n	0.00	0.0705	0.1427	0.2183	0.2991	0.3869	0.4836	0.5911	0.7115	0.8470	1.00

不难求出原方程的解析结果

$$y=\frac{2(\mathrm{e}^x-\mathrm{e}^{-x})}{\mathrm{e}-\mathrm{e}^{-1}}-x$$

在图 3.3 中，分别给出该微分方程的差分计算结果与解析结果。可以看出，差分数值计算结果与理论解析结果相吻合。

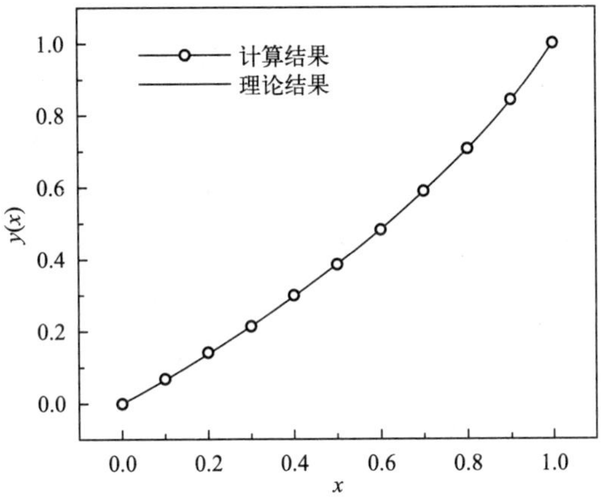

图 3.3 差分法计算所得结果与解析结果比较

3.2.3 偏微分方程的差分格式构造与求解

在数学物理方程中，较普遍的问题通常是由偏微分方程控制的。一般而言，不同类型的微分方程控制着不同的物理过程或描述不同的力学现象，它们解的特性也会明显不同。了解偏微分方程的分类对于正确认识不同的数学物理问题以及对这些问题提出正确的边界条件和初始条件都是很有帮助的。以数理方程中较普遍的二维二阶线性偏微分方程的分类为例，其可以仿照二次曲线的分类法进行。

二阶线性偏微分方程的一般形式可以写成如下形式

$$a(x,y)\frac{\partial^2\phi}{\partial x^2}+2b(x,y)\frac{\partial^2\phi}{\partial x\partial y}+c(x,y)\frac{\partial^2\phi}{\partial y^2}+d(x,y)\frac{\partial\phi}{\partial x}+e(x,y)\frac{\partial\phi}{\partial y}+f(x,y)\phi=g(x,y) \tag{3.62}$$

其分类可以由判别式来确定，即

$$\Delta=b^2-ac\rightarrow\begin{cases}<0\text{，椭圆型}\\=0\text{，抛物线型}\\>0\text{，双曲线型}\end{cases} \tag{3.63}$$

利用这个判别式，可以判定波动方程、弦振动方程隶属于双曲线型方程，静电场、静磁场方程隶属于椭圆型方程，热传导方程隶属于抛物线型方程。下面将以简单的一维对流方程与扩散方程为例，引入用差分方法求偏微分方程数值解的一些基本概念，并说明求解的基本过程和原理。

一维对流方程可表示为下式

$$\frac{\partial u}{\partial t}+c\frac{\partial u}{\partial x}=0 \tag{3.64}$$

其中，c 为常数。该方程可刻画流体运动等某些物理现象，例如流体在平直管道中的等速单向流动并忽略管壁与流体的摩擦，此时 u 表示流体的密度，为时间 t 与沿管道方向的坐标 x 的函数，常数 c 为流速。

一维扩散方程可表示为

$$\frac{\partial u}{\partial t}-a\frac{\partial^2 u}{\partial x^2}=0 \tag{3.65}$$

其中，$a>0$ 为常数。这是一个抛物线型方程，描述了热的传导、粒子的扩散等问题。对于细长绝缘杆的热传导问题来说，在材料密度、比热和热导率均为常数的假设下，方程中的系数 a 是由这些材料特性确定的常数，而 u 是温度，它是时间 t 与沿杆方向坐标 x 的函数。

根据前面的论述知道，在具体求解上述微分方程时，必须附加某些定解条件。这里不妨考虑对流方程式（3.64）和扩散方程式（3.65）的初值问题

$$\begin{cases}\dfrac{\partial u}{\partial t}+c\dfrac{\partial u}{\partial x}=0, & (x\in\mathbf{R},\ t>0)\\ u(x,0)=f(x), & (x\in\mathbf{R})\end{cases} \tag{3.66}$$

以及

$$
\begin{cases}
\dfrac{\partial u}{\partial t}-a\dfrac{\partial^2 u}{\partial x^2}=0, & (x\in \mathbf{R},\ t>0)\\
u(x,0)=f(x), & (x\in \mathbf{R})
\end{cases}
\tag{3.67}
$$

在建立上述定解问题的差分格式前，先要进行离散化处理。利用网格线将定解区域化为离散的节点集，这是将微分方程化为差分方程的基础。式（3.66）和式（3.67）的定解区域是 x-t 平面的上半平面，分别引入平行于 x 轴和 t 轴的两族直线，将区域划分为矩形网格。这两族直线称为网格线，它们的交点称为节点或网格点。通常，为了简便起见，平行于 t 轴的网格线可取成等间距的，间距 $h>0$ 称为空间步长；平行于 x 轴的网格线也可取成等间距的，间距 $\tau>0$ 称为时间步长，其还可以取成不等距，间距大小视具体问题而定。所取两族网格线如下（见图 3.4）

$$
\begin{cases}
x=x_j, & j=0,\ \pm 1,\ \pm 2,\ \cdots\\
t=t_n, & n=0,\ 1,\ 2,\ \cdots
\end{cases}
\tag{3.68}
$$

其中，$x_j=jh$；$t_n=n\tau$；节点 $(x_j,\ t_n)$ 简记为 $(j,\ n)$。

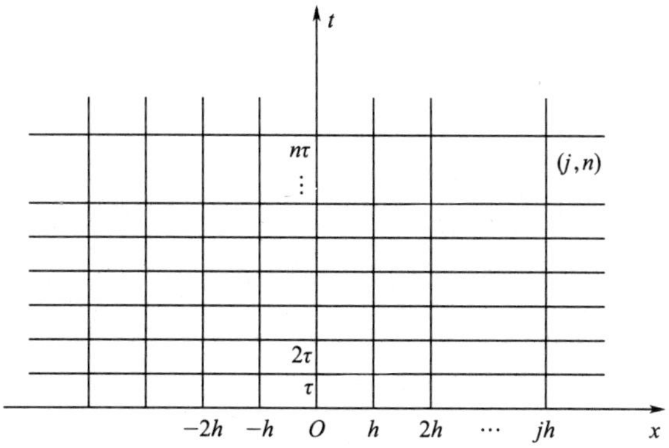

图 3.4　二维定解区域的离散化网格线

初值问题式（3.66）和式（3.67）的解 u 都是依赖于连续变化的变量 x 和 t 的函数。按照上述方法将定解区域离散化后，在数值分析中将求解 u 在各个节点处的近似值，即：将求解依赖连续变量 x 和 t 的函数的问题，转化为依赖离散变量 x_j 和 t_n 的问题。

初值问题式（3.66）的差分格式可表示如下

$$
\begin{cases}
\dfrac{u_{j,n+1}-u_{j,n}}{\tau}+c\,\dfrac{u_{j+1,n}-u_{j,n}}{h}=0\\
u_{j,0}=f_j,\ j=0,\ \pm 1,\ \pm 2,\ \cdots;\ n=0,\ 1,\ 2,\ \cdots
\end{cases}
\tag{3.69}
$$

或者引入网格比 $\lambda=\tau/h$，则上式表示为

$$
\begin{cases}
u_{j,n+1}=-c\lambda u_{j+1,n}+(1+c\lambda)u_{j,n}\\
u_{j,0}=f_j,\ (j=0,\ \pm 1,\ \pm 2,\ \cdots;\ n=0,\ 1,\ 2,\ \cdots)
\end{cases}
\tag{3.70}
$$

在上面的差分格式推导中，采用了 u 关于 x 的向前差分。如果分别采用向后和中

心差分，则相应地，可得两个形式稍有不同的差分格式，如下

$$\begin{cases}u_{j,n+1}=(1-c\lambda)u_{j,n}+c\lambda u_{j-1,n}\\u_{j,0}=f_j,\ (j=0,\ \pm1,\ \pm2,\ \cdots;\ n=0,\ 1,\ 2,\ \cdots)\end{cases}\tag{3.71a}$$

和

$$\begin{cases}u_{j,n+1}=u_{j,n}-\dfrac{c\lambda}{2}(u_{j+1,n}-u_{j-1,n})\\u_{j,0}=f_j,\ (j=0,\ \pm1,\ \pm2,\ \cdots;\ n=0,\ 1,\ 2,\ \cdots)\end{cases}\tag{3.71b}$$

类似地，扩散问题的差分格式可表示为

$$\begin{cases}\dfrac{u_{j,n+1}-u_{j,n}}{\tau}-a\dfrac{u_{j+1,n}-2u_{j,n}+u_{j-1,n}}{h^2}=0\\u_{j,0}=f_j,\ (j=0,\ \pm1,\ \pm2,\ \cdots;\ n=0,\ 1,\ 2,\ \cdots)\end{cases}\tag{3.72}$$

或

$$\begin{cases}u_{j,n+1}=(1-2a\lambda)u_{j,n}+a\lambda(u_{j+1,n}+u_{j-1,n})\\u_{j,0}=f_j,\ (j=0,\ \pm1,\ \pm2,\ \cdots;\ n=0,\ 1,\ 2,\ \cdots)\end{cases}\tag{3.73}$$

其中，$\lambda=\tau/h^2$ 为网格比，其与对流差分方程中的网格比不同。

在建立差分格式式（3.70）或式（3.71a）或式（3.71b），以及式（3.73）后，由于在初始层（$t=0$）上的所有 $u_{j,0}$ 已知，所以可以逐层（$t=t_n$，$n=1$，2，…）推进，算出函数值 $u_{j,n}$。

此外，前面所导出的差分格式有两个共同的特征：一是差分格式仅涉及两个时间层（n 层和 $n+1$ 层），这种格式称为二层格式，采用这种格式来计算第 $n+1$ 层 $u_{j,n+1}$ 时均只用到第 n 层的信息；二是差分格式提供了逐点计算 $u_{j,n+1}$ 的直接表达式，使得很容易从第 n 层推进到第 $n+1$ 层，具有这种特征的格式称为显式格式。因此，前面的差分格式都是二层显式差分格式。如果在前面的推导中采用向后差分逼近 u 对 t 的微分，即可得到一新的差分格式（不妨以扩散问题为例）

$$\begin{cases}-a\lambda u_{j+1,n+1}+(1+2a\lambda)u_{j,n+1}-a\lambda u_{j-1,n+1}=u_{j,n}\\u_{j,0}=f_j,\ (j=0,\ \pm1,\ \pm2,\ \cdots;\ n=0,\ 1,\ 2,\ \cdots)\end{cases}\tag{3.74}$$

这时，所得的也是一组线性代数方程组，但其与式（3.73）不同。当已知第 n 层的 $u_{j,n}$ 后，要求解出第 $n+1$ 层的函数值 $u_{j,n+1}$，必须解一线性方程组，而不是直接给出 $u_{j,n+1}$ 的计算公式，这种格式称为隐式差分格式。直观地看，显式格式要比隐式格式简单，但是，在某些情况下可能使用隐式差分格式更为有利。

例 3.2 在区域 R：$\{0\leqslant x\leqslant l,\ 0\leqslant t\leqslant T\}$ 内求解一维热传导混合问题

$$\begin{cases}\dfrac{\partial u}{\partial t}-a\dfrac{\partial^2 u}{\partial x^2}=0, & (x\in[0,\ l],\ t\in[0,\ T])\\u(x,\ 0)=\varphi(x), & (x\in[0,\ l])\\u(0,\ t)=g_1(t), & (t\in[0,\ T])\\u(l,\ t)=g_2(t), & (t\in[0,\ T])\end{cases}$$

解：(1) 显式差分格式

与原方程相对应的差分格式为

$$
\begin{cases}
u_{j,n+1}=(1-2a\lambda)u_{j,n}+a\lambda(u_{j+1,n}+u_{j-1,n}), \\
\qquad\qquad (j=1,2,\cdots,J-1;\ n=0,1,\cdots,N-1) \\
u_{j,0}=\varphi(jh),\ (j=0,1,2,\cdots,J) \\
u_{0,n}=g_1(n\tau),\ u_{J,n}=g_1(n\tau),\ (n=0,1,\cdots,N)
\end{cases}
$$

其中，h、τ 分别为步长，以及 $J=[l/h]$、$N=[T/\tau]$。

为方便起见，引入下面的向量和矩阵形式

$$
\boldsymbol{u}_n=[u_{1,n}\quad u_{2,n}\quad \cdots\quad u_{J-1,n}]^{\mathrm{T}},\ \boldsymbol{\varphi}=[\varphi(h)\quad \varphi(2h)\quad \cdots\quad \varphi((J-1)h)]^{\mathrm{T}},
$$

$$
\boldsymbol{g}_n=[a\lambda u_{0,n}\quad 0\quad \cdots\quad 0\quad a\lambda u_{J,n}]^{\mathrm{T}}=[a\lambda g_1(n\tau)\quad 0\quad \cdots\quad 0\quad a\lambda g_2(n\tau)]^{\mathrm{T}},
$$

$$
\boldsymbol{A}=\begin{bmatrix}
1-2a\lambda & a\lambda & & & 0 \\
a\lambda & 1-2a\lambda & a\lambda & & \\
 & \ddots & \ddots & \ddots & \\
 & & a\lambda & 1-2a\lambda & a\lambda \\
0 & & & a\lambda & 1-2a\lambda
\end{bmatrix}
$$

则定解问题的差分格式可写成矩阵

$$
\begin{cases}
\boldsymbol{u}_{n+1}=\boldsymbol{A}\boldsymbol{u}_n+\boldsymbol{g}_n,\ (n=0,1,2,\cdots,N-1) \\
\boldsymbol{u}_0=\boldsymbol{\varphi}
\end{cases}
$$

根据上式，可以很容易地逐层计算，得到第 $n+1$ 层的函数值 $u_{j,n+1}$。

(2) 隐式差分格式

与原方程相对应的隐式差分格式为

$$
\begin{cases}
-a\lambda u_{j,n+1}+(1+2a\lambda)u_{j,n+1}-a\lambda u_{j-1,n+1}=u_{j,n}, \\
\qquad\qquad (j=1,2,\cdots,J-1;\ n=0,1,\cdots,N-1) \\
u_{j,0}=\varphi(jh),\ (j=0,1,2,\cdots,J) \\
u_{0,n}=g_1(n\tau),\ u_{J,n}=g_2(n\tau),\ (n=0,1,\cdots,N)
\end{cases}
$$

其中，h、τ 分别为步长。

与前面的显式差分格式类似，可以得到下列的矩阵形式差分方程

$$
\begin{cases}
\boldsymbol{B}\boldsymbol{u}_{n+1}=\boldsymbol{u}_n+\boldsymbol{g}_{n+1},\ (n=0,1,2,\cdots,N-1) \\
\boldsymbol{u}_0=\boldsymbol{\varphi}
\end{cases}
$$

其中

$$
\boldsymbol{g}_{n+1}=[a\lambda g_1(n+1)\tau\quad 0\quad \cdots\quad 0\quad a\lambda g_2(n+1)\tau]^{\mathrm{T}}
$$

$$
\boldsymbol{B}=\begin{bmatrix}
1+2a\lambda & -a\lambda & & & 0 \\
-a\lambda & 1-2a\lambda & & & \\
 & \ddots & \ddots & \ddots & \\
 & & -a\lambda & 1+2a\lambda & -a\lambda \\
0 & & & -a\lambda & 1+2a\lambda
\end{bmatrix}
$$

其他的向量定义与（1）中的相同。

例 3.3 在区域 Ω：$\{0 < x_2 < y_2 < R_2\}$ 内求解 Possion 方程的定解问题

$$\begin{cases}\dfrac{\partial^2 \phi}{\partial x^2}+\dfrac{\partial^2 \phi}{\partial y^2}+f=0, & \{(x, y) \mid (x, y) \in \Omega\} \\ \phi \mid \Gamma=\partial\Omega=0, & \{(x, y) \mid x^2+y^2=R^2\}\end{cases}$$

解：这是一个有源的稳态场的定解问题。先将所求解问题的区域 Ω 离散化，将其剖分成如图 3.5 的网格形状。

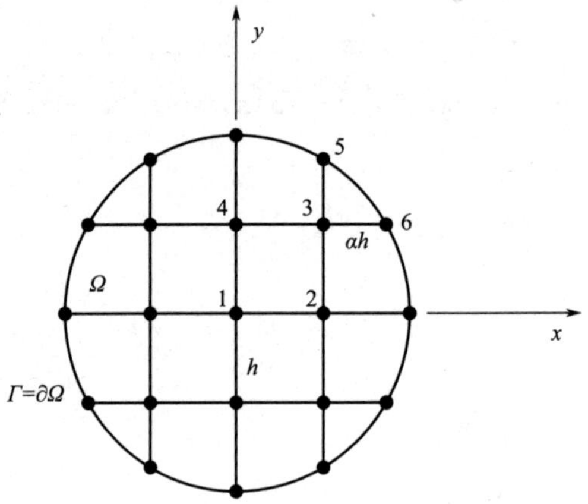

图 3.5 求解区域的差分网格剖分

为了数值计算简便些，仅用等距的分别沿 x 轴和 y 轴的 3 条平行线将求解区域剖分。由于问题的对称性，只需求解节点 1、2、3 上的函数 ϕ 值。对于区域内的点（x，y）有

$$x=x_i=ih, \ y=y_j=jh; \ \phi(x, y)=\phi(x_i, y_j)=\phi_{ij}$$

根据前面介绍的偏微分的差分表示，原方程定解问题的差分格式如下

$$\begin{cases}\dfrac{\phi_{i-1, j}-2\phi_{i, j}}{h^2}+\dfrac{\phi_{i, j-1}-2\phi_{i, j}+2\phi_{i, j+1}}{h^2}+f=0, \{(x_i, y_i) \mid (x_i, y_i) \in \Omega\} \\ \phi_{i, j} \mid \Gamma=\partial\Omega=0, \{(x_i, y_i) \mid x_i^2+y_i^2=R^2\}\end{cases} \tag{3.75}$$

注意到如果 $f=0$ 则有

$$\phi_{i, j}=\frac{1}{4}(\phi_{i, j-1}+\phi_{i, j+1}+\phi_{i-1, j}+\phi_{i+1, j})$$

其表明任意一节点的 $\phi_{i, j}$ 值可由其周围四点的平均值确定，这种形式的差分方程也称为五点格式（如图 3.6）。此外，由图 3.7 可见，编号 3 点到周围四个点的距离不相等，因此第 3 点的差分方程并不能直接包含在式（3.75）中，必须重新导出适合于第 3 点或其他靠近边界的点的差分方程。

设在辅助坐标系 $\xi\eta$ 中，函数 $\phi(\xi, \eta)$ 在 3 点附近可近似表示为

$$\phi(\xi, \eta)=\phi_3+a\xi+b\eta+c\xi^2+d\eta^2+e\xi\eta$$

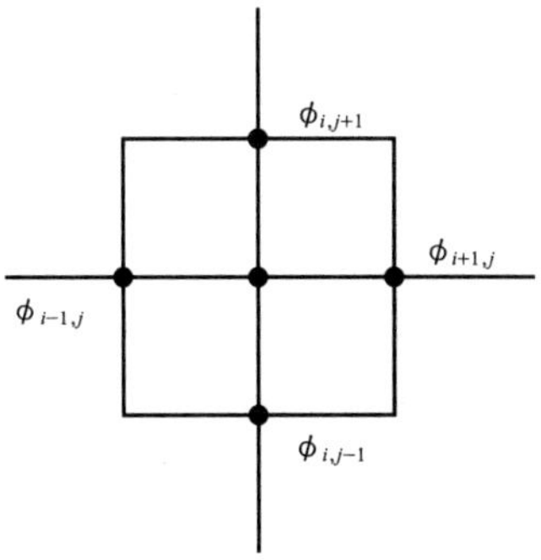

图 3.6　五点差分格式示意图

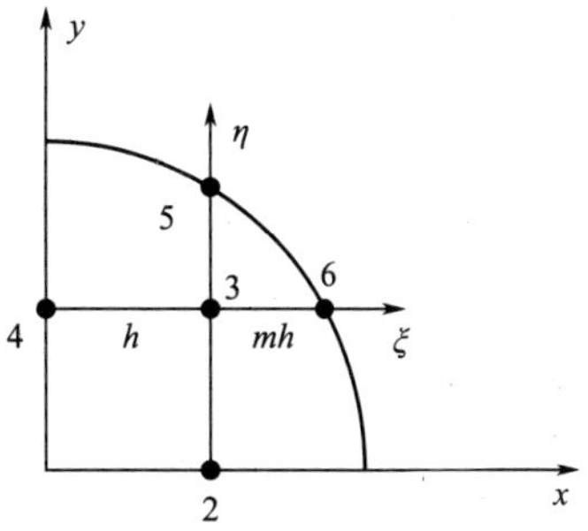

图 3.7　编号 3 点以及辅助坐标系 $\xi\eta$

则有

$$\frac{\partial^2\phi}{\partial\xi^2}=2c,\quad \frac{\partial^2\phi}{\partial\eta^2}=2d$$

因此，在辅助坐标系中，原微分方程可化为

$$\frac{\partial^2\phi}{\partial\xi^2}+\frac{\partial^2\phi}{\partial\eta^2}+f=0\Rightarrow 2(c+d)+f=0 \tag{3.76}$$

现在来确定参数 c、d，由图 3.7 有

$$\begin{cases}\phi_6=\phi(\xi,\ \eta)_{\xi=mh,\ \eta=0}=\phi_3+amh+c(mh)^2\\ \phi_4=\phi(\xi,\ \eta)_{\xi-h,\ \eta=0}=\phi_3-ah+c^2\end{cases}$$

由上面的方程组，消去参数 a，可得到参数 c 的表达式为

$$c=\frac{\phi_6-\phi_3+m(\phi_4-\phi_3)}{m(m+1)h^2} \tag{3.77}$$

其中，利用几何关系，容易求得 $m=\sqrt{3}-1$。同理，还可以得到方程组

$$\begin{cases}\phi_5=\phi(\xi,\ \eta)_{\xi=0,\ \eta=mh}=\phi_3+bmh+d(mh)^2\\ \phi_2=\phi(\xi,\ \eta)_{\xi=0,\ \eta=-h}=\phi_3-bh+dh^2\end{cases}$$

以及

$$d=\frac{\phi_5-\phi_3+m(\phi_2-\phi_3)}{m(m+1)h^2} \tag{3.78}$$

将式（3.77）和式（3.78）代入式（3.76），以及考虑到对称性，可以得到待求解节点 1、2、3 上的函数 ϕ 满足的差分方程组

$$\begin{cases}4\phi_2-4\phi_1+fh^2=0\\ 2\phi_3+\phi_1-4\phi_2+fh^2=0\\ 4\phi_2/(m+1)-4\phi_3/m+fh^2=0\end{cases} \tag{3.79}$$

注意，在上述方程组中已经考虑了函数 ϕ 所满足的边界条件，诸如 $\phi_5=\phi_6=0$。此外，为了计算简便，这里取函数 f 为常数。

求解方程组式（3.79），可得到

$$\phi_1=fh^2,\quad \phi_2=\frac{3}{4}fh^2,\quad \phi_3=\frac{1}{2}fh^2$$

而此问题的精确解为

$$\phi(x, y) = -\frac{1}{4} f(x^2 + y^2 - R^2)$$

不难看出，节点处的差分解与理论精确解完全一致。但是需要说明的是，当使用等距差分时，由于边界非直线，需要修改临近边界点的差分格式。边界形状越不规则，这种处理就越复杂，而且随着定解问题的不同，处理方法一般也不同，这为差分方法求解复杂边界问题带来极大的困难，而且很难设计出统一的、通用性强的数值计算模拟程序，这也正是差分方法在求解复杂工程问题中的主要缺点之一。

3.3 差分格式的收敛性和稳定性

尽管在前面几节中就微分方程化为差分方程进行了讨论，甚至基于 Taylor 级数可以给出很多定解问题的差分格式。但是，一个差分格式能否在实际中使用，最重要的还要看差分方程的解能否任意地逼近原问题或方程的解。一般地，对于一个差分格式，需要从两个方面加以考察：一是考察差分格式在理论上的准确解能否任意逼近微分方程的解，即收敛性；二是考察差分格式在实际计算中的近似解能否任意逼近差分方程的解，即引入稳定性的概念。

3.3.1 差分格式的收敛性

定义收敛性的概念，设 u 是微分方程的精确解，$\tilde{u}_{j,n}$ 是相应的差分方程的准确解，如果当步长 $h \to 0$、$\tau \to 0$ 时，对于任何 (j, n)，有

$$\tilde{u}_{j,n} \to u(x_j, t_n) \tag{3.80}$$

则称差分格式是收敛的。

这里仅涉及差分方程精确解在步长缩小时的性态，不考虑实际求解过程中出现的误差，包括舍入误差等，这只是一种理想的简化假设。期望自然是能够得到一些判别差分格式收敛性的准则，并在使用任何差分格式之前，最好能对其收敛性做出明确的回答。但是，目前对很多实际问题尚没有给出这样的答案。下面将用一些实例给予说明。

考虑下面的扩散方程的初值问题

$$\begin{cases} \dfrac{\partial u}{\partial t} - \dfrac{\partial^2 u}{\partial x^2} = 0, & (x \in \mathbf{R},\ t > 0) \\ u(x, 0) = f(x), & (x \in \mathbf{R}) \end{cases} \tag{3.81}$$

其相应的差分格式为

$$\begin{cases} \tilde{u}_{j,n+1} = (1-2\lambda)\tilde{u}_{j,n} + \lambda(\tilde{u}_{j+1,n} + \tilde{u}_{j-1,n}) \\ \tilde{u}_{j,0} = f_j,\ (j = 0, \pm 1, \pm 2, \cdots;\ n = 0, 1, 2, \cdots) \end{cases} \tag{3.82}$$

其中，$\lambda = \tau / h^2$ 为网格比。

设 u 是初值问题式 (3.81) 的精确解，$\tilde{u}_{j,n}$ 是差分格式式 (3.82) 的解。令 E 为差分格式式 (3.82) 的截断误差，它是依赖于节点的量，记节点 (x_j, t_n) 处的截断误

差为 $E_{j,n}$，则

$$E_{j,n}=\frac{u(x_j,t_{n+1})-u(x_j,t_n)}{\tau}-\frac{u(x_{j+1},t_n)-2u(x_j,t_n)+u(x_{j-1},t_n)}{h^2} \tag{3.83}$$

利用 Taylor 级数展开，可得

$$E_{j,n}=\frac{\tau}{2}\times\frac{\partial^2 u(x_j,\tilde{\tau})}{\partial^2\tau}-\frac{h^2}{12}\times\frac{\partial^4 u(\tilde{x},t_n)}{\partial x^4}=o(\tau+h^2) \tag{3.84}$$

利用式（3.83），上式可另写成

$$u(x_j,t_{n+1})=(1-2\lambda)u(x_j,t_n)+\lambda[u(x_{j+1},t_n)+u(x_{j-1},t_n)]+\tau E_{j,n} \tag{3.85}$$

令 $e_{j,n}=u_{j,n}-u(x_j-t_n)$，由式（3.82）和式（3.85），有

$$e_{j,n+1}=(1-2\lambda)u(x_j,t_n)+\lambda(e_{j+1,n}+e_{j-1,n})-\tau E_{j,n} \tag{3.86}$$

讨论：

① 当 $0<\lambda=\tau/h^2\leqslant 1/2$，则 $1-2\lambda\geqslant 0$，令 $e_n=\sup\limits_j|e_{j,n}|$，$M=\sup\limits_j|E_{j,n}|$，于是

$$|e_{j,n+1}|\leqslant(1-2\lambda)|e_{j,n}|+\lambda(|e_{j+1,n}|+|e_{j-1,n}|)+\tau|E_{j,n}|\leqslant e_n+\tau M \tag{3.87}$$

从而，$e_{n+1}\leqslant e_n+\tau M$，并利用此递推不等式，得出

$$e_n\leqslant e_0+\tau_n M=e_0+t_n M \tag{3.88}$$

注意到初始条件

$$\tilde{u}_{j,0}=u(x_j,0)=f(x_j) \tag{3.89}$$

所以，$e_{j,0}=0$ 或者 $e_n=\sup\limits_j|e_{j,n}|=0$。这样，从式（3.84）和式（3.89）可以看出，只要假设初值问题的解 u 对 t 的二阶偏导数和对 x 的四阶偏导数均有界，便有

$$|\tilde{u}_{j,n}-u(x_j,t_n)|\leqslant e_n\leqslant t_n M=t_n o(\tau+h^2) \tag{3.90}$$

由此，当 $h\to 0$、$\tau\to 0$ 时，$\tilde{u}_{j,0}\to u(x_j,t_n)$，即差分格式是收敛的。

② 当 $\lambda>1/2$ 时。

构造差分方程的显式解，定义函数

$$v(x,t)=\mathrm{Re}(\mathrm{e}^{\mathrm{i}\alpha x-\omega t}) \tag{3.91}$$

其中 $\mathrm{e}^{-\omega\tau}=1-4\lambda\sin^2\dfrac{\alpha h}{2}$，该函数满足差分方程，即

$$\frac{v(x,t+\tau)-v(x,t)}{\tau}-\frac{v(x+h,t)-2v(x,t)+v(x-h,t)}{h^2}=0 \tag{3.92}$$

此外，$v(x,t)$ 所满足的初始条件为

$$v(x,0)=\mathrm{Re}(\mathrm{e}^{\mathrm{i}\alpha x})=\cos(\alpha x) \tag{3.93}$$

所以差分方程的解 $v(x,t)$ 的表达式进一步可写成

$$v(x,t)=\left(1-4\lambda\sin^2\frac{\alpha h}{2}\right)^{\frac{t}{\tau}}\cos(\alpha x) \tag{3.94}$$

从式（3.94）可以看出，当 $\lambda>1/2$ 时，对于某些 α 和 h，有 $\left|1-4\lambda\sin^2\frac{\alpha h}{2}\right|>1$ 并且对于充分大的 t/τ，$v(x, t)$ 可能达到任意大，即差分格式不收敛。需要指出的是这里所构造的差分解特例 $v(x, t)$ 在初始时刻并不是满足条件 $v(x, 0)=f(x)$，而是初始条件为式（3.93），即函数 $f(x)$ 的一种特殊情形。但希望说明的是当 $\lambda>1/2$ 时，差分格式出现的不收敛特性。

从前述讨论可以得出：如果 $0<\lambda=\tau/h^2\leqslant 1/2$，并且初值问题式（3.81）有足够光滑的解 u，则当 $h\to 0$、$\tau\to 0$ 时，对于任何（j，n）有 $e_{j,n}\to 0$，即差分格式式（3.82）是收敛的；若 $\lambda>1/2$，则差分格式不收敛。通常，一个差分格式仅当网格比 λ 满足一定条件时是收敛的，就称此格式是条件收敛的。上面所给例子的差分格式是条件收敛的，如果存在对于任何网格比 λ 均收敛的差分格式，则称该种格式是无条件收敛的。

3.3.2 差分格式的稳定性

在除了需要讨论一个差分格式的收敛性外，还有一个重要的问题必须考虑，即差分格式的稳定性问题。由于差分格式的计算是逐层进行的，计算第 $n+1$ 层上的 $u_{j,n+1}$ 时，要用到第 n 层上计算所得结果 $u_{j,n}$。因此计算 $u_{j,n}$ 时的舍入误差，必然会影响到 $u_{j,n+1}$ 的值，从而就要分析这种误差传播的情况。如果误差的影响越来越大，以致差分格式精确解的面貌完全被掩盖，那么此种差分格式就是不稳定的；相反地，如果误差的影响是可以控制的，差分格式解能够计算出来，那么这种差分格式就是稳定的。设初始层上引入误差 $e_{j,0}$（$j=0, \pm 1, \pm 2, \cdots$），记 $e_{j,n}$（$j=0, \pm 1, \pm 2, \cdots$）是第 n 层上的误差，如果存在常数 K 使得

$$\|e_n\|\leqslant K\|e_0\| \tag{3.95}$$

那么称差分格式是稳定的。其中 $\|\cdot\|$ 为某种定义下的范数，通常可取

$$\|e_n\|=\sqrt{\sum_{j=-\infty}^{\infty}(e_{j,n})^2} \quad \text{或} \quad \|e_n\|=\sup_j|e_{j,n}| \tag{3.96}$$

例 3.4 考虑流体力学中的对流方程

$$\frac{\partial u}{\partial t}+\frac{\partial u}{\partial x}=0 \tag{3.97}$$

的差分格式

$$\frac{u_{j,n+1}-u_{j,n}}{\tau}+\frac{u_{j,n}-u_{j-1,n}}{h}=0 \tag{3.98}$$

稳定性。

解：设在第 0 层上的网格节点上的 $u_{j,0}$ 有误差 $e_{j,0}$，即初值为 $u_{j,0}+e_{j,0}$ 而不是 $u_{j,0}$。用 $u_{j,0}+e_{j,0}$ 为初值进行计算，得到第 n 层上的结果为 $u_{j,n}+e_{j,n}$。假定在这一计算过程中没有引进其他误差，那么 $u_{j,n}+e_{j,n}$ 满足差分方程式（3.98），即

$$\frac{(u_{j,n+1}+e_{j,n+1})-(u_{j,n}+e_{j,n})}{\tau}+\frac{(u_{j,n}+e_{j,n})-(u_{j-1,n}+e_{j-1,n})}{h}=0$$

用上式减去式（3.98），可得

$$\frac{e_{j,n+1}-e_{j,n}}{\tau}+\frac{e_{j,n}-e_{j-1,n}}{h}=0$$

这就是误差所满足的方程，或者另写为

$$e_{j,n+1}=(1-\lambda)e_{j,n}+\lambda e_{j-1,n}$$

其中，$\lambda=\tau/h$。

如果 $\lambda\leqslant1$，则

$$|e_{j,n+1}|\leqslant(1-\lambda)|e_{j,n}|+\lambda|e_{j-1,n}|\leqslant(1-\lambda)\sup_j|e_{j,n}|+\lambda\sup_j|e_{j,n}|=\sup_j|e_{j,n}|$$

故

$$\sup_j|e_{j,n+1}|\leqslant\sup_j|e_{j,n}|$$

以及

$$\sup_j|e_{j,n+1}|\leqslant\sup_j|e_{j,n}|\leqslant\cdots\leqslant\sup_j|e_{j,0}|$$

也就是说，误差是不增长的，或者说差分格式式（3.98）在条件 $\lambda\leqslant1$ 下是稳定的。

3.4 差分格式的其他构造方法

从微分方程出发，基于 Taylor 级数展开的方法，将各阶微商用适当差商近似地代替，从而得出能够任意逼近微分方程的差分格式，这是建立差分格式最常用和最直接的一种方法。前面的几节中，主要是基于这种方法直接列出差分格式，它比较简单，而且容易建立差分格式。除了这种差分格式的构造方法外，下面介绍其他的两种常用方法：积分插值法和待定系数法。

3.4.1 积分插值法

在实际问题中得出的微分方程，常常反映着物理上的某种守恒原理，例如质量守恒、动量守恒、能量守恒等。这些守恒原理一般可通过积分形式来表示，因此，有时可以不从微分方程出发，而从守恒原理的积分形式出发来建立差分格式。通过积分路径的不同选取，以及联系网格节点上函数值的不同方式，可以构造出各种各样的差分格式。

以对流方程为例来说明这种方法的实现过程。在 x-t 平面上，取矩形区域 Ω 为积分区域，$\Gamma=\Gamma_1\cup\Gamma_2\cup\Gamma_3\cup\Gamma_4$ 是 Ω 的边界，如图 3.8 所示。

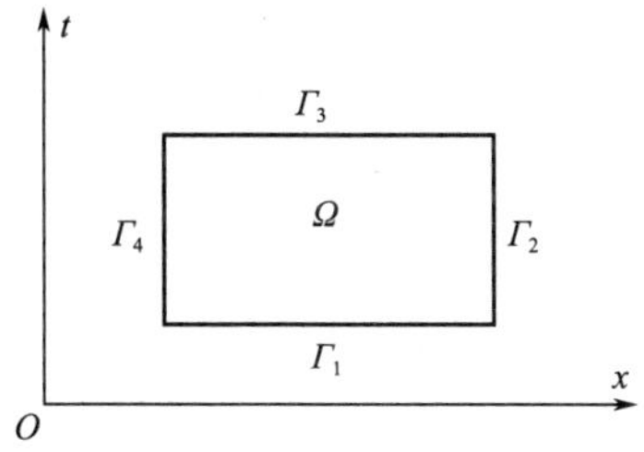

图 3.8　x-t 平面上的积分区域及边界

将对流方程在区域 Ω 上进行积分，得到

$$\iint_{\Omega}\left(\frac{\partial u}{\partial t}+c\,\frac{\partial u}{\partial x}\right)\mathrm{d}x\,\mathrm{d}t=0 \tag{3.99}$$

利用 Green 公式，上式的区域积分可化为以 Γ 为路径的曲线积分，即

$$\int_{\Gamma}(un_t+cun_x)\mathrm{d}s=0 \tag{3.100}$$

其中，n_t 和 n_x 分别是 Γ 的外法向单位矢量 $\boldsymbol{n}$ 沿 t 方向和 x 方向的两个分量。将式(3.100) 左端分解成在 Γ_1、Γ_2、Γ_3、Γ_4 上的四个积分，可以得到如下的近似方程

$$-u_1\tilde{h}+cu_2\tilde{\tau}+u_3\tilde{h}-cu_4\tilde{\tau}=0 \tag{3.101}$$

其中，$\tilde{h}$ 是 Γ_1 与 Γ_3 的长度；$\tilde{\tau}$ 是 Γ_2 与 Γ_4 的长度；u_i 是按照不同方式确定的函数 u 在 Γ_i 上的近似值。如图 3.9 (a) 的网格中，点 A、B、C、D 依次表示为 $(j-1/2, n-1/2)$、$(j+1/2, n-1/2)$、$(j+1/2, n+1/2)$、$(j-1/2, n+1/2)$，并取

$$u_1=\frac{1}{2}(u_{j,n}+u_{j,n-1}),\quad u_2=\frac{1}{2}(u_{j,n}+u_{j+1,n})$$

$$u_3=\frac{1}{2}(u_{j,n+1}+u_{j,n}),\quad u_4=\frac{1}{2}(u_{j-1,n}+u_{j,n}) \tag{3.102}$$

这里 $\tilde{h}=h$、$\tilde{\tau}=\tau$，由方程式 (3.101) 得

$$u_{j,n+1}=u_{j,n-1}-c\,\frac{\tau}{h}(u_{j+1,n}-u_{j-1,n}) \tag{3.103}$$

这是一个常用的差分格式，称为蛙跳格式。

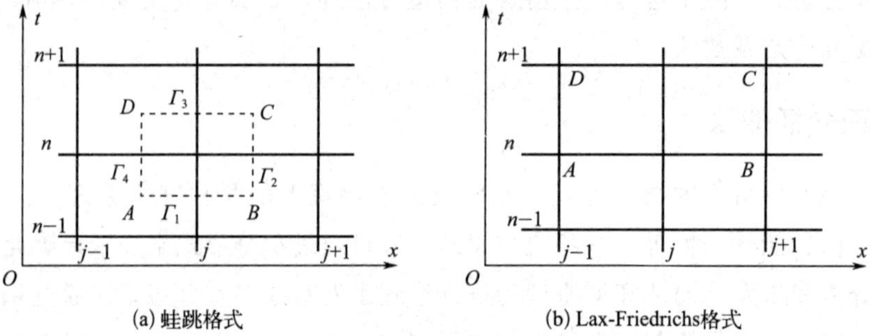

图 3.9　差分格式的构造

下面换另外一种方式，如图 3.9 (b) 所示，在网格中，点 A、B、C、D 依次为 $(j-1, n)$、$(j+1, n)$、$(j+1, n+1)$、$(j-1, n+1)$，并取

$$u_1=\frac{1}{2}(u_{j+1,n}+u_{j-1,n}),\quad u_2=u_{j+1,n},\quad u_3=u_{j,n+1},\quad u_4=u_{j-1,n} \tag{3.104}$$

这里 $\tilde{h}=2h$、$\tilde{\tau}=\tau$，由方程式 (3.101) 得

$$u_{j,n+1}=\frac{1}{2}(u_{j+1,n}-u_{j-1,n})-c\,\frac{\tau}{2h}(u_{j+1,n}-u_{j-1,n}) \tag{3.105}$$

或写成

$$\frac{u_{j,n+1}-\frac{1}{2}(u_{j+1,n}+u_{j-1,n})}{\tau}+c\frac{u_{j+1,n}-u_{j-1,n}}{2h}=0 \tag{3.106}$$

此格式称为 Lax-Friedrichs 格式。

由前面的论述看到，利用守恒原理的积分形式来构造差分格式，比从微分方程出发构造差分格式要复杂一些。但是，这种构造差分格式的方法有一些引人注目的优点，例如比较容易得到守恒形式（保持某些物理量的守恒性质）的差分格式，应用于复杂的网格不会产生特别的困难，而直接从微分方程来构造差分格式往往并非如此。

3.4.2 待定系数法

待定系数法的基本做法和步骤是：首先选取形式确定但系数待定的差分方程来逼近微分方程，然后在截断误差可能达到的范围内，按精度要求确定出差分方程的系数，构成具体的差分格式。

这里依然以对流方程的显式格式为例进行说明。设逼近的差分方程形如

$$u_{j,n+1}=\sum_k a_k u_{j+k,n} \tag{3.107}$$

等式右端表示某些 $u_{j+k,n}$ 的一个线性组合，a_k 是待定系数，将上式写成

$$\frac{u_{j,n+1}-u_{j,n}}{\tau}+c\frac{\left(-\frac{h}{c\tau}\right)\left(\sum_k a_k u_{j+1,n}-u_{j,n}\right)}{h}=0 \tag{3.108}$$

或者

$$\frac{1}{\tau}\left(u_{j,n+1}-\sum_k a_k u_{j+k,n}\right)=0 \tag{3.109}$$

其截断误差 E 表示为

$$E=\frac{1}{\tau}\left[U(x_j,t_{n+1})-\sum_k a_k U(x_{j+k},t_n)\right] \tag{3.110}$$

其中，$U(x,t)$ 为定解问题的精确解。利用 Taylor 级数展开有

$$\begin{aligned}U(x_j,t_{n+1})=&U(x_j,t_n)+\tau\frac{\partial}{\partial t}U(x_j,t_n)+\frac{\tau^2}{2}\times\frac{\partial^2}{\partial t^2}U(x_j,t_n)\\&+\frac{\tau^3}{6}\times\frac{\partial^3}{\partial t^3}U(x_j,t_n)+o(\tau^4)\\=&U(x_j,t_n)-c\tau\frac{\partial}{\partial x}U(x_j,t_n)+c^2\frac{\tau^2}{2}\times\frac{\partial^2}{\partial x^2}U(x_j,t_n)\\&-c^3\frac{\tau^3}{6}\times\frac{\partial^3}{\partial x^3}U(x_j,t_n)+o(\tau^4)\end{aligned} \tag{3.111a}$$

$$\begin{aligned}U(x_{j+k},t_n)=&U(x_j,t_n)+kh\frac{\partial}{\partial x}U(x_j,t_n)+\frac{k^2h^2}{2}\times\frac{\partial^2}{\partial x^2}U(x_j,t_n)\\&+\frac{k^3h^3}{6}\times\frac{\partial^3}{\partial x^3}U(x_j,t_n)+o(h^4)\end{aligned} \tag{3.111b}$$

从而

$$E=\frac{1}{\tau}(1-\sum_k a_k)U(x_{j+k},\ t_n)-\left(c+\frac{h}{\tau}\sum_k ka_k\right)\frac{\partial}{\partial x}U(x_j,\ t_n)$$
$$+\frac{1}{2}\left[c^2\tau-(\sum_k k^2 a_k)\frac{h^2}{\tau}\right]\frac{\partial^2}{\partial x^2}U(x_j,\ t_n)-\frac{1}{6}\left[c^3\tau^2+(\sum_k k^3 a_k)\frac{h^3}{\tau}\right]$$
$$\frac{\partial^3}{\partial x^3}U(x_j,\ t_n)+o\left(\tau^3+\frac{h^4}{\tau}\right) \tag{3.112}$$

令

$$1-\sum_k a_k=0 \tag{3.113a}$$

$$c+\frac{h}{\tau}\sum_k ka_k=0 \tag{3.113b}$$

$$c^2\tau-(\sum_k k^2 a_k)\frac{h^2}{\tau}=0 \tag{3.113c}$$

$$c^3\tau^2+(\sum_k k^3 a_k)\frac{h^3}{\tau}=0 \tag{3.113d}$$

容易看出：对于任意确定的网格比 $\lambda=\tau/h$，当条件式（3.113a）和式（3.113b）成立时，$E=o(\tau+h)$，即差分格式式（3.108）具有一阶精度；当条件式（3.113a）～式（3.113c）成立时，$E=o(\tau^2+h^2)$，即差分格式式（3.108）具有二阶精度；当条件式（3.113a）～式（3.113d）成立时，$E=o(\tau^3+h^3)$，即差分格式式（3.108）具有三阶精度。

例如，取差分格式的形式为

$$u_{j,\ n+1}=a_{-1}u_{j-1,\ n}+a_0 u_{j,\ n}+a_1 u_{j+1,\ n} \tag{3.114}$$

由条件式（3.113a）和式（3.113b）得到

$$a_{-1}+a_0+a_1=1,\quad -a_{-1}+a_1=-c\lambda \tag{3.115}$$

解得

$$a_{-1}=\frac{c\tau/h+\alpha}{2},\ a_0=1-\alpha,\ a_1=\frac{-c\tau/h+\alpha}{2} \tag{3.116}$$

这里 α 是任意参数。这样得到关于对流方程的一类具有一阶精度的差分格式

$$u_{j,\ n+1}=\frac{c\tau/h+\alpha}{2}u_{j-1,\ n}+(1-\alpha)u_{j,\ n}+\frac{-c\tau/h+\alpha}{2}u_{j+1,\ n} \tag{3.117}$$

相应的二阶精度的差分格式的系数可由方程

$$a_{-1}+a_0+a_1=1,\quad -a_{-1}+a_1=-c\lambda,\quad a_{-1}+a_1=(c\tau/h)^2 \tag{3.118}$$

求解得到

$$a_{-1}=\frac{(c\tau/h)^2+c\tau/h}{2},\ a_0=1-(c\tau/h)^2,\ a_1=\frac{(-c\tau/h)^2-c\tau/h}{2} \tag{3.119}$$

对应的差分格式为

$$u_{j,\ n+1}=\frac{(c\tau/h)^2+c\tau/h}{2}u_{j-1,\ n}+[1-(c\tau/h)^2]u_{j,\ n}+\frac{(-c\tau/h)^2-c\tau/h}{2}u_{j+1,\ n} \tag{3.120}$$

从前面的差分格式构造过程，可看出待定系数法能够建立精度较高的差分格式。

3.5 差分解法在力学中的应用举例

本节将就有限差分方法求解简单梁、板弯曲的力学问题给出一些举例，使读者能够比较容易理解和掌握该方法在力学问题求解中的具体实现过程。

3.5.1 差分法求解梁的弯曲问题

由材料力学可知，梁弯曲时的弯矩 $M(x)$ 与作用于梁上的载荷 $q(x)$ 有如下关系

$$\frac{\mathrm{d}^2 M(x)}{\mathrm{d}x^2}=-q(x) \tag{3.121}$$

以及梁的挠曲线弯矩的关系式

$$EI(x)\frac{\mathrm{d}^2 w(x)}{\mathrm{d}x^2}=-M(x) \tag{3.122}$$

进一步，结合式（3.121）和式（3.122）可另写为挠曲线微分方程

$$\frac{\mathrm{d}^2}{\mathrm{d}x^2}\left[EI(x)\frac{\mathrm{d}^2 w(x)}{\mathrm{d}x^2}\right]=q(x) \tag{3.123}$$

其中，$w(x)$ 为梁的挠度；E 为材料的弹性模量；$I(x)$ 为梁横截面关于中性轴的惯性矩。对于等截面梁，$I(x)=I$ 为常数。

下面给出梁弯曲的差分格式。将梁用 N 个节点划分，各节点间为等距的，步长均为 h。用二阶导数中心差分将式（3.121）在节点 i 处写成差分式

$$\frac{M_{i-1}-2M_i+M_{j+1}}{h^2}=-q_i \tag{3.124}$$

其中，M_{i-1}、M_i、M_{i+1} 分别表示第 $i-1$、i、$i+1$ 节点处的弯矩；q_i 为载荷 $q(x)$ 在节点 i 处的值。

同理，可以写出式（3.122）相对应的差分形式

$$EI_i\frac{w_{i-1}-2w_i+w_{i+1}}{h^2}=-M_i \tag{3.125}$$

其中，I_i 为节点 i 处的惯性矩。

将式（3.125）代入式（3.124）得到

$$I_{i-1}w_{i-2}-2(I_{i-1}+I_i)w_{i-1}+(I_{i-1}+4I_i+I_{i+1})w_i-2(I_i+I_{i+1})w_{i+1}+I_{i+1}w_{i+2}=\frac{q_ih^4}{E} \tag{3.126}$$

若梁为等截面，$I(x)=I$，则上式变为

$$[1\quad -4\quad 6\quad -4\quad 1]\,[w_{i-2}\quad w_{i-1}\quad w_i\quad w_{i+1}\quad w_{i+2}]^{\mathrm{T}}=\frac{q_ih^4}{E} \tag{3.127}$$

例 3.5 等截面超静定梁如图 3.10 所示，梁左端为铰支，右端为固定支撑。在铰

支端作用一单位力偶，L 和 EI 为已知，求梁的挠度和铰支端的转角。

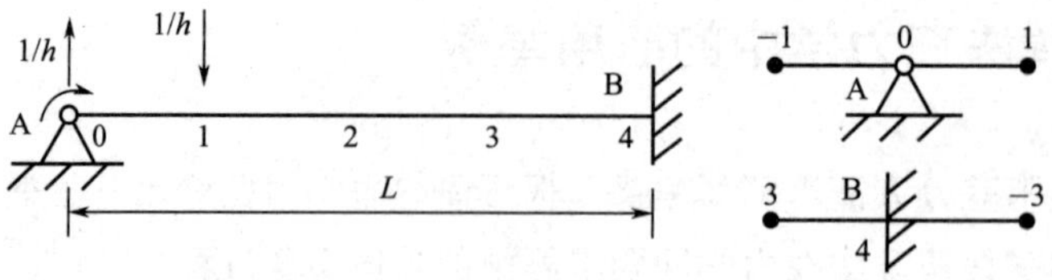

图 3.10　一端铰支一端固支梁

解：将梁四等分，步长 $h=L/4$，将单位力偶用两个大小为 $1/h$ 的平行力代替（如图 3.10 所示），分别作用于节点 0 和 1 处。由边界条件知，节点 0 和 4 的挠度均为零，即 $w_0=w_4=0$。若利用差分格式式（3.127），每个节点的差分方程涉及周围的 5 个节点。对于梁靠近端点的节点的差分，需要涉及的个别点已不在梁内，这时可在梁轴线的延长线上设与靠近边界的节点相对应的虚节点。

由式（3.127）可得节点 1、2、3 的差分形式

$$w_{-1}+6w_1-4w_2+w_3=\frac{h^2}{EI} \tag{3.128}$$

$$-4w_1+6w_2-4w_3=0 \tag{3.129}$$

$$w_1-4w_3+6w_3+w_{-3}=0 \tag{3.130}$$

其中，w_{-1}、w_{-3} 可由边界条件确定。

由于梁的 A 端为铰支，弯矩为零，即

$$w_{-1}-2w_0+w_1=0$$

易得到

$$w_{-1}=-w_1 \tag{3.131}$$

而梁的 B 端为固支，截面转角为零，即 $(\mathrm{d}w/\mathrm{d}x)^4=0$，并由中心差分式有

$$\left(\frac{\mathrm{d}w}{\mathrm{d}x}\right)^4=\frac{w_{-3}-w_3}{2h}=0$$

故

$$w_{-3}=w_3 \tag{3.132}$$

将式（3.131）和式（3.132）代入式（3.128）～式（3.130），可得方程（矩阵形式）如下

$$\boldsymbol{AW}=\boldsymbol{Q} \tag{3.133}$$

其中，系数矩阵以及其他的矩阵定义为

$$\boldsymbol{A}=\begin{bmatrix}5 & -4 & 1\\ -4 & 6 & -4\\ 1 & -4 & 7\end{bmatrix},\ \boldsymbol{W}=[w_1\quad w_2\quad w_3]^{\mathrm{T}},\ \boldsymbol{Q}=\frac{h^2}{EI}[1\quad 0\quad 0]^{\mathrm{T}}$$

求解方程式（3.133），不难得到

$$\boldsymbol{W}=\boldsymbol{A}^{-1}\boldsymbol{Q}=\frac{h^2}{EI}\begin{bmatrix}\frac{13}{22} & \frac{12}{22} & \frac{5}{22}\end{bmatrix}^{\mathrm{T}}$$

将 $h=L/4$ 代入，则可得到相应的位移解答。本题的精确解也不难得到，与所求的近似解相比，在最大挠度发生的节点 1 处，相对误差为 5%左右。

在梁的 A 端，转角 $\theta_A=(\mathrm{d}w/\mathrm{d}x)_A$，利用向前差分近似式，可得

$$\theta_A=\left(\frac{\mathrm{d}w}{\mathrm{d}x}\right)_A\approx\frac{w_1-w_0}{h}=0.1477\frac{L}{EI}$$

与精确解 $\bar{\theta}_A=0.25\dfrac{L}{EI}$ 相比，相对误差达 40%。这里误差大的原因是用挠曲线的割线代替 A 端的切线。增加节点数可以使得挠曲线的割线逼近切线，提高解的精度，但是节点数的增加，使得方程阶数增加，运算量也加大。采用牛顿向前差分近似式，在点 x 附近，函数 $y=y(x)$ 的牛顿向前差分近似式可写成

$$y_s=y_i+s\Delta y_i+\frac{s(s-1)}{2!}\Delta^2 y_i+\frac{s(s-1)(s-2)}{3!}\Delta^3 y_i+\cdots$$

式中，$s=\dfrac{x-x_i}{h}$；h 为步长；$\Delta y_i=y_{i+1}-y_i$，$\Delta^2 y_i=y_{i+1}-y_i$，…。如果取前面的几项，并对 x 求导，$\mathrm{d}s/\mathrm{d}x=1/h$，令 $x=x_i$，可得

$$h\left.\frac{\mathrm{d}y}{\mathrm{d}x}\right|_i=\Delta y_i-\frac{1}{2}\Delta^2 y_i+\frac{1}{3}\Delta^3 y_i=\frac{1}{6}(-11y_i+18y_{i+1}-9y_{i+2}+2y_{i+3})$$

由上式可获得梁 A 端的转角为

$$\theta_A=\left(\frac{\mathrm{d}y}{\mathrm{d}x}\right)_A=\frac{1}{6h}(-11y_0+18y_1-9y_2+2y_3)=\frac{1}{3.88}\times\frac{L}{EI}$$

与精确解 $L/(4EI)$ 相比较，误差约为 3%，可满足工程要求。

例 3.6 文克尔弹性地基上的梁，如图 3.11 所示，已知梁的长度 $L=6.096\mathrm{m}$，地基的等效弹性系数 $k=5\times10^4\mathrm{kN/m^2}$，抗弯刚度 $EI=2.6336\times10^6\mathrm{kN\cdot m^2}$，梁上作用均布载荷 $q=14.88\mathrm{kN/m}$。求梁的挠度、弯矩、地基反力。

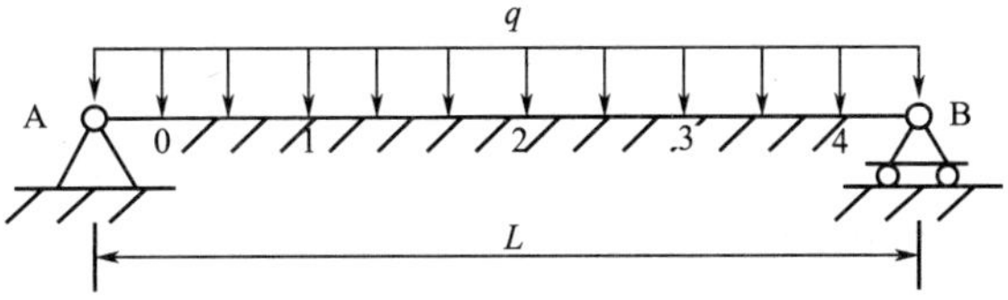

图 3.11 文克尔弹性地基梁

解：梁上除受到载荷 $q(x)$ 外，还有地基反力 $p(x)$ 作用。根据文克尔假设，弹性地基的反力与梁的沉陷（即挠度 w）成正比，即

$$q(x)=kw \tag{3.134}$$

其中，k 为地基的等效弹性系数。故弹性地基上的弹性梁的挠曲方程变为

$$EI\frac{\mathrm{d}^4 w}{\mathrm{d}x^4}=q(x)-kw$$

其对应的差分格式为

$$\begin{bmatrix}1 & -4 & 6+\dfrac{kh^4}{EI} & -4 & 1\end{bmatrix}\begin{bmatrix}w_{i-2} & w_{i-1} & w_i & w_{i+1} & w_{i+2}\end{bmatrix}^{\mathrm{T}}=\frac{q_i h^4}{EI} \quad (3.135)$$

其中，h 为步长。

将梁分为 4 段，步长 $h=L/4$，节点编号依次为 0、1、…、4，如图 3.11 所示。各节点载荷为

$$P_0=P_4=\frac{qh}{2}=11.34(\mathrm{kN}),\ P_1=P_2=P_3=qh=22.68(\mathrm{kN})$$

利用差分格式式（3.135）得到矩阵形式方程如下

$$\boldsymbol{AW}=\boldsymbol{Q}$$

其中，系数矩阵和其他相关矩阵定义为

$$\boldsymbol{A}=\begin{bmatrix}5.1024 & -4 & 1\\ -4 & 6.1024 & -4\\ 1 & -4 & 5.1024\end{bmatrix},\ \boldsymbol{W}=\begin{bmatrix}w_1 & w_2 & w_3\end{bmatrix}^{\mathrm{T}},$$

$$\boldsymbol{Q}=\frac{22.68h^2}{EI}\begin{bmatrix}1 & 1 & 1\end{bmatrix}^{\mathrm{T}}$$

求解得

$$w_1=w_3=5.864\times10^{-3}(\mathrm{m}),\ w_2=8.186\times10^{-3}(\mathrm{m})$$

对于节点弯矩，由边界条件 $M_0=M_4=0$，则

$$M_1=-\frac{EI}{h^2}(w_0-2w_1+w_2)=40.16(\mathrm{kN\cdot m})$$

$$M_2=-\frac{EI}{h^2}(w_0-2w_2+w_3)=52.67(\mathrm{kN\cdot m})$$

$$M_3=-\frac{EI}{h^2}(w_2-2w_3+w_4)=40.167(\mathrm{kN\cdot m})$$

对于地基反力，在得到了节点挠度后，由式（3.134）很容易得到，即

$$p_1=kw_1=293.2(\mathrm{kN/m}),\ p_2=kw_2=409.3(\mathrm{kN/m}),\ p_3=p_1$$

若要求得支座反力，需要考虑力的平衡，不难得到 A 端处的支座反力为

$$R_0=\frac{M_1}{h}+P_0=37.69(\mathrm{kN})$$

根据对称性，B 端处的支座反力为

$$R_4=R_0=37.69(\mathrm{kN})$$

3.5.2 差分法求解薄板的弯曲问题

（1）弹性薄板理论

这里对弹性薄板弯曲理论作一简要介绍。所谓薄板是指其厚度 t 远小于中面的最小尺度 b 的平板，如图 3.12 所示。

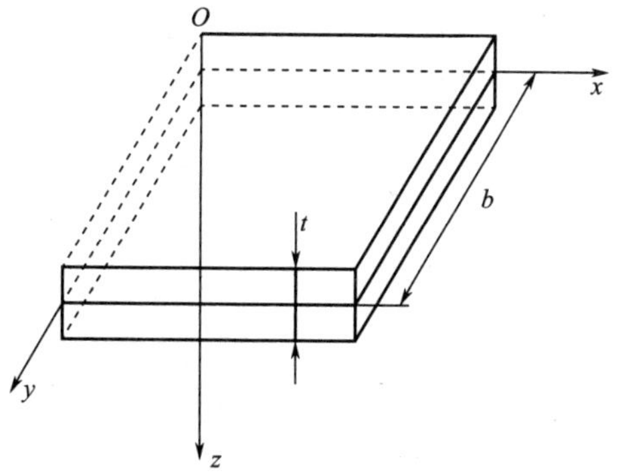

图 3.12　弹性薄板

对于弹性薄板的小挠度弯曲问题。在建立薄板弯曲理论时，根据薄板的结构特征，通常采用如下假定：①板在变形过程中，中面法线始终为直线并与板的中面 oxy 保持垂直（直法线假设）；②垂直于板中面的应力较小，与其他应力相比可忽略不计；③弯曲后板的中面保持无应变。根据薄板弯曲的几何变形特征，可得到薄板内任意一点的应变分量与薄板挠度 $w=w(x, y)$（挠度不沿板厚度方向变化，仅为 x、y 的函数）所满足的关系如下

$$\varepsilon_x=-z\frac{\partial^2 w}{\partial x^2},\ \varepsilon_y=-z\frac{\partial^2 w}{\partial y^2},\ \gamma_{xy}=-2z\frac{\partial^2 w}{\partial x\partial y} \tag{3.136}$$

在三维情况下，小变形、各向同性弹性体的应力与应变分量之间的关系由广义胡克定律确定。由薄板的基本假定 $\varepsilon_x=\gamma_{yz}=\gamma_{xz}=0$，可得到薄板应力应变关系

$$\sigma_x=\frac{E}{1-\mu^2}(\varepsilon_x+\mu\varepsilon_y),\ \sigma_y=\frac{E}{1-\mu^2}(\varepsilon_y+\mu\varepsilon_y),\ \gamma_{xy}=\frac{\tau_{xy}}{G} \tag{3.137a}$$

将式（3.136）代入上式，可得到薄板的挠度与应力分量之间满足

$$\sigma_x=-\frac{Ez}{1-\mu^2}\left(\frac{\partial^2 w}{\partial x^2}+\mu\frac{\partial^2 w}{\partial y^2}\right),\ \sigma_y=-\frac{Ez}{1-\mu^2}\left(\frac{\partial^2 w}{\partial y^2}+\mu\frac{\partial^2 w}{\partial x^2}\right),$$

$$\tau_{xy}=-\frac{Ez}{1+\mu}\times\frac{\partial^2 w}{\partial x\partial y} \tag{3.137b}$$

由上式不难看出，各应力分量沿厚度方向呈线性变化，当 $z=0$ 时（即中面上）应力为零，其应力分布情况如图 3.13。

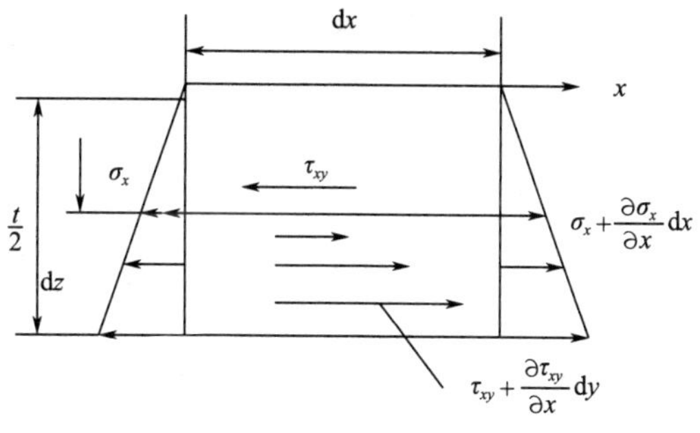

图 3.13　薄板内的应力分布

沿薄板厚度分布的应力可合成为作用于板中面内的内力，其中弯矩 M_x、M_y 和扭矩 M_{xy} 由薄板的主应力 σ_x、σ_y 和剪应力 τ_{xy} 合成，剪切力 Q_x、Q_y 由薄板剪应力分量 τ_{xz}、τ_{yz} 合成，分别表示如下

$$\begin{Bmatrix} M_x \\ M_y \\ M_{xy} \end{Bmatrix} = \int_{-t/2}^{t/2} \begin{Bmatrix} \sigma_x \\ \sigma_y \\ \tau_{xy} \end{Bmatrix} z\,\mathrm{d}z, \quad \begin{Bmatrix} Q_x \\ Q_y \end{Bmatrix} = \int_{-t/2}^{t/2} \begin{Bmatrix} \tau_{xz} \\ \tau_{yz} \end{Bmatrix} \mathrm{d}z \tag{3.138}$$

如果将式（3.137b）代入上式，可以得到用挠度表示的板内的弯矩和扭矩表达式

$$M_x = -D\left(\frac{\partial^2 w}{\partial x^2} + \mu \frac{\partial^2 w}{\partial y^2}\right), \quad M_y = -D\left(\frac{\partial^2 w}{\partial y^2} + \mu \frac{\partial^2 w}{\partial x^2}\right),$$

$$M_{xy} = -D(1-\mu)\frac{\partial^2 w}{\partial x \partial y} \tag{3.139}$$

其中，$D = \dfrac{Et^3}{12(1-\mu^2)}$ 为薄板的抗弯刚度。剪切力与挠度的关系可以由平衡方程导出

$$Q_x = -D\frac{\partial}{\partial x}\left(\frac{\partial^2 w}{\partial x^2} + \frac{\partial^2 w}{\partial y^2}\right) = -D\frac{\partial}{\partial x}(\nabla^2 w)$$

$$Q_y = -D\frac{\partial}{\partial y}\left(\frac{\partial^2 w}{\partial x^2} + \frac{\partial^2 w}{\partial y^2}\right) = -D\frac{\partial}{\partial y}(\nabla^2 w) \tag{3.140}$$

式中，$\nabla^2 = \partial^2 x^2 + \partial^2 y^2$ 为拉普拉斯算子。进一步，可由式（3.137b）和式（3.139）得应力和内力之间的关系

$$\sigma_x = \frac{12M_x z}{t^3}, \quad \sigma_y = \frac{12M_y z}{t^3}, \quad \tau_{xy} = \frac{12M_{xy} z}{t^3} \tag{3.141}$$

由上式可知，应力沿板厚度线性变化，最大应力位于板的上下表面。

根据薄板的力的平衡，可得到薄板弯曲的基本控制方程

$$D\left(\frac{\partial^4 w}{\partial x^4} + 2\frac{\partial^4 w}{\partial x^2 \partial y^2} + \frac{\partial w^2}{\partial y^4}\right) = q \tag{3.142a}$$

或者写成更为常见的算子表示形式

$$D\,\nabla^4 w = q \tag{3.142b}$$

其中，算子 $\nabla^4 = \nabla^2\nabla^2 = (\nabla^2)^2$。上式为薄板弯曲时的挠度方程，它是关于挠度函数 w 的四阶偏微分方程，板的横向弯曲问题归结为在一定边界条件下求这个微分方程的解。方程式（3.142）还可以用两个二阶偏微分方程代替

$$D\nabla^2 w = -M, \quad \nabla^2 M = -q \tag{3.143}$$

其中，$M = \dfrac{M_x + M_y}{1+\mu}$，称为“弯矩和”或“折算弯矩”。这两个二阶偏微分方程在用有限差分法求解板弯曲问题时是很方便的。

求解薄板的基本方程除挠度函数要满足基本方程外，还必须满足板边界上的力或位移的条件。对于平板，基本方程的解要求在每一条边上必须满足两个边界条件。这些条件一般为指定的挠度和斜率，也可以是力和力矩，或是二者的组合。以下根据薄板边界

的支撑形式写出相应的边界条件。

① 简支边，如图 3.14 所示。

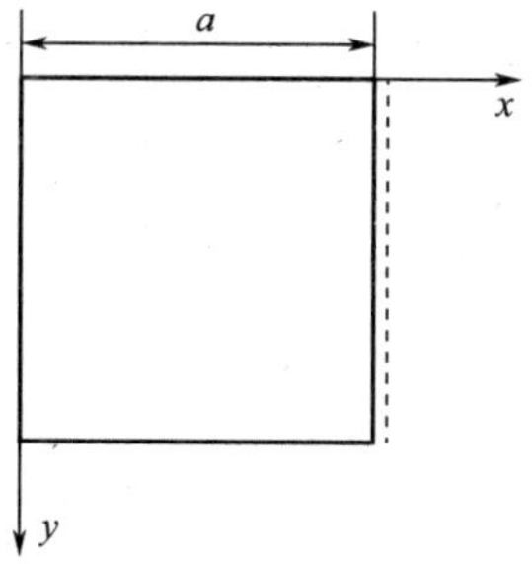

图 3.14　具有简支边界条件的薄板

在平行于 y 轴的简支边上，边界条件的提法是：板的挠度和弯矩均为零。

$$w\Big|x=a=0,\ M_x\Big|x=a=-D\left(\frac{\partial^2 w}{\partial x^2}+\mu\frac{\partial^2 w}{\partial y^2}\right)_{x=a}=0 \tag{3.144a}$$

其中，第一式还表明 $x=a$ 的边始终保持为直线，即 $\iint_\Omega\left(\frac{\partial u}{\partial t}+c\frac{\partial u}{\partial x}\right)\mathrm{d}x\,\mathrm{d}t=0$（此式感觉有问题）。于是简支边的边界条件可另写为常见的简单情形，即

$$w\Big|x=a=0,\ \left.\frac{\partial^2 w}{\partial x^2}\right|_{x=a}=0 \tag{3.144b}$$

② 固定边，如图 3.15 所示。

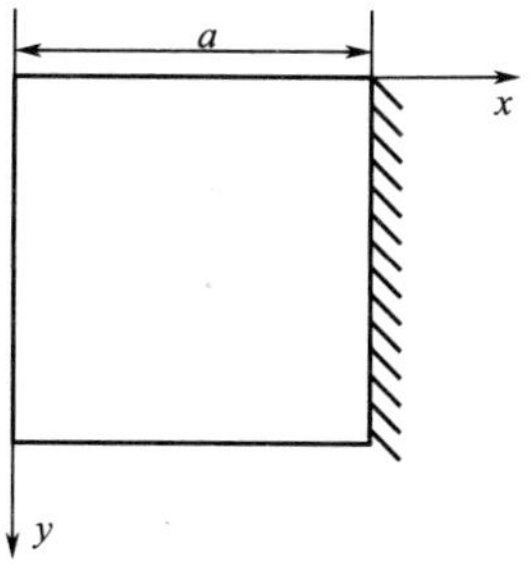

图 3.15　具有固定边界条件的薄板

所对应的边界条件提法是：固定边上的挠度和转角为零。

$$w\Big|x=a=0,\ \left.\frac{\partial w}{\partial y}\right|_{x=a}=0 \tag{3.145}$$

③ 自由边，如图 3.16 所示。

在 $x=a$ 的自由边上，所对应的边界条件提法是：板的弯矩 M_x、扭矩 M_{xy} 及剪切力 Q_x 均为零。而板的基本方程是四阶偏微分方程，在任一边界只能满足两个边界条

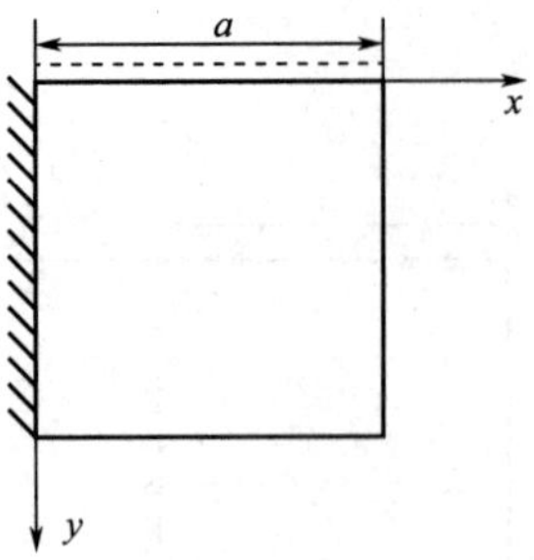

图 3.16　具有自由边界条件的薄板

件，对此，薄板任意边界上的扭矩可变换为等效的剪切力，和原来的剪切力合并，将三个边界条件变为两个，即

$$M_x\big|_{x=a}=-D\left(\frac{\partial^2 w}{\partial x^2}+\mu\frac{\partial^2 w}{\partial y^2}\right)_{x=a}=0$$

$$V_x\big|_{x=a}=\left(Q_x+\frac{\partial M_{xy}}{\partial y}\right)_{x=a}=-D\left[\frac{\partial^3 w}{\partial x^3}+(2-\mu)\frac{\partial^3 w}{\partial x\partial y^2}\right]_{x=a}=0 \quad (3.146)$$

④ 滑动边界，如图 3.17 所示。

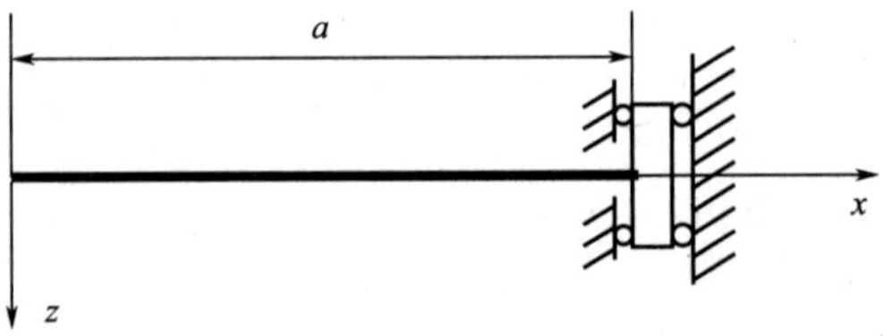

图 3.17　具有滑动边界条件的薄板

薄板的板边可沿垂直方向自由移动，但不能转动。这种支撑不能承受任何横向分布力。在此边界上板的转角和横向分布力分别为零，即

$$\left.\frac{\partial w}{\partial x}\right|_{x=a}=0,\quad \left[\frac{\partial^3 w}{\partial x^3}+(2-\mu)\frac{\partial^3 w}{\partial x\partial y^2}\right]_{x=a}=0 \quad (3.147)$$

（2）薄板弯曲问题的有限差分方法

利用有限差分方法求解薄板弯曲问题的基本思路是：用差分网格划分平板区域，在各网格节点（差分点）处用差分方程近似代替薄板的基本方程和边界条件，最终归结为一个阶数与节点数相同，以板弯曲挠度为基本位置量的线性代数方程组，解此方程组可求得弯曲问题的近似解。在求解过程中，薄板的基本微分方程、内力和边界条件等都是由挠度函数或挠度的偏导数表示的，在写出板内节点的差分方程之前，可以先写出板挠度函数的各阶偏导数的差分表示式，以便在列差分方程时直接采用。

这里，以一矩形薄板为例，采用差分网格划分板区域如图 3.18 所示。

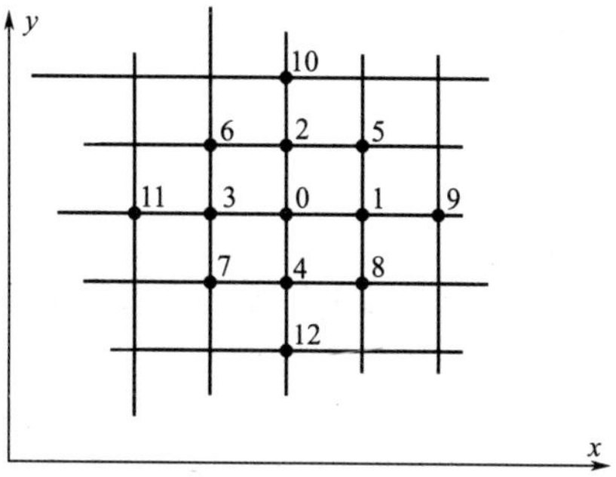

图 3.18 差分网格

取 x 和 y 方向网格步长分别为 $\Delta x=h$ 和 $\Delta y=k$，采用中心差分格式，可得对于节点 0 的各阶偏导数的差分式

$$\frac{\partial w}{\partial x}\approx\frac{1}{h}\delta_x w=\frac{1}{2h}(w_1-w_3),\quad \frac{\partial w}{\partial y}\approx\frac{1}{k}\delta_y w=\frac{1}{2k}(w_2-w_4)$$

$$\frac{\partial^2 w}{\partial x^2}\approx\frac{1}{h^2}\delta_x^2 w=\frac{1}{h^2}(w_1-2w_0+w_3)$$

$$\frac{\partial^2 w}{\partial y^2}\approx\frac{1}{k^2}\delta_y^2 w=\frac{1}{k^2}(w_2-2w_0+w_4)$$

$$\frac{\partial^2 w}{\partial x\partial y}\approx\frac{1}{h}\delta_x\left(\frac{\partial w}{\partial y}\right)=\frac{1}{4hk}(w_5-w_6+w_7-w_8) \tag{3.148}$$

其中，$\delta_x w=\frac{1}{2}(w_{n-1}-w_{n+1})$；$\delta_x^2 w=w_{n-1}-2w_n+w_{n+1}$。

同理，不难写出更高阶偏导数的差分式

$$\frac{\partial^3 w}{\partial x^3}\approx\frac{1}{h^3}\delta_x^3 w=\frac{1}{2h^3}(w_9-2w_1+2w_3-w_{11})$$

$$\frac{\partial^3 w}{\partial y^3}\approx\frac{1}{k^3}\delta_y^3 w=\frac{1}{2k^3}(w_{10}-2w_2+2w_4-w_{12})$$

$$\frac{\partial^4 w}{\partial x^4}\approx\frac{1}{h^4}\delta_x^4 w=\frac{1}{h^4}(w_9-4w_1+6w_0-4w_3+w_{11})$$

$$\frac{\partial^4 w}{\partial y^4}\approx\frac{1}{k^4}\delta_y^4 w=\frac{1}{k^4}(w_{10}-4w_2+6w_0+4w_4+w_{12}) \tag{3.149}$$

对于混合偏导数，有

$$\frac{\partial^3 w}{\partial x\partial y^2}\approx\frac{1}{hk^2}\delta_x(\delta_y^2 w)=\frac{1}{2hk^2}(w_5-w_6-2w_1+2w_3+w_8-w_7)$$

$$\frac{\partial^3 y}{\partial x^2\partial y^2}\approx\frac{1}{h^2k}\delta_y(\delta_x^2 w)=\frac{1}{2h^2k}(w_5+w_6-2w_2+2w_4-w_8-w_7)$$

$$\frac{\partial^4 w}{\partial x^2\partial y^2}\approx\frac{1}{h^2k^2}[w_5+w_6+w_7+w_8+4w_0-2(w_1+w_2+w_3+w_4)] \tag{3.150}$$

由这些式子可写出拉普拉斯算式的差分格式为

$$\nabla^2 w = \frac{\partial^2 w}{\partial x^2} + \frac{\partial^2 w}{\partial y^2} = \frac{1}{h^2}(w_1 + w_3) + \frac{1}{k^2}(w_2 + w_4) - 2(\frac{1}{h^2} + \frac{1}{k^2})w_0 \quad (3.151a)$$

当 $k=h$ 时

$$\nabla^2 w = \frac{1}{h^2}(w_1 + w_2 + w_3 + w_4 - 4w_0) \quad (3.151b)$$

将上面的偏导数的差分式代入薄板弯曲的基本微分方程，就可以得到板内任意节点 0 处的差分方程

$$\frac{1}{h^4}(w_9 + w_{11}) + \frac{1}{k^4}(w_{12} + w_{10}) - 4\left(\frac{1}{h^4} + \frac{1}{h^2 k^2}\right)(w_1 + w_3 + w_2 + w_4)$$

$$+ \frac{2}{h^2 k^2}(w_5 + w_6 + w_7 + w_8) + 2\left(\frac{3}{h^4} + \frac{3}{k^4} + \frac{4}{k^2 h^2}\right) w_0 = \frac{q_0}{D} \quad (3.152a)$$

当 $k=h$，即 x、y 方向取等步长时

$$\frac{1}{h^4}[w_9 + w_{10} + w_{11} + w_{12} + 2(w_5 + w_6 + w_7 + w_8)$$

$$- 8(w_1 + w_2 + w_3 + w_4 + 20w_0)] = \frac{q_0}{D} \quad (3.152b)$$

对于板内的每个节点，都可列出这样的一个线性方程，对应于整个板区域可得一组与板内节点数目相同的代数方程。此外，考虑边界条件的差分近似式可得到一个阶数与未知数目相同的方程组，其解即为待求的各节点挠度。

由式（3.152）知道，每列出一个节点的差分方程要涉及 13 个节点的挠度，在有些情况下并不方便。如采用式（3.143），在列出它们的差分方程时，每列一个节点的差分方程只涉及 5 个节点的挠度或“弯矩和”，且式（3.143）的差分方程涉及相同的节点。这在很多情况下是比较方便的。由式（3.152），对于图 3.18 中节点 0，式（3.143）对应的差分方程为

$$\begin{cases} \frac{1}{h^2}(M_1 + M_3) + \frac{1}{k^2}(M_2 + M_4) - 2\left(\frac{1}{h^2} + \frac{1}{k^2}\right) M_0 = -q_0 \\ \frac{1}{h^2}(w_1 + w_3) + \frac{1}{k^2}(w_2 + w_4) - 2\left(\frac{1}{h^2} + \frac{1}{k^2}\right) w_0 = -\frac{M_0}{D} \end{cases} \quad (3.153a)$$

当 $h=k$ 时，有

$$\begin{cases} \frac{1}{h^2}(M_1 + M_2 + M_3 + M_4 - 4M_0) = -q_0 \\ \frac{1}{h^2}(w_1 + w_2 + w_3 + w_4 - 4w_0) = -\frac{M_0}{D} \end{cases} \quad (3.153b)$$

对于板内每个节点应用式（3.153）可得到两组线性代数方程，且其系数是相同的，这给求解带来了方便。若再考虑板边界条件的差分式，问题可以求解。M 和 w 求出后，可进一步求弯矩、扭矩和剪切力。根据式（3.139），图 3.18 中节点 0 的弯矩和扭矩的差分式分别用节点位移表示为

$$M_x = -D\left[\frac{1}{h^2}(w_1 + w_3) + \frac{\mu}{k^2}(w_2 + w_4) - 2\left(\frac{1}{h^2} + \frac{\mu}{k^2}\right)w_0\right]$$

$$M_y = -D\left[\frac{1}{k^2}(w_2 + w_4) + \frac{\mu}{h^2}(w_1 + w_3) - 2\left(\frac{1}{k^2} + \frac{\mu}{h^2}\right)w_0\right]$$

$$M_{xy} = -\frac{D(1-\mu)}{4hk}(w_5 + w_6 + w_7 + w_8) \tag{3.154}$$

由式（3.140）和式（3.143）得剪切力 Q_x 和 Q_y 相应的差分式分别为

$$Q_x = \frac{1}{2h}(M_1 - M_3),\ Q_y = \frac{1}{2k}(M_2 - M_4) \tag{3.155}$$

当 $h=k$ 时，节点 0 的弯矩、扭矩和剪切力表示为

$$M_x = \frac{D}{h^2}[2w_0 - w_1 - w_3 + \mu(2w_0 - w_2 - w_4)]$$

$$M_y = \frac{D}{h^2}[2w_0 - w_2 - w_4 + \mu(2w_0 - w_1 - w_3)]$$

$$M_{xy} = -\frac{D(1-\mu)}{4h^2}(w_5 + w_6 + w_7 + w_8)$$

$$Q_x = \frac{1}{2h}(M_1 - M_3),\ Q_y = \frac{1}{2h}(M_2 - M_4) \tag{3.156}$$

在求解薄板内的内力后，可按式（3.141）求得板内各节点的应力。

下面，利用前面所介绍的薄板弯曲问题的差分解法，给出一些在均布载荷作用下具有不同边界条件的矩形薄板的弯曲问题求解的例子。

例 3.7 如图 3.19 所示的正方形简支板，承受垂直于板面的横向均布载荷 q 作用。试用差分法确定各节点的挠度和弯矩。

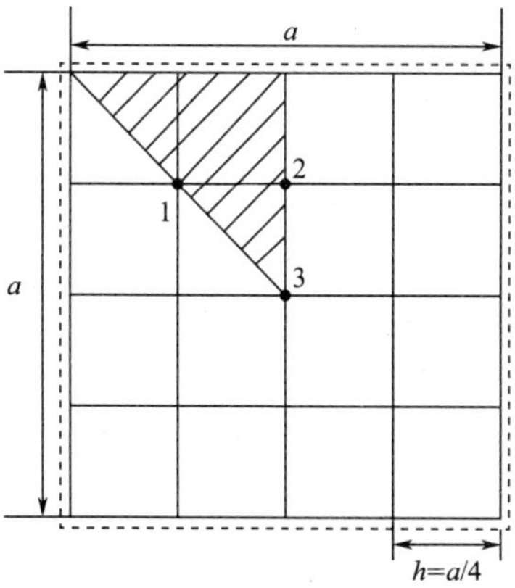

图 3.19 四边简支薄板

解：薄板区域划分如图 3.19 所示，由于板的几何形状和所承受载荷的对称性，故只需取板 1/8（阴影部分）进行分析即可。板四周简支，故在边界上的 M 和 w 均为零，因此，只要求板内三个节点的值即可。将算子 ∇^2 的差分格式用于 $\nabla^2 M = -q$，可列出节点 1、2 和 3 的差分式（矩阵形式）

$$\begin{bmatrix} -4 & 2 & 0 \\ 2 & -4 & 1 \\ 0 & 4 & -4 \end{bmatrix} \begin{bmatrix} M_1 \\ M_2 \\ M_3 \end{bmatrix} = -\frac{qa^2}{16} \begin{bmatrix} 1 \\ 1 \\ 1 \end{bmatrix}$$

很容易解得

$$[M_1 \quad M_2 \quad M_3]^{\mathrm{T}} = \left[\frac{11}{256} \quad \frac{7}{128} \quad \frac{9}{128}\right]^{\mathrm{T}} qa^2$$

类似地，将算子∇^2的差分格式用于$\nabla^2 w = -M/D$，对于节点 1、2 和 3 得（矩阵形式）

$$\begin{bmatrix} -4 & 2 & 0 \\ 2 & -4 & 1 \\ 0 & 4 & -4 \end{bmatrix} \begin{bmatrix} w_1 \\ w_2 \\ w_3 \end{bmatrix} = -\frac{qa^4}{256D} \begin{bmatrix} \frac{11}{16} \\ \frac{7}{8} \\ \frac{9}{8} \end{bmatrix}$$

解得节点位移为

$$[w_1 \quad w_2 \quad w_3] = [0.00214 \quad 0.00293 \quad 0.00403]^{\mathrm{T}} \frac{qa^4}{D}$$

在薄板中心节点 3 的挠度 w_3 与解析法求得的“精确解”$0.00406\dfrac{qa^4}{D}$ 相比，误差为 0.79%。由 $M = \dfrac{M_x + M_y}{1+\mu}$，板中心节点 3 处由于对称性，弯矩为（取 $\mu=0.3$）

$$M_x = M_y = (1+\mu)M_3/2 = 0.0457qa^2$$

比“精确解”$0.0479qa^2$ 小约 4.5%。

若将网格再进行细分，将薄板区域划分为 64 个方格。考虑对称性，节点编号如图 3.20。

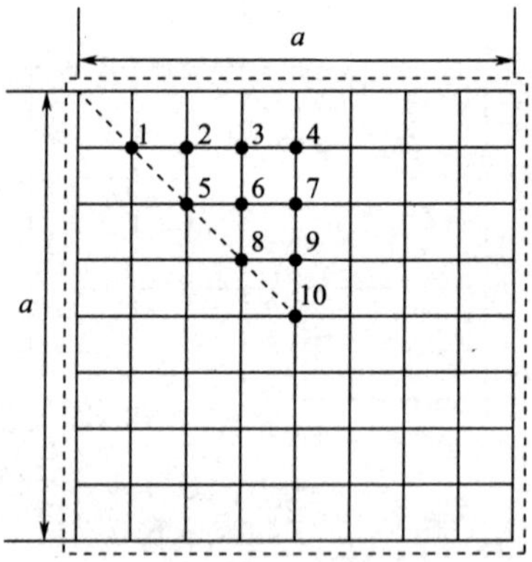

图 3.20　四边简支薄板分区

按相同方法写出节点 1～10 的差分方程，得到两个 10 阶线性方程组，求解得节点弯矩和位移如下

$M_1=0.01778qa^2$，$M_2=0.02774qa^2$，$M_3=0.03291qa^2$，$M_4=0.03452qa^2$，
$M_5=0.04466qa^2$，$M_6=0.05377qa^2$，$M_7=0.05664qa^2$，$M_8=0.06523qa^2$，
$M_9=0.06888qa^2$，$M_{10}=0.07278qa^2$

$w_1=0.000663\dfrac{qa^4}{D}$，$w_2=0.001186\dfrac{qa^4}{D}$，$w_3=0.001515\dfrac{qa^4}{D}$，$w_4=0.001627\dfrac{qa^4}{D}$，

$w_5=0.002134\dfrac{qa^4}{D}$，$w_6=0.002733\dfrac{qa^4}{D}$，$w_7=0.002937\dfrac{qa^4}{D}$，$w_8=0.003507\dfrac{qa^4}{D}$，

$w_9=0.003770\dfrac{qa^4}{D}$，$w_{10}=0.004055\dfrac{qa^4}{D}$

在薄板中心的挠度与精确解相比小 0.12%，薄板中心的弯矩 $M_x=M_y=0.0473qa^2$，比精确解小约 1.22%。由此可见，细分网格可以提高精度。

各节点挠度求得后，可由式（3.156）求出任意点的弯矩、扭矩和剪切力。例如对于节点 7，有

$$(M_x)_7=\frac{64D}{a^2}[2w_7-2w_6+\mu(2w_7-w_4-w_9)]=0.0353qa^2$$

$$(M_{xy})_7=\frac{64D}{a^2}(1-\mu)[-w_3+w_3-w_8+w_8]=0$$

对于节点 6，则有

$$(M_{xy})_6=\frac{16D}{a^2}[(1-\mu)(w_2-w_4-w_6+w_8)]=0.00668qa^2$$

$$(Q_x)_6=\frac{4}{a}(M_7-M_5)=0.0479qa，(Q_y)_6=\frac{4}{a}(M_3-M_8)=0.1293qa$$

例 3.8 边长为 a 的周边固定的方形薄板，如图 3.21 所示，承受横向均布载荷 q。试用差分法确定各节点的挠度和弯矩（取 $h=\dfrac{a}{4}$）。

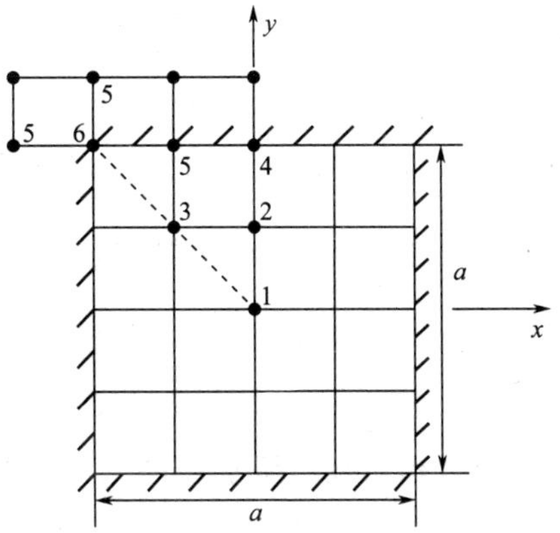

图 3.21　四边固支薄板

解：对于如图 3.21 所示的四边固定支撑的薄板，其边界条件为

$$w=0,\ \frac{\partial w}{\partial x}=\frac{\partial w}{\partial y}=0\left(x=y=\pm\frac{a}{2}\right)$$

即在边界上各节点的挠度和转角均为零。上面第二式中的偏导数用一阶中心差分式表示为

$$2hw'_n=w_{n+1}-w_{n-1}=0$$

式中，“ $'$ ”为挠度对 x（或 y）的一阶偏导数。从而得到

$$w_{n+1}=w_{n-1}$$

此式表明，靠近固定边在板域以外节点（虚节点）的挠度，与板域内与之相对应节点的挠度相等。这里对在边界两侧挠度相同的节点编相同的号，如图 3.21 所示。

由对称性取板的 1/4 部分研究。在节点 1～3 处分别列出 $\nabla^2 M=-q$ 的差分方程

$$\begin{cases}4M_2-4M_1=-qh^2\\2M_3+M_1+M_4-4M_2=-qh^2\\2M_5+2M_2-4M_3=-qh^2\end{cases}\tag{3.157}$$

这三式中有 5 个未知数，不能求解。再对节点 1～6 列出 $\nabla^2 w=-M/D$ 的差分方程，它们分别如下

$$\begin{cases}4w_2-4w_1=-\dfrac{M_1h^2}{D}\\2w_3+w_1-4w_2=-\dfrac{M_2h^2}{D}\\2w_2-4w_3=-\dfrac{M_3h^2}{D}\\2w_2=-\dfrac{M_4h^2}{D},\ 2w_3=-\dfrac{M_5h^2}{D},\ M_6=0\end{cases}\tag{3.158}$$

将式（3.157）与式（3.158）联立可解得节点弯矩和位移共 9 个未知量，并将 $h=\frac{a}{4}$ 代入求得的结果中，得到

$$M_1=0.03792qa^2,\ M_2=0.03862qa^2,\ M_3=0.02230qa^2$$

$$M_4=0.02616qa^2,\ M_5=0.01369qa^2,\ M_6=0$$

$$w_1=0.00180\frac{qa^4}{D},\ w_2=0.00121\frac{qa^4}{D},\ w_3=0.00082\frac{qa^4}{D}$$

进一步，可求得节点 1 和 4 处的弯矩（取 $\mu=0.3$），得到

$$(M_x)_1=(M_y)_1=0.02465qa^2,\ (M_x)_4=(M_y)_4=-0.02500qa$$

将这一问题的差分解与级数解相比较，所求的节点 1 挠度比级数解 $0.00126qa^4/D$ 大 43%左右，弯矩大 6%左右。节点 4 的弯矩较级数解小 25%左右。若将网格细分，取 $h=a/8$，求得半中心挠度 $w_1=0.00143qa^4/D$，较级数解误差约 13%。

本例若利用基本方程 $\nabla^4 w=-q/D$ 的差分式，亦可得到相同的结果。由对称性及边界条件知 $w_4=w_5=w_6=0$，节点 1～3 的差分方程为（$h=a/4$ 时）

$$\begin{cases} -32w_2 + 8w_3 + 20w_1 = \dfrac{qa^4}{256D} \\ -8w_1 - 16w_3 + 26w_2 = \dfrac{qa^4}{256D} \\ 2w_1 - 16w_2 + 24w_3 = \dfrac{qa^4}{256D} \end{cases}$$

联立求解可得到节点挠度 w_1、w_2、w_3 以及节点处的内力等。

4 有限元分析基本原理

有限元分析是求取复杂微分方程近似解的一种有效工具，是现代数字化科技的一种重要基础性原理。在科学研究中，它是探究物质客观规律的先进手段；在工程技术中，它是工程设计和分析的可靠工具。有限元方法的思想最早可追溯到古人的“化整为零”“化圆为直”的做法，如“曹冲称象”的典故，以及我国古代数学家刘徽采用割圆法来对圆周长进行计算等，这些实际上都体现了离散逼近的思想，即采用大量的简单小物体来“充填”出复杂的大物体。1870 年，英国科学家 Rayleigh 就采用假想的“试函数”来求解复杂的微分方程，不久后，Ritz 将其发展成为完善的数值近似方法，为现代有限元方法打下坚实基础。严格来说，有限元分析主要包含两个方面：有限元方法的基本数学力学原理和基于原理所形成的实用软件。这是本章重点讨论聚焦的方面。随着现代计算机技术的发展，一般的个人计算机就能满足有限元对硬件方面的要求。本章通过一些典型的实例来系统地讨论有限元分析的基本原理，并强调原理的工程背景和物理概念。

4.1 有限元分析基本过程

4.1.1 有限元分析的目的

任何具有一定使用功能的变形体都是由满足要求的材料所制造的。在设计阶段，就需要对该构件在可能的外力作用下的内部受力状态进行分析，以便校核所使用材料是否安全可靠，以避免造成重大安全事故。描述可承力构件的力学信息一般有三类：构件中因承载在任意位置上所引起的移动；构件中因承载在任意位置上所引起的变形状态；构件中因承载在任意位置上所引起的受力状态。若该构件为简单形状，且外力分布也比较单一，如杆、梁、柱、板，就可以采用材料力学的方法，一般都可以给出解析公式，应用比较方便。但对于几何形状较为复杂的构件却很难得到准确的结果，甚至根本得不到结果。

有限元分析的目的是针对具有任意复杂几何形状的变形体，完整获取在复杂外力作用下变形体内部的准确力学信息，即求取该变形体的位移、应变、应力等力学信息。在准确进行力学分析的基础上，设计师就可以对所设计对象进行强度、刚度等方面的评判，以便对不合理的设计参数进行修改，以得到较优化的设计方案；然后，再次进行方案修改后的有限元分析，以进行最后的力学评判和校核，确定出最后的设计方案。一个复杂的函数可以通过一系列的基底函数的组合来“近似”，也就是函数逼近，其中有两种典型的方法：全域的展开以及基于子域的分段函数组合。下面仅以一个一维函数的展开为例来讨论全域逼近与分段逼近的特点。

设有一个一维函数 $f(x) \approx c_0\varphi_0(x \in [x_0, x_L])$，分析它的展开与逼近形式。

首先考虑基于全域的展开形式，如采用傅里叶级数展开，则有

$$\begin{aligned} f(x) &\approx c_0\varphi_0(x \in [x_0, x_L]) + c_1\varphi_1(x \in [x_0, x_L]) + \cdots \\ &= \sum_{i=0}^{n} c_i\varphi_i(x \in [x_0, x_L]) \end{aligned} \tag{4.1}$$

其中，$\varphi_i(x \in [x_0, x_L])$ 为所采用的基底函数，它定义在全域 $[x_0, x_L]$ 上；c_0、c_1、c_2、…为展开的系数。

其次是基于子域 $[x_i, x_{i+1}]$ 上的分段展开形式，若采用线性函数，有

$$\begin{aligned} f(x) &\approx \{c_0\varphi_0(x \in [x_0, x_L])\} + \{a_1 + b_1 x(x \in [x_0, x_L])\} + \cdots \\ &= \sum_{i=0}^{n} \{a_i + b_i x(x \in [x_i, x_{i+1}])\} \end{aligned} \tag{4.2}$$

其中，$a_i + b_i x(x \in [x_i, x_{i+1}])$ 为所采用的基底函数，它定义在子域 $[x_i, x_{i+1}]$ 上；a_0、b_0、a_1、b_1 为展开的系数。这两种函数展开的方式如图 4.1 所示。

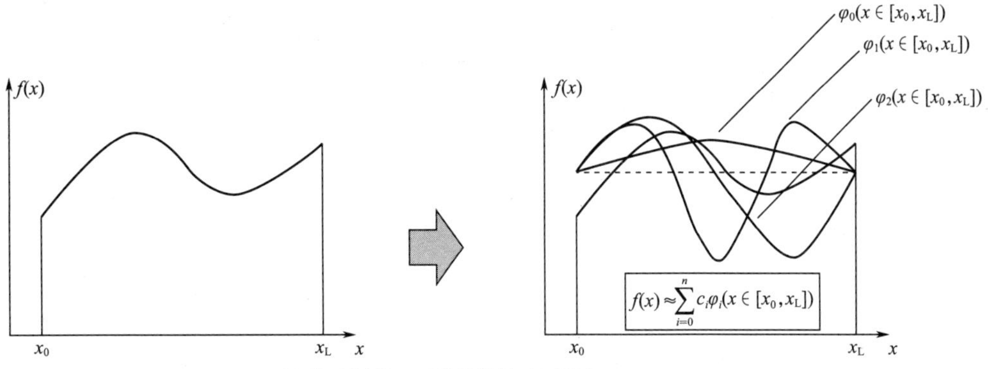

(a) 基于全域 $[x_0,x_L]$ 的函数展开与逼近

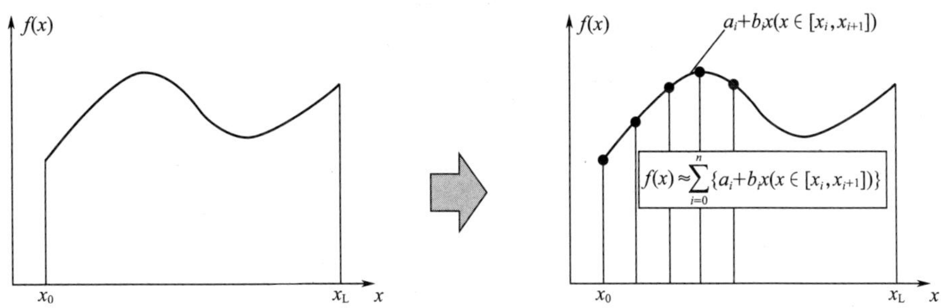

(b) 基于子域 $[x_i,x_{i+1}]$ 的函数展开与逼近

图 4.1　一个一维函数的两种展开方式

比较以上两种方式的特点，可以看出，第一种方式所采用的基本函数 $\varphi(x \in [x_0, x_L])$ 非常复杂，而且是在全域上 $[x_0, x_L]$ 定义的，但它是高阶次连续函数，一般情况下，仅采用几个基底函数就可以得到较高的逼近精度；而第二种方式所采用的基本函数 $a_i + b_i x (x \in [x_i, x_{i+1}])$ 非常简单，而且是在子域上 $[x_i, x_{i+1}]$ 定义的，它通过各个子域组合出全域 $[x_0, x_L]$，但它是线性函数，函数的连续性阶次较低，因此需要使用较多的分段才能得到较好的逼近效果，计算工作量较大。

第一种函数逼近方式是力学分析中的经典瑞利-里茨方法的思想，第二种函数逼近方式是现代力学分析中的有限元方法的思想，其中的分段就是“单元”的概念。分段的函数描述具有非常明显的优势，比如将原函数的复杂性化繁为简，使描述和求解成为可能，采用的简单函数可以人工选取，因此，可取最简单的线性函数。此外，分段的函数描述也可以将原始的微分求解变为线性代数方程。但分段的做法也可能会带来一些问题，比如采用简单函数，描述能力和效率都较低，必然使用数量众多的分段来进行弥补，会因此增加较多的工作量。综合分段函数描述的优势和问题，只要采用功能完善的软件以及能够进行高速处理的计算机，就可以完全发挥化繁为简策略的优势。

4.1.2 一维阶梯杆结构问题的求解

一维问题是最简单的分析对象。下面就以一维阶梯杆结构（图 4.2）为例，详细给出各种方法求解的过程，直观地引入有限元分析的基本思路。

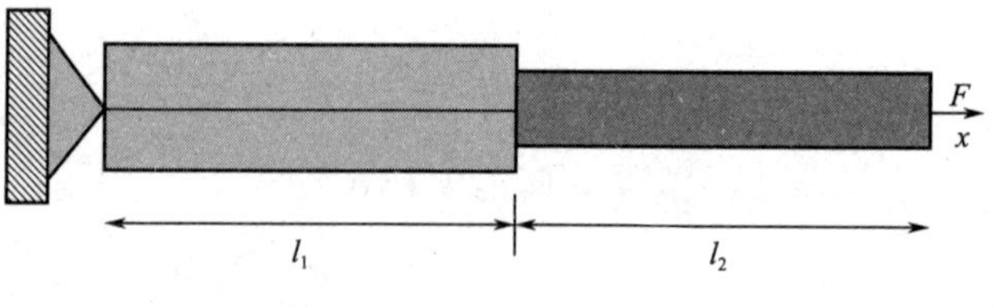

图 4.2　一维阶梯杆结构

对右端的杆件②进行力学分析，见图 4.3。

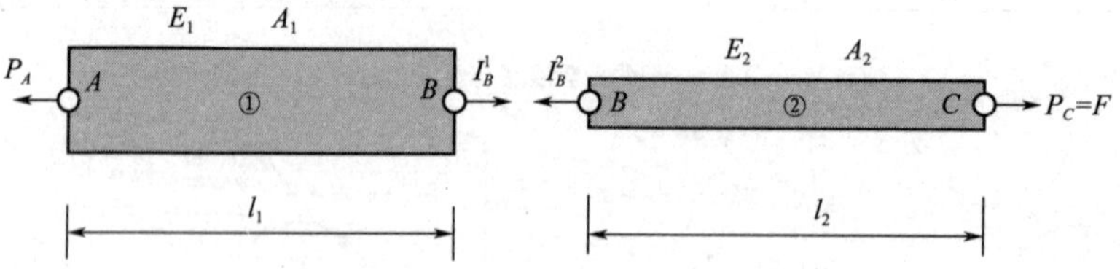

图 4.3　杆件分离体的受力分析［I_B^1 和 I_B^2 为内力（作用力与反作用力），P_C 为外力（施加载荷），P_A 为支反力（由支座给予）］

将两个杆件进行分解，并标出每一个关联节点处的受力状况，由于在 C 点处受有外力 F，则

$$P_C = F \tag{4.3}$$

由杆件②的平衡关系可知，有

$$I_B^2 = P_C = F \tag{4.4}$$

由于 I_B^1 和 I_B^2 是一对内力，也为作用力与反作用力，因此，有关系 $I_B^1 - I_B^2 = 0$，则可计算出所有作用力与内力的值为

$$P_A = I_B^1 = I_B^2 = P_C = F \tag{4.5}$$

下面计算每根杆件的应力，这是一个等截面杆受拉伸的情况，则杆件①的应力 σ_1 为

$$\sigma_1 = \frac{P_A}{A_1} \tag{4.6}$$

杆件②的应力 σ_2 为

$$\sigma_2 = \frac{P_A}{A_2} \tag{4.7}$$

由于材料是弹性的，由胡克定律有

$$\left.\begin{aligned} \sigma_1 &= E_1 \varepsilon_1 \\ \sigma_1 &= E_2 \varepsilon_2 \end{aligned}\right\} \tag{4.8}$$

其中，ε_1 和 ε_2 为杆件①和②的应变。则有

$$\left.\begin{aligned} \varepsilon_1 &= \frac{\sigma_1}{E_1} \\ \varepsilon_2 &= \frac{\sigma_2}{E_2} \end{aligned}\right\} \tag{4.9}$$

由应变的定义可知，它为杆件的相对伸长量，即 $\varepsilon = \Delta l / l$，因此，$\Delta l = \varepsilon l$，具体对杆件①和②，有

$$\left.\begin{aligned} \Delta l_1 &= \varepsilon_1 l_1 \\ \Delta l_2 &= \varepsilon_2 l_2 \end{aligned}\right\} \tag{4.10}$$

例 4.1 根据图 4.2 所示的一个阶梯杆结构及上述推导过程，已知相应的弹性模量和结构尺寸为 $E_1 = E_2 = 2 \times 10^7 \text{Pa}$，$A_1 = 2A_2 = 2\text{cm}^2$，$l_1 = l_2 = 10\text{cm}$，$F = 10\text{N}$，用材料力学方法求解节点位移及各平衡关系。

解：由于左端 A 为固定，则该点沿 x 方向的位移为零，记为 $u_A = 0$，而 B 点的位移则为杆件①的伸长量 Δl_1，即 $u_B = \Delta l_1$，C 点的位移为杆件①和②的总伸长量，即 $u_C = \Delta l_1 + \Delta l_2$，则归纳为以上结果，有完整的解答：

$$\left.\begin{aligned} \sigma_1 = 5 \times 10^4 \text{Pa} \quad \sigma_2 = 1 \times 10^5 \text{Pa} \\ \varepsilon_1 = 2.5 \times 10^{-3},\ \varepsilon_2 = 5 \times 10^{-3} \\ u_A = 0,\ u_B = 2.5 \times 10^{-2} \text{cm} \quad u_C = 7.5 \times 10^{-2} \text{cm} \end{aligned}\right\}$$

以上的求解结果如图 4.4 所示。

以上求解过程完全是材料力学的方法，将对象进行分解来获得问题的答案，所求解的基本力学变量是力或应力，问题非常简单且是静定问题，所以可以直接求出。但求解静不定问题，则需要变形协调方程，才能求解出应力变量。在构建问题的变形协调方程

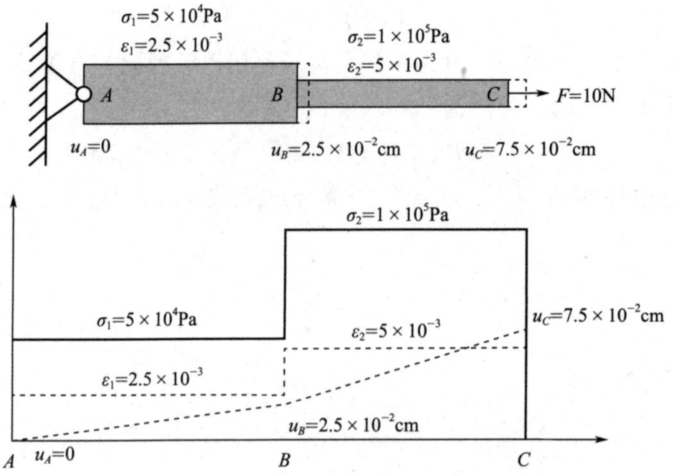

图 4.4 阶梯杆结构的材料力学解答

时，则需要一定的技巧。若采用位移作为首先求解的基本变量，则可以使问题的求解变得更规范一些，下面就基于 A、B、C 三个点的位移 u_A、u_B、u_C 来进行以上问题的求解。

一维阶梯杆结构的节点位移求解及平衡关系。所处理的对象与例 4.1 相同，要求分别针对每个连接节点，基于节点的位移来构建相应的平衡关系，然后再进行求解。考虑图 4.3 所示杆件的受力状况，分别画出每个节点的分离受力图，如图 4.5 所示。

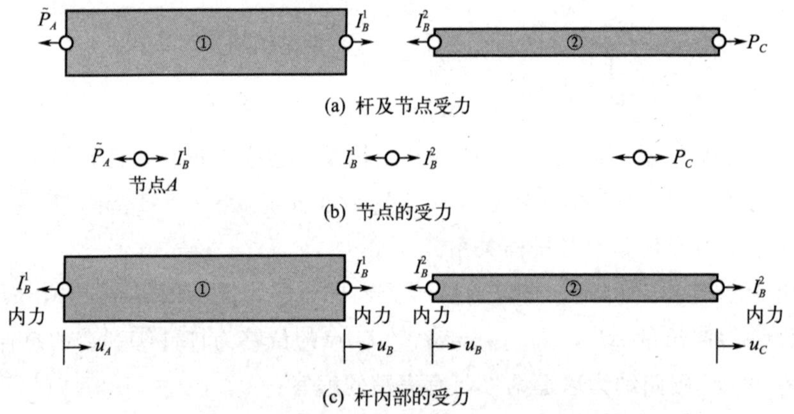

图 4.5 一维阶梯杆结构的各种平衡关系

分析杆①内部的受力及变形状况，它的绝对伸长量为 $(u_B - u_A)$，则相应伸长量 ε_1 为

$$\varepsilon_1 = \frac{u_B - u_A}{l_1} \tag{4.11}$$

由胡克定律，它的应力 σ_1 为

$$\sigma_1 = E_1\varepsilon_1 = \frac{E_1}{l_1}(u_B - u_A) \tag{4.12}$$

杆①的内力 I_B^1 为

$$I_B^1 = \sigma_1 A_1 = \frac{E_1 A_1}{l_1}(u_B - u_A) \tag{4.13}$$

对于杆②进行同样的分析和计算，有它的内力 I_B^2 为

$$I_B^2 = \sigma_2 A_2 = \frac{E_2 A_2}{l_2}(u_C - u_B) \tag{4.14}$$

由节点 A、B、C 的受力状况，分别建立它们各自的平衡关系如下。对于节点 A，有平衡关系

$$-\widetilde{P}_A + I_B^1 = 0 \tag{4.15}$$

将式（4.13）代入，有

$$-\widetilde{P}_A + \frac{E_1 A_1}{l_1}(u_B - u_A) = 0 \tag{4.16}$$

对于节点 B，有平衡关系

$$-I_B^1 + I_B^2 = 0 \tag{4.17}$$

将式（4.13）和式（4.14）代入，有

$$-\frac{E_1 A_1}{l_1}(u_B - u_A) + \frac{E_2 A_2}{l_2}(u_C - u_B) = 0 \tag{4.18}$$

对于节点 C，有平衡关系

$$P_C - I_B^2 = 0 \tag{4.19}$$

将式（4.14）代入上式，有

$$P_C - \frac{E_2 A_2}{l_2}(u_C - u_B) = 0 \tag{4.20}$$

将节点 A、B、C 的平衡关系写成一个方程组，有

$$\left.\begin{aligned} -\widetilde{P}_A - (\frac{E_1 A_1}{l_1})u_A + \left(\frac{E_1 A_1}{l_1}\right)u_B + 0 = 0 \\ 0 + \left(\frac{E_1 A_1}{l_1}\right)u_A - \left(\frac{E_1 A_1}{l_1} + \frac{E_2 A_2}{l_2}\right)u_B + \left(\frac{E_2 A_2}{l_2}\right)u_C = 0 \\ P_C - 0 + \left(\frac{E_2 A_2}{l_2}\right)u_B - \left(\frac{E_2 A_2}{l_2}\right)u_C = 0 \end{aligned}\right\} \tag{4.21}$$

写成矩阵形式，有

$$\begin{bmatrix} -\widetilde{P}_A \\ 0 \\ P_C \end{bmatrix} - \begin{bmatrix} \frac{E_1 A_1}{l_1} & -\frac{E_1 A_1}{l_1} & 0 \\ -\frac{E_1 A_1}{l_1} & \frac{E_1 A_1}{l_1} + \frac{E_2 A_2}{l_2} & -\frac{E_2 A_2}{l_2} \\ 0 & -\frac{E_2 A_2}{l_2} & \frac{E_2 A_2}{l_2} \end{bmatrix} \begin{bmatrix} u_A \\ u_B \\ u_C \end{bmatrix} = \begin{bmatrix} 0 \\ 0 \\ 0 \end{bmatrix} \tag{4.22}$$

例 4.2 参照例 4.1 中的已知条件，根据上述一维阶梯杆结构的平衡关系推导过

程，求解节点位移及平衡关系。

解：依据上述推导过程，将材料弹性模量和结构尺寸代入式（4.22）方程中，可得

$$\begin{bmatrix} 4\times10^4 & -4\times10^4 & 0 \\ -4\times10^4 & 6\times10^4 & -2\times10^4 \\ 0 & -2\times10^4 & 2\times10^4 \end{bmatrix}\begin{bmatrix} u_A \\ u_B \\ u_C \end{bmatrix}=\begin{bmatrix} -\widetilde{P}_A \\ 0 \\ 10 \end{bmatrix}$$

由于左端点为固定，即 $u_A=0$，该方程的未知量为 u_B、u_C、$\widetilde{P}_A$，求解该方程，有

$$\left.\begin{aligned} u_B &= 2.5\times10^{-4}\,\text{m} \\ u_C &= 7.5\times10^{-4}\,\text{m} \\ \widetilde{P}_A &= 10\text{N} \end{aligned}\right\}$$

可以看出这里的 $\widetilde{P}_A$ 的其他力学量，即支座反力，下面就很容易求解出杆①和②中

$$\left.\begin{aligned} \varepsilon_1 &= \frac{u_B-u_A}{l_1}=2.5\times10^{-3} \\ \varepsilon_2 &= \frac{u_C-u_B}{l_2}=5\times10^{-3} \\ \sigma_1 &= E_1\varepsilon_1=5\times10^4\,\text{Pa} \\ \sigma_2 &= E_2\varepsilon_2=1\times10^5\,\text{Pa} \end{aligned}\right\}$$

这样得到的结果与例 4.1 所得到的结果完全一致。此外还可以再对例 4.2 的方法作进一步的讨论。还可以将式（4.22）写成

$$\underset{(3\times1)}{\boldsymbol{P}}-\underset{(3\times1)}{\boldsymbol{I}}=0 \tag{4.23}$$

其中，$\underset{(3\times1)}{\boldsymbol{P}}$ 称为外力列阵；$\underset{(3\times1)}{\boldsymbol{I}}$ 称为内力列阵或变形力列阵。这里矩阵符号的下标表示行和列的维数，这两个列阵分别为

$$\underset{(3\times1)}{\boldsymbol{P}}=\begin{bmatrix} -P_A \\ 0 \\ P_C \end{bmatrix}$$

$$\underset{(3\times1)}{\boldsymbol{I}}=\begin{bmatrix} \dfrac{E_1A_1}{l_1} & -\dfrac{E_1A_1}{l_1} & 0 \\ -\dfrac{E_1A_1}{l_1} & \dfrac{E_1A_1}{l_1}+\dfrac{E_2A_2}{l_2} & -\dfrac{E_2A_2}{l_2} \\ 0 & -\dfrac{E_2A_2}{l_2} & \dfrac{E_2A_2}{l_2} \end{bmatrix}\begin{bmatrix} u_A \\ u_B \\ u_C \end{bmatrix}$$

式（4.23）的物理含义就是内力与外力的平衡关系，由此可见，内力表现为各个节点上的内力，并且可以通过节点位移 u_A、u_B、u_C 来获取。由方程式（4.22）可知，这是一个基于节点 A、B、C 描述的全结构的平衡方程，该方程的特点为：基本的力学参量为节点位移 u_A、u_B、u_C 和节点力 $\widetilde{P}_A$、P_C。直接给出全结构的平衡方程，而不是像例 4.1 那样，需要针对每一个杆件去进行递推。在获得节点位移变量 u_A、u_B、u_C 后，

如应变和应力等其他力学参量都可分别求出。为了将方程式（4.22）写成更规范、更通用的形式，下面讨论在式（4.22）的基础上直接推导出通用平衡方程。

根据矩阵的变换关系，式（4.22）可写成

$$\begin{bmatrix} \dfrac{E_1A_1}{l_1} & -\dfrac{E_1A_1}{l_1} & 0 \\ -\dfrac{E_1A_1}{l_1} & \dfrac{E_1A_1}{l_1}+\dfrac{E_2A_2}{l_2} & -\dfrac{E_2A_2}{l_2} \\ 0 & -\dfrac{E_2A_2}{l_2} & \dfrac{E_2A_2}{l_2} \end{bmatrix} \begin{bmatrix} u_A \\ u_B \\ u_C \end{bmatrix} = \begin{bmatrix} P_A \\ P_B \\ P_C \end{bmatrix} \tag{4.24}$$

再将其分解为两个杆件之和，即写成

$$\begin{bmatrix} \dfrac{E_1A_1}{l_1} & -\dfrac{E_1A_1}{l_1} & 0 \\ -\dfrac{E_1A_1}{l_1} & \dfrac{E_1A_1}{l_1} & 0 \\ 0 & 0 & 0 \end{bmatrix} \begin{bmatrix} u_A \\ u_B \\ u_C \end{bmatrix} + \begin{bmatrix} 0 & 0 & 0 \\ 0 & \dfrac{E_2A_2}{l_2} & -\dfrac{E_2A_2}{l_2} \\ 0 & -\dfrac{E_2A_2}{l_2} & \dfrac{E_2A_2}{l_2} \end{bmatrix} \begin{bmatrix} u_A \\ u_B \\ u_C \end{bmatrix} = \begin{bmatrix} P_A \\ P_B \\ P_C \end{bmatrix} \tag{4.25}$$

上式（4.25）左端的第 1 项实质为

$$\begin{bmatrix} \dfrac{E_1A_1}{l_1} & -\dfrac{E_1A_1}{l_1} \\ -\dfrac{E_1A_1}{l_1} & \dfrac{E_1A_1}{l_1} \end{bmatrix} \begin{bmatrix} u_A \\ u_B \end{bmatrix} = \frac{E_1A_1}{l_1} \begin{bmatrix} u_A-u_B \\ u_B-u_A \end{bmatrix} = \begin{bmatrix} -I_B^1 \\ I_B^1 \end{bmatrix} \tag{4.26}$$

上式中的 $-I_B^1$ 及 I_B^1 含义为杆件①中的左节点的内力和右节点的内力。同样地，式（4.25）左端的第 2 项实质为

$$\begin{bmatrix} \dfrac{E_2A_2}{l_2} & -\dfrac{E_2A_2}{l_2} \\ -\dfrac{E_2A_2}{l_2} & \dfrac{E_2A_2}{l_2} \end{bmatrix} \begin{bmatrix} u_B \\ u_C \end{bmatrix} = \frac{E_2A_2}{l_2} \begin{bmatrix} u_B-u_C \\ u_C-u_B \end{bmatrix} = \begin{bmatrix} -I_B^2 \\ I_B^2 \end{bmatrix} \tag{4.27}$$

上式中的 $-I_B^2$ 及 I_B^2 含义为杆件②中的左节点的内力和右节点的内力。

可以看出，方程式（4.25）的左端就是杆件①的内力表达和杆件②的内力表达之和，这样就将原来的基于节点的平衡关系，变为通过每一个杆件的平衡关系来进行叠加。这里就自然引入单元的概念，即将原整体结构进行“分段”，以划分出较小的“构件”，每一个“构件”上具有节点，还可以基于节点位移写出该“构件”的内力表达关系，这样的“构件”就叫作单元，它意味着在几何形状上、节点描述上都有一定的普遍性和标准性，只要根据实际情况将单元表达式中的参数作相应的代换，它就可以广泛应用于这一类构件（单元）的描述。

从式（4.26）和式（4.27）可以看出，虽然它们分别用来描述杆件①和杆件②，但它们的表达形式完全相同，因此本质上是一样的，实际上，它们都是杆单元。可以将杆单元表达为如图 4.6 所示的标准形式。

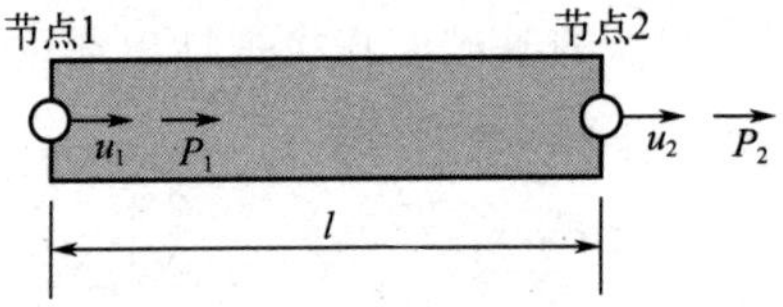

图 4.6 杆单元的表达

将单元节点位移写成

$$\underset{(2\times1)}{\boldsymbol{q}^{e}}=\begin{bmatrix}u_1\\u_2\end{bmatrix}=[u_1\quad u_2]^{T} \tag{4.28}$$

将单元节点外力写成

$$\underset{(2\times1)}{\boldsymbol{P}^{e}}=\begin{bmatrix}P_1\\P_2\end{bmatrix}=[P_1\quad P_2]^{T} \tag{4.29}$$

由式（4.26），该单元节点内力为

$$\begin{bmatrix}-I_1\\I_2\end{bmatrix}=\begin{bmatrix}\dfrac{EA}{l} & -\dfrac{EA}{l}\\-\dfrac{EA}{l} & \dfrac{EA}{l}\end{bmatrix}=\begin{bmatrix}u_1\\u_2\end{bmatrix} \tag{4.30}$$

它将与单元的节点外力 $\underset{(2\times1)}{\boldsymbol{P}^{e}}$ 相平衡，则有 $P_1=-I_1$、$P_2=I_2$，因此，该方程可以写成

$$\begin{bmatrix}\dfrac{EA}{l} & -\dfrac{EA}{l}\\-\dfrac{EA}{l} & \dfrac{EA}{l}\end{bmatrix}=\begin{bmatrix}u_1\\u_2\end{bmatrix}=\begin{bmatrix}P_1\\P_2\end{bmatrix} \tag{4.31}$$

进一步表达成

$$\underset{(2\times1)}{\boldsymbol{K}^{e}}\underset{(2\times1)}{\boldsymbol{q}^{e}}=\underset{(2\times1)}{\boldsymbol{P}^{e}} \tag{4.32}$$

其中

$$\underset{(2\times2)}{\boldsymbol{K}^{e}}=\begin{bmatrix}\dfrac{EA}{l} & -\dfrac{EA}{l}\\-\dfrac{EA}{l} & \dfrac{EA}{l}\end{bmatrix}=\begin{bmatrix}K_{11} & K_{12}\\K_{21} & K_{22}\end{bmatrix} \tag{4.33}$$

可以看出，方程式（4.32）是单元内力与外力的平衡方程，它与单元的刚度方程是相同的。$\boldsymbol{K}^{e}$叫作单元的刚度矩阵，K_{11}、K_{12}、K_{21}、K_{22} 叫作刚度矩阵中的刚度系数。

4.1.3 一维三连杆结构的有限元分析过程

例 4.3 采用杆单元的方法，求解如图 4.7 所示结构的所有力学参量。相关的材料参量和尺寸为 $E_1=E_2=E_3=2\times10^5\text{Pa}$，$3A_1=2A_2=A_3=0.06\text{m}^2$，$l_1=l_2=l_3=0.1\text{m}$。

所谓基于单元的分析方法，就是将原整体结构按几何形状的变化性质划分节点并进行编号，然后将其分解为一个个小的构件单元，基于节点位移，建立每一个单元的节点

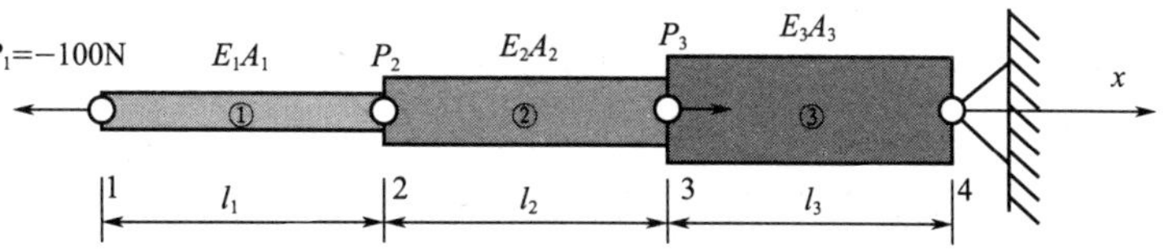

图 4.7　三连杆结构的受力状况

平衡关系，对于杆单元来说就是式（4.32）。下一步就是将各个单元进行组合和集成，类似于式（4.25），以得到该结构的整体平衡方程，按实际情况对方程中一些节点位移和节点力给定相应的边界条件，就可以求解出所有的节点位移和支座反力，最后在得到所有的节点位移后，就可以计算每一个单元的应变、应力等其他力学参量。

（1）节点编号和单元划分

由于该结构由三根不同几何尺寸的杆件组成，并且在一些杆件连接处还作用有集中载荷，因此，需要在杆件连接处划分出节点。这样对于该结构就自动给出三个单元，其节点及单元编号见图 4.7，将每一个单元分离出来，并标出每一个节点的位移和外力，如图 4.8 所示。位移和力的方向都以 x 正方向来标注。

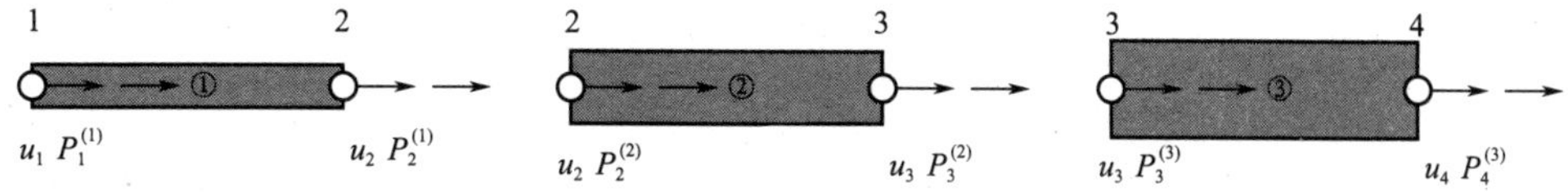

图 4.8　各个单元的节点位移和外力

（2）计算各单元的单元刚度方程

可以看出，图 4.8 所示的每一个单元都和图 4.6 的单元类似，则所对应的刚度方程也应与式（4.31）类似，只需要将其中的各个参数进行代换，下面直接给出对应于单元①、②、③的单元刚度方程。

单元①的刚度方程为

$$\begin{bmatrix} \dfrac{E_1A_1}{l_1} & -\dfrac{E_1A_1}{l_1} \\ -\dfrac{E_1A_1}{l_1} & \dfrac{E_1A_1}{l_1} \end{bmatrix} = \begin{bmatrix} u_1 \\ u_2 \end{bmatrix} = \begin{bmatrix} P_1^{(1)} \\ P_2^{(1)} \end{bmatrix} \tag{4.34}$$

单元②的刚度方程为

$$\begin{bmatrix} \dfrac{E_2A_2}{l_2} & -\dfrac{E_2A_2}{l_2} \\ -\dfrac{E_2A_2}{l_2} & \dfrac{E_2A_2}{l_2} \end{bmatrix} = \begin{bmatrix} u_2 \\ u_3 \end{bmatrix} = \begin{bmatrix} P_2^{(2)} \\ P_3^{(2)} \end{bmatrix} \tag{4.35}$$

单元③的刚度方程为

$$\begin{bmatrix} \frac{E_3A_3}{l_3} & -\frac{E_3A_3}{l_3} \\ -\frac{E_3A_3}{l_3} & \frac{E_3A_3}{l_3} \end{bmatrix} = \begin{bmatrix} u_3 \\ u_4 \end{bmatrix} = \begin{bmatrix} P_3^{(3)} \\ P_4^{(3)} \end{bmatrix} \tag{4.36}$$

(3) 组装各单元刚度方程

由于整体结构是由各个单元按一定连接关系组合而成的，因此，需要按照节点的对应位置将以上方程式（4.34）～式（4.36）进行组装，以形成一个整体刚度方程，即

$$\begin{matrix} \quad u_1 \quad & \quad u_2 \quad & \quad u_3 \quad & \quad u_4 \quad \\ \downarrow & \downarrow & \downarrow & \downarrow \end{matrix}$$

$$\begin{bmatrix} \frac{E_1A_1}{l_1} & -\frac{E_1A_1}{l_1} & 0 & 0 \\ -\frac{E_1A_1}{l_1} & \frac{E_1A_1}{l_1}+\frac{E_2A_2}{l_2} & -\frac{E_2A_2}{l_2} & 0 \\ 0 & -\frac{E_2A_2}{l_2} & \frac{E_2A_2}{l_2}+\frac{E_3A_3}{l_3} & -\frac{E_3A_3}{l_3} \\ 0 & 0 & -\frac{E_3A_3}{l_3} & \frac{E_3A_3}{l_3} \end{bmatrix} \begin{bmatrix} u_1 \\ u_2 \\ u_3 \\ u_4 \end{bmatrix} = \begin{bmatrix} P_1^{(1)} \\ P_2^{(1)}+P_2^{(2)} \\ P_3^{(2)}+P_3^{(3)} \\ P_4^{(3)} \end{bmatrix} \tag{4.37}$$

为表达更清楚，在式（4.37）的刚度矩阵上方标明了所对应的变量。上面的组装过程，实际上就是将各个单元方程按照节点编号的位置进行集成。式（4.37）中的 $P_1^{(1)}$、$P_2^{(1)}+P_2^{(2)}$、$P_3^{(2)}+P_3^{(3)}$、$P_4^{(3)}$ 就是节点 1、2、3、4 上的合成节点力，即

$$P_1=P_1^{(1)}, \; P_2=P_2^{(1)}+P_2^{(2)}, \; P_3=P_3^{(2)}+P_3^{(3)}, \; P_4=P_4^{(3)} \tag{4.38}$$

对照图 4.7 可知，$P_1=-100\text{N}$，$P_2=0$，$P_3=50\text{N}$，而 P_4 为支座反力。将该结构的材料参数和几何尺寸参数代入式（4.37）中，则有

$$\begin{bmatrix} 4\times10^4 & -4\times10^4 & 0 & 0 \\ -4\times10^4 & 1\times10^5 & -6\times10^4 & 0 \\ 0 & -6\times10^4 & 1.8\times10^5 & -1.2\times10^5 \\ 0 & 0 & -1.2\times10^5 & 1.2\times10^5 \end{bmatrix} \begin{bmatrix} u_1 \\ u_2 \\ u_3 \\ u_4 \end{bmatrix} = \begin{bmatrix} P_1 \\ P_2 \\ P_3 \\ P_4 \end{bmatrix} \tag{4.39}$$

上式中 u_1、u_2、u_3、u_4 分别为各个节点位移，P_1、P_2、P_3、P_4 为对应节点力，根据图 4.8 所示，分别就单元①、②、③写出各自的节点力，如对于节点 2，即写出单元①中节点 2 的节点力 $P_2^{(1)}$，又给出单元②中节点 2 的节点力 $P_2^{(2)}$。在单元组装后，只需要合成后的节点力即可。因此，今后只需要对各个单元的刚度系数按对应节点位移的位置进行组装，而节点力只需直接写出即可。

(4) 处理边界条件并求解

图 4.7 所示结构的位移边界条件为：$u_4=0$。将已知的节点位移和节点力代入后，则方程式（4.39）变为

$$\begin{bmatrix} 4\times10^4 & -4\times10^4 & 0 & 0 \\ -4\times10^4 & 1\times10^5 & -6\times10^4 & 0 \\ 0 & -6\times10^4 & 1.8\times10^5 & -1.2\times10^5 \\ 0 & 0 & -1.2\times10^5 & 1.2\times10^5 \end{bmatrix} = \begin{bmatrix} u_1 \\ u_2 \\ u_3 \\ 0 \end{bmatrix} = \begin{bmatrix} -100 \\ 0 \\ 50 \\ P_4 \end{bmatrix} \tag{4.40}$$

由于 $u_4=0$，则划掉上述刚度矩阵的第 4 列和第 4 行，则有

$$\begin{bmatrix} 4\times10^4 & -4\times10^4 & 0 \\ -4\times10^4 & 1\times10^5 & -6\times10^4 \\ 0 & -6\times10^4 & 1.8\times10^5 \end{bmatrix} \begin{bmatrix} u_1 \\ u_2 \\ u_3 \end{bmatrix} = \begin{bmatrix} -100 \\ 0 \\ 50 \end{bmatrix} \tag{4.41}$$

求解上述方程，有

$$\left.\begin{aligned} u_1 &= -4.58333\times10^{-3}\,\mathrm{m} \\ u_2 &= -2.08333\times10^{-3}\,\mathrm{m} \\ u_3 &= -4.16667\times10^{-3}\,\mathrm{m} \end{aligned}\right\} \tag{4.42}$$

(5) 求支座反力

在求得所有节点位移后，可求出支座反力为 $P_4=-1.2\times10^5\times u_3=500\mathrm{N}$。

(6) 求各个单元应变、应力的力学量

由式（4.11），可以求出各个单元的应变，即

$$\varepsilon^{(1)}=\frac{u_2-u_1}{l_1}=2.4997\times10^{-2}$$

$$\varepsilon^{(2)}=\frac{u_3-u_2}{l_2}=1.6667\times10^{-2}$$

$$\varepsilon^{(3)}=\frac{u_4-u_3}{l_3}=4.16667\times10^{-3}$$

由式（4.12），可以求出各个单元的应力，即可得如下结果：$\sigma^{(1)}=E_1\varepsilon^{(1)}=4.999\times10^3\mathrm{Pa}$，$\sigma^{(2)}=E_2\varepsilon^{(2)}=3.3333\times10^3\mathrm{Pa}$，$\sigma^{(3)}=E_3\varepsilon^{(3)}=8.3333\times10^2\mathrm{Pa}$。

这样可以得到一种直观的有限元分析思路，就是将复杂的几何和受力对象划分为一个一个形状比较简单的标准“构件”，称为单元，然后给出单元节点的位移和受力描述，构建起单元的刚度方程，再通过单元与单元之间的节点连接关系进行单元的组装，可以得到结构的整体刚度方程，进而根据位移约束和受力状态，处理边界条件，并进行求解，基本流程的示意见图 4.9。

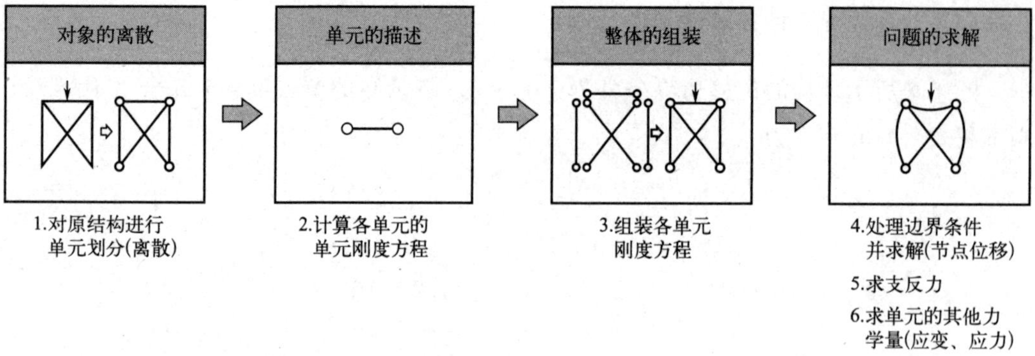

图 4.9　有限元分析的基本流程图示

4.2　连续体结构分析的有限元方法

连续体的内部没有自然的连接节点，必须完全通过人工的方法进行离散。有人说有限元方法的真正魅力在于它成功地处理连续体问题。1943 年，Courant 首先在处理连续体问题时使用三角形区域的分片连续函数和最小势能原理。

4.2.1　连续体结构分析的工程概念

最简单的一维几何图形就是直线，最简单的二维几何图形就是三角形，最简单的三维几何图形就是四面体。杆单元以及梁单元从局部坐标系来看可以说是一维单元。图 4.10 表示将连续的一个圆离散为有限个三角片的过程，正是按照这一原理，同样也可以将一个任意复杂的几何形状离散为一系列有限个标准几何单元的组合，如图 4.11 所示。

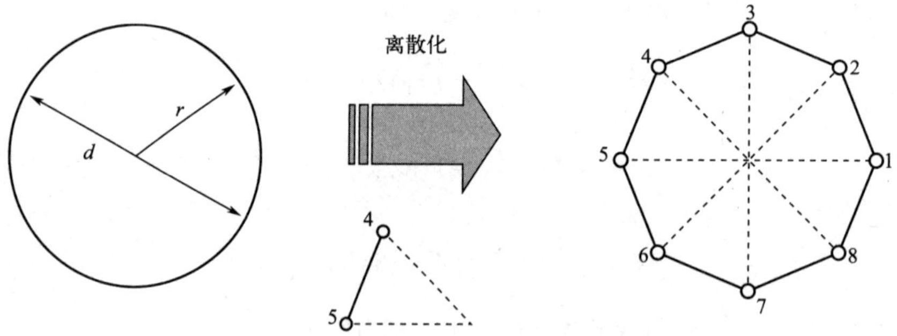

图 4.10　将连续的一个圆离散为有限个三角片

4.2.2　连续体结构分析的基本力学原理

连续体结构的力学分析包括：基本变量、基本方程、求解原理。就基本变量而言，二维和三维问题将在一维问题上进行其他方向上的推广延伸。除了在主方向上进行延伸

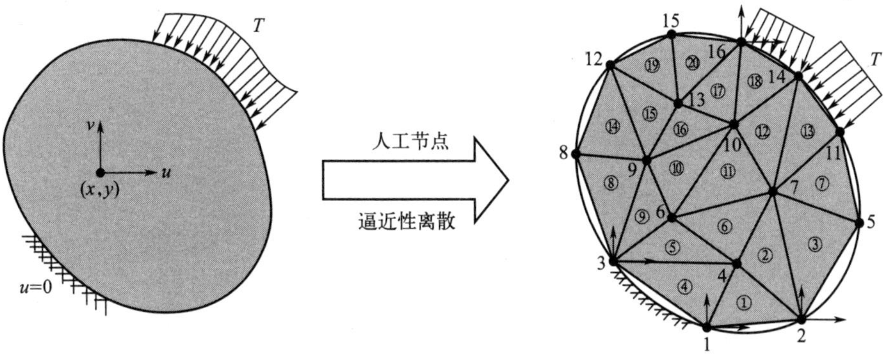

图 4.11　将连续的几何域离散为由有限个三角片组成的逼近域

外，还存在每两个坐标轴之间的夹角项，对于应力来说就是剪应力，对于应变来说就是剪应变。

一维问题：

位移分量：$u(x)$

应变分量：$\varepsilon_{xx}(x)$

应力分量：$\sigma_{xx}(x)$

二维问题：

位移分量：$u(x, y)$，$v(x, y)$

应变分量：$\varepsilon_{xx}(x, y)$，$\varepsilon_{yy}(x, y)$，$\gamma_{xy}(x, y)$

应力分量：$\sigma_{xx}(x, y)$，$\sigma_{yy}(x, y)$，$\tau_{xy}(x, y)$

三维问题：

位移分量：$u(x, y, z)$，$v(x, y, z)$，$w(x, y, z)$

应变分量：$\varepsilon_{xx}(x, y, z)$，$\varepsilon_{yy}(x, y, z)$，$\varepsilon_{zz}(x, y, z)$，$\gamma_{xy}(x, y, z)$，$\gamma_{yz}(x, y, z)$，$\gamma_{xz}(x, y, z)$

应力分量：$\sigma_{xx}(x, y, z)$，$\sigma_{yy}(x, y, z)$，$\sigma_{zz}(x, y, z)$，$\tau_{xy}(x, y, z)$，$\tau_{yz}(x, y, z)$，$\tau_{xz}(x, y, z)$

注：$\sigma_{xx}(x)$ 中的第一个下标表明应力的方向，第二个下标表明应力所作用面的法线方向；对于应变也如此。一般情况下，将下标相同的正应力 $\sigma_{xx}(x, y, z)$ 或正应变 $\varepsilon_{yy}(x, y, z)$ 表达成 $\sigma_x(x, y, z)$ 或正应变 $\varepsilon_y(x, y, z)$，即只写一个下标，y 方向以及 z 方向的情况类似。

（1）连续体问题的三大类方程及边界条件

对于基本方程而言，二维和三维问题同样将在一维问题上进行其他方向上的推广延伸；几种情况的基本方程列于表 4.1 中。

表 4.1 连续体问题的三大类方程的各个表达式

项目	一维问题	二维问题	三维问题
平衡方程	$\frac{d\sigma_{xx}}{dx}=0$	$\frac{\partial\sigma_{xx}}{\partial x}+\frac{\partial\tau_{xy}}{\partial y}=0$ $\frac{\partial\tau_{xx}}{\partial x}+\frac{\partial\sigma_{yy}}{\partial y}=0$	$\frac{\partial\sigma_{xx}}{\partial x}+\frac{\partial\tau_{xy}}{\partial y}+\frac{\partial\tau_{xz}}{\partial z}=0$ $\frac{\partial\tau_{xy}}{\partial x}+\frac{\partial\sigma_{yy}}{\partial y}+\frac{\partial\tau_{yz}}{\partial z}=0$ $\frac{\partial\tau_{xz}}{\partial x}+\frac{\partial\sigma_{yz}}{\partial y}+\frac{\partial\sigma_{zz}}{\partial z}=0$
几何方程	$\varepsilon_{xx}=\frac{du}{dx}$	$\varepsilon_{xx}=\frac{\partial u}{\partial x}$, $\varepsilon_{yy}=\frac{\partial v}{\partial y}$ $\gamma_{xy}=\frac{\partial v}{\partial x}+\frac{\partial u}{\partial y}$	$\varepsilon_{xx}=\frac{\partial u}{\partial x}$, $\varepsilon_{yy}=\frac{\partial v}{\partial y}$, $\varepsilon_{zz}=\frac{\partial w}{\partial z}$ $\gamma_{xy}=\frac{\partial v}{\partial x}+\frac{\partial u}{\partial y}$, $\gamma_{yz}=\frac{\partial w}{\partial y}+\frac{\partial v}{\partial z}$, $\gamma_{zx}=\frac{\partial w}{\partial x}+\frac{\partial u}{\partial z}$
物理方程	$\varepsilon_{xx}=\frac{\sigma_{xx}}{E}$	$\varepsilon_{xx}=\frac{1}{E}[\sigma_{xx}-\mu\sigma_{yy}]$ $\varepsilon_{yy}=\frac{1}{E}[\sigma_{yy}-\mu\sigma_{xx}]$ $\gamma_{xy}=\frac{1}{G}\tau_{xy}$	$\varepsilon_{xx}=\frac{1}{E}[\sigma_{xx}-\mu(\sigma_{yy}+\sigma_{zz})]$ $\varepsilon_{yy}=\frac{1}{E}[\sigma_{yy}-\mu(\sigma_{xx}+\sigma_{zz})]$ $\varepsilon_{zz}=\frac{1}{E}[\sigma_{zz}-\mu(\sigma_{xx}+\sigma_{yy})]$ $\gamma_{xy}=\frac{1}{G}\tau_{xy}$, $\gamma_{yz}=\frac{1}{G}\tau_{yz}$, $\gamma_{zx}=\frac{1}{G}\tau_{zx}$

注：E、μ、G 分别表示材料的弹性模量、泊松比、剪切模量。

对于一般的力学问题，还有两类边界条件，即位移边界条件 BC(u) 以及力边界条件 BC(p)。几种情况的边界条件列于表 4.2 中。

表 4.2 连续体问题的两大类边界条件的各个表达式

项目	一维问题	二维问题	三维问题
几何边界条件 BC（u）	$u(x)\mid x=x_0=\bar{u}$	$u(x, y)\mid x=x_0$, $y=y_0=\bar{u}$ $u(x, y)\mid x=x_0$, $y=y_0=\bar{v}$	$u(x, y, z)\mid x=x_0$, $y=y_0$, $z=z_0=\bar{u}$ $v(x, y, z)\mid x=x_0$, $y=y_0$, $z=z_0=\bar{v}$ $w(x, y, z)\mid x=x_0$, $y=y_0$, $z=z_0=\bar{w}$
外力边界条件 BC（p）	$\sigma_{xx}(x)\mid x=x_0=\bar{p}_x$	$n_x\sigma_{xx}(x_0, y_0)$ $+n_y\tau_{xy}(x_0, y_0)=\bar{p}_x$ $n_x\sigma_{xx}(x_0, y_0)$ $+n_y\sigma_{xy}(x_0, y_0)=\bar{p}_y$	$n_x\sigma_{xx}(x_0, y_0, z_0)+n_y\tau_{xy}(x_0, y_0, z_0)$ $+n_z\tau_{xz}(x_0, y_0, z_0)=\bar{p}_x$ $n_x\tau_{xy}(x_0, y_0, z_0)+n_y\sigma_{yy}(x_0, y_0, z_0)$ $+n_z\tau_{xz}(x_0, y_0, z_0)=\bar{p}_y$ $n_x\tau_{xz}(x_0, y_0, z_0)+n_y\tau_{yz}(x_0, y_0, z_0)$ $+n_z\sigma_{zz}(x_0, y_0, z_0)=\bar{p}_z$

注：x_0、y_0、z_0 为边界上的几何坐标；n_x、n_y、n_z 为边界外法线上的方向余弦；$\bar{u}$、$\bar{v}$、$\bar{w}$ 为给定的对应方向上的位移值；$\bar{p}_x$、$\bar{p}_y$、$\bar{p}_z$ 为给定的对应方向上的边界分布力。

(2) 直接法以及试函数法的求解思想

针对一个具体对象，通过平衡、几何及物理三大类方程来求解出位移、应变及应力三大类变量。对于一维问题实际就是通过三个方程直接进行联立求解。对于二维问题，变量及方程的个数都较多，而且方程为偏微分方程，除一些简单几何形状外，一般较难直接求解，必须寻找能够求解任意复杂几何形状的通用方法。一个好的方法应该具有以下几个特征：几何形状的适应性；数学力学原理上的标准化；具有统一的处理流程；操作实施的可行性；可确定计算的最佳效率；方法具有良好的收敛性。

针对弹性问题的三大类变量和方程，从求解方法论的思路上说，总体上有两类求解方法：直接求解原始微分方程以及试函数法。从求解策略的思路上说，对于三大类变量，要同时进行联立求解一般比较困难，需要将变量先进行代换，最好是代换成一种类型的变量先进行求解，然后再求解另外类型的变量。直接法就是解析法，若将基本变量先确定为应力的话，这就是应力方法，还有一些诸如逆解法、半逆解法的方法。虽然这些方法可以获得解析解，但仅针对一些简单几何形状，而大量的实际问题目前还不能获得解析解；并且这对求解的数学技巧也有较高要求。这类方法大部分不具备上面提到的几个特征。对于试函数法，先假设一个可能的解，将试函数再代入原方程中，通过确定相应误差函数的最小值来获得其中的待定系数，这样就求出以试函数为结果的解，这种方法大大降低了求解的难度和技巧，方法也具有标准化和规范性。但由于最早的试函数是基于整个几何全域来选择的，所以它的几何形状适应性也受到一定限制。再加上过去还没有合适的计算工具，它实施的可行性也不具备。

随着计算机技术的飞速发展，复杂力学问题的处理有了实质性的突破，即大规模计算成为可能。同时将基于整个几何全域的试函数变为基于分片的多项式函数表达，然后再将分片的函数进行集成组合得到全域的试函数。这种分片就是“单元”，分片的过程就是将整体区域进行离散的过程，将这种基于分片函数描述的试函数方法叫作有限元方法。

(3) 连续体问题求解的虚功原理

对于一般弹性问题，在几何域 Ω 中，受有体积力 ($\bar{b}_x$，$\bar{b}_y$)，在外力边界 S_p 上，受有施加的分布力 ($\bar{p}_x$，$\bar{p}_y$)。设有满足位移边界条件的位移场 (u，v)，这就是试函数（其中有一些待定的系数），则它的虚位移为 (δu，δv)，虚应变为 ($\delta\varepsilon_{xx}$，$\delta\varepsilon_{yy}$，$\delta\gamma_{xy}$)。

相应的虚应变能为

$$\delta U=\int_{\Omega}(\sigma_{xx}\delta\varepsilon_{xx}+\sigma_{yy}\delta\varepsilon_{yy}+\tau_{xy}\delta\gamma_{xy})\mathrm{d}\Omega \tag{4.43}$$

而外力虚功为

$$\delta W=\int_{\Omega}(\bar{b}_x\delta u+\bar{b}_y\delta v)\mathrm{d}\Omega+\int_{S_p}(\bar{p}_x\delta u+\bar{p}_y\delta v)\mathrm{d}A \tag{4.44}$$

那么，虚功原理 $\delta U=\delta W$ 可以表达为

$$\int_{\Omega}(\sigma_{xx}\delta\varepsilon_{xx}+\sigma_{yy}\delta\varepsilon_{yy}+\tau_{xy}\delta\gamma_{yy})\mathrm{d}\Omega=\int_{\Omega}(\bar{b}_x\delta u+\bar{b}_y\delta v)\mathrm{d}\Omega+\int_{S_p}(\bar{p}_x\delta u+\bar{p}_y\delta v)\mathrm{d}A \tag{4.45}$$

通过以上方程就可以确定出试函数中的待定系数。

(4) 连续体问题求解的最小势能原理

同样对于二维问题，设有满足位移边界条件的位移场（u，v），即试函数（其中有一些待定的系数），确定其中待定系数的方法，就是使得该系统的势能取极小值，即

$$\min_{(u,\ v)\in \mathrm{BC}(u)} \Pi(u,\ v) \tag{4.46}$$

其中

$$\begin{aligned}\Pi&=U-W\\&=\frac{1}{2}\int_{\Omega}(\sigma_{xx}\varepsilon_{xx}+\sigma_{yy}\varepsilon_{yy}+\tau_{xy}\gamma_{xy})\mathrm{d}\Omega-\int_{\Omega}(\bar{b}_x u+\bar{b}_y v)\mathrm{d}\Omega+\int_{S_p}(\bar{p}_x u+\bar{p}_y v)\mathrm{d}A\end{aligned} \tag{4.47}$$

实际上，虚功原理与最小势能原理是等价的。

(5) 结构分析中的受力状态诊断（强度准则）

实际的工程设计往往需要进行多次的力学分析、优化修改才能完成。强度准则在整个设计过程中具有重要的作用，它是判断受力状态是否满足需要的主要依据。对于不同的材料，由于它的承载破坏的机理不同，需要采用针对性的强度判断准则。一个具体问题到底应采用何种准则，应根据材料的受力状态、环境要求、设计要求来判断，甚至还需要通过一系列的实际状况的实验来确定。

① 最大拉应力准则：若材料发生脆性断裂失效，其原因是材料内所承受的最大拉应力达到了所能承受的极限。

已知危险点的应力状态 σ_{ij}，首先通过斜面分解方法求出最大的拉应力 σ_1（实际上就是第一主应力）和所在面的主方向，然后进行应力失效校核与判断

$$\sigma_1 \leqslant [\sigma] \tag{4.48}$$

式中，$[\sigma]$ 为材料的许用应力，由材料的单向拉伸试验和安全系数确定，即 $[\sigma]=\frac{\sigma_s}{n}$，其中 σ_s 为单向拉伸试验得到的屈服应力，n 为安全系数。

② 最大剪应力准则：若材料发生屈服，其原因是材料内所承受的最大剪应力达到所能承受的极限。

已知危险点的应力状态 σ_{ij}，首先通过斜面分解方法求出最大的剪应力 $\tau_{\max}$

$$\tau_{\max}=\frac{\sigma_1-\sigma_2}{2} \tag{4.49}$$

然后进行剪应力失效校核和判断

$$\tau_{max} \leqslant [\tau] \tag{4.50}$$

其中，$[\tau]$ 为材料的许用剪应力，由材料的单向拉伸试验和安全系数确定。对于材料的单向拉伸试验，有 $\sigma_3=0$，因此

$$[\tau]=\frac{[\sigma]}{2} \tag{4.51}$$

将式（4.48）和式（4.50）代入式（4.49）中，有以主应力形式来表达的最大剪应力准则

$$\sigma_1-\sigma_3 \leqslant [\sigma] \tag{4.52}$$

③ 最大畸变能准则：若材料发生屈服或剪断，其原因是材料内的畸变能密度达到所能承受的极限。

已知危险点的应力状态 σ_{ij}，按下式计算该点的畸变应变能密度

$$U'_d=\frac{1+\mu}{6E}[(\sigma_1-\sigma_2)^2+(\sigma_2-\sigma_3)^2+(\sigma_1-\sigma_3)^2] \tag{4.53}$$

然后进行畸变应变能密度校核与判断

$$U'_d \leqslant [U'_d] \tag{4.54}$$

其中，$[U'_d]$ 为材料的临界畸变应变能密度，由材料的单向拉伸试验和安全系数确定。对于材料的单向拉伸试验，有 $\sigma_2=0$、$\sigma_3=0$，因此，由式（4.52），有 $[U'_d]=\frac{1+\mu}{3E}[\sigma]^2$，将该关系以及式（4.52）代入式（4.53）中，有以主应力形式来表达的最大畸变能准则

$$\sqrt{\frac{1}{2}[(\sigma_1-\sigma_2)^2+(\sigma_2-\sigma_3)^2+(\sigma_1-\sigma_3)^2]} \leqslant [\sigma] \tag{4.55}$$

或写成更一般的形式

$$\sqrt{\frac{1}{2}[(\sigma_{xx}-\sigma_{yy})^2+(\sigma_{yy}-\sigma_{zz})^2+(\sigma_{xx}-\sigma_{zz})^2+6(\tau_{xy}^2+\tau_{yz}^2+\tau_{xz}^2)]} \leqslant [\sigma] \tag{4.56}$$

若定义

$$\begin{aligned}\sigma_{eq}&=\sqrt{\frac{1}{2}[(\sigma_1-\sigma_2)^2+(\sigma_2-\sigma_3)^2+(\sigma_1-\sigma_3)^2]}\\&=\sqrt{\frac{1}{2}[(\sigma_{xx}-\sigma_{yy})^2+(\sigma_{yy}-\sigma_{zz})^2+(\sigma_{xx}-\sigma_{zz})^2+6(\tau_{xy}^2+\tau_{yz}^2+\tau_{xz}^2)]}\end{aligned} \tag{4.57}$$

则称 σ_{eq} 为 Mises 等效应力，也叫作应力强度，由上式可以看出，该等效应力反映了材料受力变形的畸变能的平方根。

4.2.3 平面问题有限元分析的标准化表征

4.2.3.1 平面问题的 3 节点三角形单元描述

平面问题 3 节点单元具有几何特征简单、描述能力强的特点，是平面问题有限元分

析中最基础的单元，也是最重要的单元之一。

(1) 单元的几何和节点描述

3 节点三角形单元如图 4.12 所示。3 个节点的编号为 1、2、3，各自的位置坐标为 (x_i, y_i) $(i=1, 2, 3)$，各个节点的位移（分别沿 x 方向和 y 方向）为 (u_i, v_i) $(i=1, 2, 3)$。

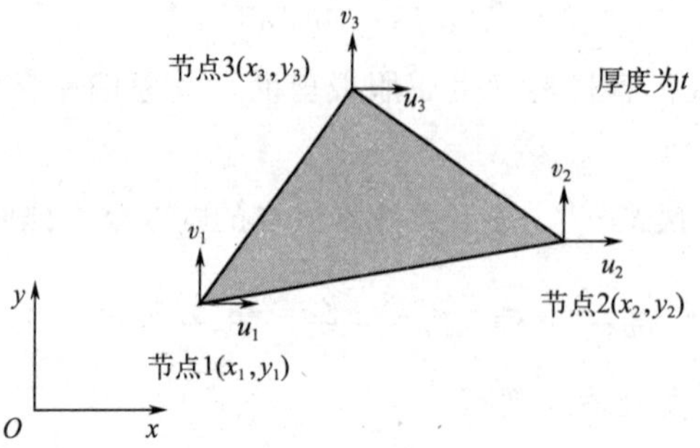

图 4.12　平面 3 节点三角形单元

该单元共有 6 个节点位移自由度。将所有节点上的位移组成一个列阵，记作 $\boldsymbol{q}^e$；同样，将所有节点上的各个力也组成一个列阵，记作 $\boldsymbol{P}^e$，那么

$$\underset{(6\times1)}{\boldsymbol{q}^e} = \begin{bmatrix} u_1 & v_1 & u_2 & v_2 & u_3 & v_3 \end{bmatrix}^{\mathrm{T}} \tag{4.58}$$

$$\underset{(6\times1)}{\boldsymbol{P}^e} = \begin{bmatrix} P_{x_1} & P_{y_1} & P_{x_2} & P_{y_2} & P_{x_3} & P_{y_3} \end{bmatrix}^{\mathrm{T}} \tag{4.59}$$

若该单元承受分布外载，可以将其等效到节点上，即也可以表示为节点力。利用函数插值、几何方程、物理方程以及势能计算公式，可以将单元的所有力学参量用节点位移列阵 $\boldsymbol{q}^e$ 及相关的插值函数来表示。

(2) 单元位移场的表达

对于平面 3 节点三角形单元，每一个节点有两个位移，因此共有 6 个节点位移，考虑到简单性、完备性、连续性及待定系数的唯一确定性原则，分别选取单元中各个方向的位移模式为

$$\left.\begin{aligned} u(x, y) &= \bar{a}_0 + \bar{a}_1 x + \bar{a}_2 y \\ v(x, y) &= \bar{b}_0 + \bar{b}_1 x + \bar{b}_2 y \end{aligned}\right\} \tag{4.60}$$

由节点条件，在 $(x=x_i, y=y_i)$ 处，有

$$\left.\begin{aligned} u(x_i, y_i) &= u_i \\ v(x_i, y_i) &= v_i \end{aligned}\right\} i=1, 2, 3 \tag{4.61}$$

将式 (4.61) 代入节点条件式 (4.59) 中，可求解出式 (4.60) 中的待定系数，即

$$\bar{a}_0 = \frac{1}{2A}\begin{vmatrix} u_1 & x_1 & y_1 \\ u_2 & x_2 & y_2 \\ u_3 & x_3 & y_3 \end{vmatrix} = \frac{1}{2A}(a_1 u_1 + a_2 u_2 + a_3 u_3) \tag{4.62}$$

$$\bar{a}_1=\frac{1}{2A}\begin{vmatrix}1 & x_1 & y_1\\ 1 & x_2 & y_2\\ 1 & x_3 & y_3\end{vmatrix}=\frac{1}{2A}(b_1u_1+b_2u_2+b_3u_3) \tag{4.63}$$

$$\bar{a}_2=\frac{1}{2A}\begin{vmatrix}1 & x_1 & u_1\\ 1 & x_2 & u_2\\ 1 & x_3 & u_3\end{vmatrix}=\frac{1}{2A}(c_1u_1+c_2u_2+c_3u_3) \tag{4.64}$$

$$\bar{b}_0=\frac{1}{2A}(a_1v_1+a_2v_2+a_3v_3) \tag{4.65}$$

$$\bar{b}_1=\frac{1}{2A}(b_1v_1+b_2v_2+b_3v_3) \tag{4.66}$$

$$\bar{b}_2=\frac{1}{2A}(c_1v_1+c_2v_2+c_3v_3) \tag{4.67}$$

在式（4.62）～式（4.67）中

$$A=\frac{1}{2}\begin{vmatrix}1 & x_1 & y_1\\ 1 & x_2 & y_2\\ 1 & x_3 & y_3\end{vmatrix}=\frac{1}{2}(a_1+a_2+a_3)=\frac{1}{2}(b_1c_2-b_2c_1) \tag{4.68}$$

$$\left.\begin{aligned}a_1&=\begin{vmatrix}x_2 & y_2\\ x_3 & y_3\end{vmatrix}=x_2y_3-x_3y_2\\ b_1&=-\begin{vmatrix}1 & y_2\\ 1 & y_3\end{vmatrix}=y_2-y_3\\ c_1&=\begin{vmatrix}1 & x_2\\ 1 & x_3\end{vmatrix}=-x_2+x_3\end{aligned}\right\}\quad (1,\ 2,\ 3) \tag{4.69}$$

上式中的符号（1，2，3）表示下标轮换，如 1→2、2→3、3→1 同时更换。

将系数式（4.62）～式（4.68）代入式（4.69）中，重写位移函数，并以节点位移的形式进行表示，有

$$u(x,\ y)=N_1(x,\ y)u_1+N_2(x,\ y)u_2+N_3(x,\ y)u_3 \tag{4.70}$$

$$v(x,\ y)=N_1(x,\ y)v_1+N_2(x,\ y)v_2+N_3(x,\ y)v_3 \tag{4.71}$$

写成矩阵形式，有

$$\underset{(2\times1)}{\boldsymbol{u}}(x,\ y)=\begin{bmatrix}u(x,\ y)\\ v(x,\ y)\end{bmatrix}=\begin{bmatrix}N_1 & 0 & N_2 & 0 & N_3 & 0\\ 0 & N_1 & 0 & N_2 & 0 & N_3\end{bmatrix}\begin{bmatrix}u_1\\ v_1\\ u_2\\ v_2\\ u_3\\ v_3\end{bmatrix}=\underset{(2\times6)}{\boldsymbol{N}}(x,\ y)\underset{(6\times1)}{\boldsymbol{q}^{e}} \tag{4.72}$$

其中，**N**（x，y）为形状函数矩阵，即

$$\underset{(2\times6)}{\boldsymbol{N}}(x, y)=\begin{bmatrix} N_1 & 0 & N_2 & 0 & N_3 & 0 \\ 0 & N_1 & 0 & N_2 & 0 & N_3 \end{bmatrix} \tag{4.73}$$

而

$$N_i=\frac{1}{2A}(a_i+b_ix+c_iy), \quad i=1, 2, 3 \tag{4.74}$$

(3) 单元应变场的表达

由弹性力学平面问题的几何方程

$$\underset{(3\times1)}{\boldsymbol{\varepsilon}}(x, y)=\begin{bmatrix} \varepsilon_{xx} \\ \varepsilon_{yy} \\ \gamma_{xy} \end{bmatrix}=\begin{bmatrix} \dfrac{\partial u}{\partial x} \\ \dfrac{\partial v}{\partial y} \\ \dfrac{\partial u}{\partial y}+\dfrac{\partial v}{\partial x} \end{bmatrix}=\begin{bmatrix} \dfrac{\partial}{\partial x} & 0 \\ 0 & \dfrac{\partial}{\partial y} \\ \dfrac{\partial}{\partial y} & \dfrac{\partial}{\partial x} \end{bmatrix}\begin{bmatrix} u(x, y) \\ v(x, y) \end{bmatrix}=\underset{(3\times2)}{\boldsymbol{\partial}}\underset{(2\times1)}{\boldsymbol{u}} \tag{4.75}$$

其中，$\boldsymbol{\partial}$ 为几何方程的算子矩阵，即

$$\boldsymbol{\partial}=\begin{bmatrix} \dfrac{\partial}{\partial x} & 0 \\ 0 & \dfrac{\partial}{\partial y} \\ \dfrac{\partial}{\partial y} & \dfrac{\partial}{\partial x} \end{bmatrix} \tag{4.76}$$

将式（4.72）代入式（4.75）中，有

$$\underset{(3\times1)}{\boldsymbol{\varepsilon}}(x, y)=\underset{(3\times2)}{\boldsymbol{\partial}}\underset{(2\times6)}{\boldsymbol{N}}(x, y)\underset{(6\times1)}{\boldsymbol{q}^{e}}=\underset{(3\times6)}{\boldsymbol{B}}(x, y)\underset{(6\times1)}{\boldsymbol{q}^{e}} \tag{4.77}$$

其中几何矩阵 $\boldsymbol{B}(x, y)$ 为

$$\underset{(3\times6)}{\boldsymbol{B}}(x, y)=\underset{(3\times2)}{\boldsymbol{\partial}}\underset{(2\times6)}{\boldsymbol{N}}=\begin{bmatrix} \dfrac{\partial}{\partial x} & 0 \\ 0 & \dfrac{\partial}{\partial y} \\ \dfrac{\partial}{\partial y} & \dfrac{\partial}{\partial x} \end{bmatrix}\begin{bmatrix} N_1 & 0 & N_2 & 0 & N_3 & 0 \\ 0 & N_1 & 0 & N_2 & 0 & N_3 \end{bmatrix} \tag{4.78}$$

将式（4.73）代入上式，有

$$\underset{(3\times6)}{\boldsymbol{B}}(x, y)=\frac{1}{2A}\begin{bmatrix} b_1 & 0 & b_2 & 0 & b_3 & 0 \\ 0 & c_1 & 0 & c_2 & 0 & c_3 \\ c_1 & b_1 & c_2 & b_2 & c_3 & b_3 \end{bmatrix}=\begin{bmatrix} \underset{(3\times2)}{\boldsymbol{B}_1} & \underset{(3\times2)}{\boldsymbol{B}_2} & \underset{(3\times2)}{\boldsymbol{B}_3} \end{bmatrix} \tag{4.79}$$

其中

$$\underset{(3\times2)}{\boldsymbol{B}_i}=\frac{1}{2A}\begin{bmatrix} b_i & 0 \\ 0 & c_i \\ c_i & b_i \end{bmatrix}, \quad i=1, 2, 3 \tag{4.80}$$

(4) 单元应力场的表达

由弹性力学中平面问题的物理方程，将其写成矩阵形式

$$\underset{(3\times1)}{\boldsymbol{\sigma}}(x, y, z)\begin{bmatrix}\sigma_{xx}\\ \sigma_{yy}\\ \tau_{xy}\end{bmatrix}=\frac{E}{1-\mu^2}\begin{bmatrix}1 & \mu & 0\\ \mu & 1 & 0\\ 0 & 0 & \dfrac{1-\mu}{2}\end{bmatrix}\begin{bmatrix}\varepsilon_{xx}\\ \varepsilon_{yy}\\ \gamma_{xy}\end{bmatrix}=\underset{(3\times3)}{\boldsymbol{D}}\ \underset{(3\times1)}{\boldsymbol{\varepsilon}} \tag{4.81}$$

其中，平面应力问题的弹性系数矩阵 $\boldsymbol{D}$ 为

$$\underset{(3\times3)}{\boldsymbol{D}}=\frac{E}{1-\mu^2}\begin{bmatrix}1 & \mu & 0\\ \mu & 1 & 0\\ 0 & 0 & \dfrac{1-\mu}{2}\end{bmatrix} \tag{4.82}$$

若为平面应变问题，则将上式中的系数（E，μ）换成平面应变问题的系数 $\left(\dfrac{E}{1-\mu^2}, \dfrac{\mu}{1-\mu}\right)$ 即可，将式（4.77）代入式（4.81）中，有

$$\underset{(3\times1)}{\boldsymbol{\sigma}}=\underset{(3\times3)}{\boldsymbol{D}}\ \underset{(3\times6)}{\boldsymbol{B}}\ \underset{(6\times1)}{\boldsymbol{q}^{\mathrm{e}}}=\underset{(3\times6)}{\boldsymbol{S}}\ \underset{(6\times1)}{\boldsymbol{q}^{\mathrm{e}}} \tag{4.83}$$

其中，应力函数矩阵为 $\underset{(3\times6)}{\boldsymbol{S}}=\underset{(3\times3)}{\boldsymbol{D}}\ \underset{(3\times6)}{\boldsymbol{B}}$。

(5) 单元势能的表达

以上已将单元的三大基本变量（$\boldsymbol{u}$，$\boldsymbol{\varepsilon}$，$\boldsymbol{\sigma}$）用基于节点位移的列阵 $\boldsymbol{q}^{\mathrm{e}}$ 来进行表达，见式（4.72）、式（4.77）及式（4.83）；将其代入单元的势能表达式（4.47）中，有

$$\begin{aligned}\Pi^{\mathrm{e}}&=\frac{1}{2}\int_{\Omega^{\mathrm{e}}}\boldsymbol{\sigma}^{\mathrm{T}}\boldsymbol{\varepsilon}\,\mathrm{d}\Omega-\left(\int_{\Omega^{\mathrm{e}}}\bar{\boldsymbol{b}}^{\mathrm{T}}\boldsymbol{u}\,\mathrm{d}\Omega+\int_{S_p^{\mathrm{e}}}\bar{\boldsymbol{p}}^{\mathrm{T}}\boldsymbol{u}\,\mathrm{d}A\right)\\ &=\frac{1}{2}\boldsymbol{q}^{\mathrm{eT}}\left(\int_{\Omega^{\mathrm{e}}}\boldsymbol{B}^{\mathrm{T}}\boldsymbol{D}\boldsymbol{B}\,\mathrm{d}\Omega\right)\boldsymbol{q}^{\mathrm{e}}-\left(\int_{\Omega^{\mathrm{e}}}\boldsymbol{N}^{\mathrm{T}}\bar{\boldsymbol{b}}\,\mathrm{d}\Omega+\int_{S_p^{\mathrm{e}}}\boldsymbol{N}^{\mathrm{T}}\bar{\boldsymbol{p}}\,\mathrm{d}A\right)^{\mathrm{T}}\boldsymbol{q}^{\mathrm{e}}\\ &=\frac{1}{2}\boldsymbol{q}^{\mathrm{eT}}\boldsymbol{K}^{\mathrm{e}}\boldsymbol{q}^{\mathrm{e}}-\boldsymbol{P}^{\mathrm{eT}}\boldsymbol{q}^{\mathrm{e}}\end{aligned} \tag{4.84}$$

其中，$\boldsymbol{K}^{\mathrm{e}}$ 是单元刚度矩阵，即

$$\underset{(6\times6)}{\boldsymbol{K}^{\mathrm{e}}}=\int_{\Omega^{\mathrm{e}}}\underset{(6\times3)}{\boldsymbol{B}^{\mathrm{T}}}\ \underset{(3\times3)}{\boldsymbol{D}}\ \underset{(3\times6)}{\boldsymbol{B}}\,\mathrm{d}\Omega=\int_{A^{\mathrm{e}}}\boldsymbol{B}^{\mathrm{T}}\boldsymbol{D}\boldsymbol{B}\,\mathrm{d}A\times t \tag{4.85}$$

式中，t 为平面问题的厚度。由式（4.79）可知，这时 $\boldsymbol{B}$ 矩阵为常系数矩阵，因此上式可以写成

$$\underset{(6\times6)}{\boldsymbol{K}^{\mathrm{e}}}=\underset{(6\times3)}{\boldsymbol{B}^{\mathrm{T}}}\ \underset{(3\times3)}{\boldsymbol{D}}\ \underset{(3\times6)}{\boldsymbol{B}}\,tA=\begin{bmatrix}\boldsymbol{k}_{11} & \boldsymbol{k}_{12} & \boldsymbol{k}_{13}\\ \boldsymbol{k}_{21} & \boldsymbol{k}_{22} & \boldsymbol{k}_{23}\\ \boldsymbol{k}_{31} & \boldsymbol{k}_{32} & \boldsymbol{k}_{33}\end{bmatrix} \tag{4.86}$$

其中的各个子块矩阵为

$$\underset{(2\times2)}{\boldsymbol{k}_{rs}}=\boldsymbol{B}_r^{\mathrm{T}}\boldsymbol{D}\boldsymbol{B}_s tA=\frac{Et}{4(1-\mu^2)A}\begin{bmatrix}k_1 & k_3\\ k_2 & k_4\end{bmatrix},\quad r, s=1, 2, 3 \tag{4.87}$$

其中

$$k_1 = b_r b_s + \frac{1-\mu}{2} c_r c_s$$

$$k_2 = \mu c_r b_s + \frac{1-\mu}{2} b_r c_s$$

$$k_3 = \mu c_r b_s + \frac{1-\mu}{2} c_r b_s$$

$$k_4 = c_r c_s + \frac{1-\mu}{2} b_r b_s$$

而式（4.59）中的 $\boldsymbol{P}^{\mathrm{e}}$ 为单元节点等效载荷，即

$$\begin{aligned}\underset{(6\times1)}{\boldsymbol{P}^{\mathrm{e}}} &= \int_{\Omega^{\mathrm{e}}} \boldsymbol{N}^{\mathrm{T}} \bar{\boldsymbol{b}} \, \mathrm{d}\Omega + \int_{S_p^{\mathrm{e}}} \boldsymbol{N}^{\mathrm{T}} \bar{\boldsymbol{p}} \, \mathrm{d}A \\ &= \int_{A^{\mathrm{e}}} \underset{(6\times2)}{\boldsymbol{N}^{\mathrm{T}}} \underset{(2\times1)}{\bar{\boldsymbol{b}}} \, t \, \mathrm{d}A + \int_{l_p^{\mathrm{e}}} \underset{(6\times2)}{\boldsymbol{N}^{\mathrm{T}}} \underset{(2\times1)}{\bar{\boldsymbol{b}}} \, t \, \mathrm{d}l \end{aligned} \tag{4.88}$$

其中，l_p^{e} 为单元上作用有外载荷的边；$\int \mathrm{d}l$ 为线积分。

（6）单元的刚度方程

将单元的势能式（4.80）对节点位移 $\boldsymbol{q}^{\mathrm{e}}$ 取一阶极值，可得到单元的刚度方程

$$\underset{(6\times6)}{\boldsymbol{K}^{\mathrm{e}}} \underset{(6\times1)}{\boldsymbol{q}^{\mathrm{e}}} = \underset{(6\times1)}{\boldsymbol{P}^{\mathrm{e}}} \tag{4.89}$$

单元在承受非节点载荷时，如在边线上承受一个分布载荷，这时应根据外力功的计算公式来获得节点载荷的等效值，常见的平面问题 3 节点三角形单元的节点等效外载荷列阵如表 4.3 所示。

表 4.3　平面 3 节点三角形单元常用的等效节点外载列阵

外载状况	图示	节点等效外载列阵
单元自重	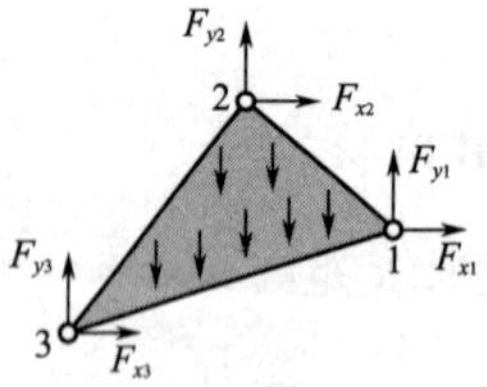	$\boldsymbol{F}^{\mathrm{e}} = [F_{x1} \quad F_{y1} \quad F_{x2} \quad F_{y2} \quad F_{x3} \quad F_{y3}]^{\mathrm{T}}$ $= -\frac{1}{3}\rho_0 A^{\mathrm{e}} t [0 \quad 1 \quad 0 \quad 1 \quad 0 \quad 1]^{\mathrm{T}}$ （ρ_0 为密度，A^{e} 为单元面积，t 为厚度）
均布侧压	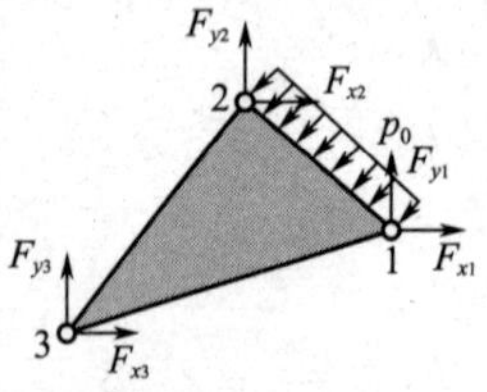	$\boldsymbol{F}^{\mathrm{e}} = [F_{x1} \quad F_{y1} \quad F_{x2} \quad F_{y2} \quad F_{x3} \quad F_{y3}]^{\mathrm{T}}$ $= \frac{1}{2}\rho_0 t [(y_1 - y_2) \quad (x_2 - x_1) \quad (y_1 - y_2) \quad (x_2 - x_1) \quad 0 \quad 0]^{\mathrm{T}}$ （t 为厚度）

外载状况	图示	节点等效外载列阵
x 方向受均布侧压	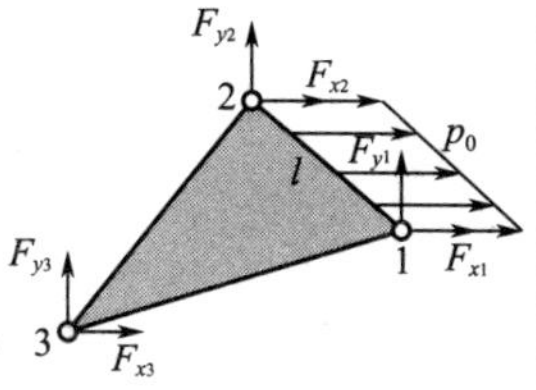	$\boldsymbol{F}^e=[F_{x1}\quad F_{y1}\quad F_{x2}\quad F_{y2}\quad F_{x3}\quad F_{y3}]^T$ $=\frac{1}{2}\rho_0 lt[1\quad 0\quad 1\quad 0\quad 0\quad 0]^T$ （t 为厚度）
x 方向受三角形分布载荷	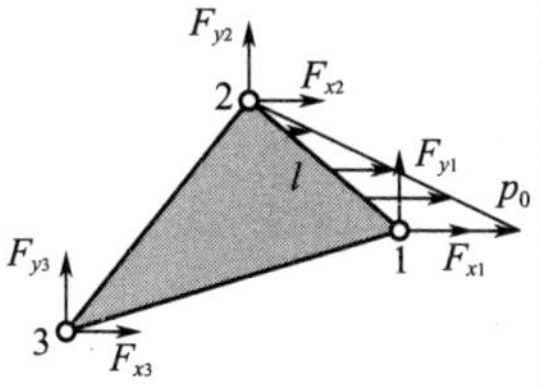	$\boldsymbol{F}^e=[F_{x1}\quad F_{y1}\quad F_{x2}\quad F_{y2}\quad F_{x3}\quad F_{y3}]^T$ $=\frac{1}{2}\rho_0 lt[\frac{2}{3}\quad 0\quad \frac{1}{3}\quad 0\quad 0\quad 0]^T$ （t 为厚度）

4.2.3.2 平面 3 节点三角形单元的位移坐标变换问题

由于该单元的节点位移是以整体坐标系中的 x 方向位移 u 和 y 方向位移 v 来定义的，所以没有坐标变换问题。

4.2.3.3 平面 3 节点三角形单元的常系数应变和应力

由于该单元的位移场为线性关系式（4.60），由式（4.68）可知，系数 a_i、b_i、c_i 只与三个节点的坐标位置（x_i，y_i）相关，是常系数，因而求出的单元的 $\boldsymbol{B}$（x，y）和 $\boldsymbol{S}$（x，y）都为常系数矩阵，不随 x、y 变化，由式（4.77）和式（4.83）可知，单元内任意一点的应变和应力都为常数，因此，3 节点三角形单元称为常应变 CST 单元。在实际使用过程中，对于应变梯度较大的区域，单元划分应适当加密，否则将不能反映应变的真实变化情况，从而导致较大的误差。

4.2.3.4 平面问题的 4 节点矩形单元描述

矩形单元由于形状简单和规范将作为“基准”单元进行研究，在实际的应用中，可以根据真实情况将矩形单元“映射”为所需要的任意四边形单元。

（1）单元的几何和节点描述

平面 4 节点矩形单元如图 4.13 所示，单元的节点位移共有 8 个自由度。节点的编号分别为 1、2、3、4，各自的位置坐标为（x_i，y_i）（$i=1$，2，3，4），各个节点的位移分别沿 x 方向和 y 方向，表示为（u_i，v_i）（$i=1$，2，3，4）。

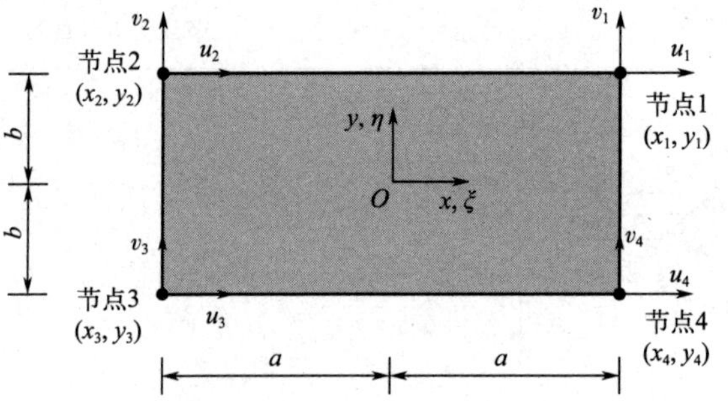

图 4.13 平面 4 节点矩形单元

若采用无量纲坐标

$$\xi=\frac{x}{a},\ \eta=\frac{y}{b} \tag{4.90}$$

则单元 4 个节点的几何位置为

$$\left.\begin{array}{l}\xi_1=1,\ \eta_1=1\\ \xi_2=-1,\ \eta_2=1\\ \xi_3=-1,\ \eta_3=-1\\ \xi_4=1,\ \eta_4=-1\end{array}\right\} \tag{4.91}$$

将所有节点上的位移组成一个列阵，记作 $\boldsymbol{q}^{\mathrm{e}}$。同样，将所有节点上的各个力也组成一个列阵，记作 $\boldsymbol{P}^{\mathrm{e}}$，那么

$$\underset{(8\times1)}{\boldsymbol{q}^{\mathrm{e}}}=\begin{bmatrix}u_1 & v_1 & u_2 & v_2 & u_3 & v_3 & u_4 & v_4\end{bmatrix}^{\mathrm{T}} \tag{4.92}$$

$$\underset{(8\times1)}{\boldsymbol{P}^{\mathrm{e}}}=\begin{bmatrix}P_{x_1} & P_{y_1} & P_{x_2} & P_{y_2} & P_{x_3} & P_{y_3} & P_{x_4} & P_{y_4}\end{bmatrix}^{\mathrm{T}} \tag{4.93}$$

若该单元承受分布外载，可以将其等效到节点上，也可以表示为如式（4.93）所示的节点力。利用函数插值、几何方程、物理方程以及势能计算公式，可以将单元的所有力学参量用节点位移列阵 $\boldsymbol{q}^{\mathrm{e}}$ 及相关的插值函数来表示。下面进行具体的推导。

(2) 单元位移场的表达

从图 4.13 可以看出，节点条件共有 8 个，即 x 方向 4 个（u_1，u_2，u_3，u_4），y 方向 4 个（v_1，v_2，v_3，v_4），因此，x 和 y 方向的位移场可以各有 4 个待定系数，即取以下多项式作为单元的位移场模式

$$\left.\begin{array}{l}u(x,\ y)=a_0+a_1x+a_2y+a_3xy\\ v(x,\ y)=b_0+b_1x+b_2y+b_3xy\end{array}\right\} \tag{4.94}$$

它们是具有完全一次项的非完全二次项，以上两式中右端的第四项是考虑到 x 方向和 y 方向的对称性而取的，除此外 xy 项还有个重要特点，就是“双线性”，当 x 或 y 不变时，沿 y 或 x 方向位移函数呈线性变化，这与前面的线性项最为相似，而 x^2 或 y^2 项是二次曲线变化的，因此，未选 x^2 或 y^2 项。

由节点条件，在 $x=x_i$、$y=y_i$ 处，有

$$\left.\begin{aligned} u(x_i, y_i) &= u_i \\ v(x_i, y_i) &= v_i \end{aligned}\right\} i=1, 2, 3, 4 \tag{4.95}$$

将式（4.94）代入式（4.95）中，可以求解出待定系数 a_0，…，a_3 和 b_0，…，b_3，然后再代回式（4.94）中，经整理后有

$$\left.\begin{aligned} u(x, y) &= N_1(x, y)u_1 + N_2(x, y)u_2 + N_3(x, y)u_3 + N_4(x, y)u_4 \\ v(x, y) &= N_1(x, y)v_1 + N_2(x, y)v_2 + N_3(x, y)v_3 + N_4(x, y)v_4 \end{aligned}\right\} \tag{4.96}$$

其中

$$\left.\begin{aligned} N_1(x, y) &= \frac{1}{4}\left(1+\frac{x}{a}\right)\left(1+\frac{y}{b}\right) \\ N_2(x, y) &= \frac{1}{4}\left(1-\frac{x}{a}\right)\left(1+\frac{y}{b}\right) \\ N_3(x, y) &= \frac{1}{4}\left(1-\frac{x}{a}\right)\left(1-\frac{y}{b}\right) \\ N_4(x, y) &= \frac{1}{4}\left(1+\frac{x}{a}\right)\left(1-\frac{y}{b}\right) \end{aligned}\right\} \tag{4.97}$$

如以无量纲坐标系式（4.90）来表达，式（4.97）可以写成

$$N_i = \frac{1}{4}(1+\xi_i\xi)(1+\eta_i\eta) i=1, 2, 3, 4 \tag{4.98}$$

将式（4.95）写成矩阵形式，有

$$\underset{(2\times1)}{\boldsymbol{u}^{e}}(x, y)\begin{bmatrix} u(x, y) \\ v(x, y) \end{bmatrix} = \begin{bmatrix} N_1 & 0 & N_2 & 0 & N_3 & 0 & N_4 & 0 \\ 0 & N_1 & 0 & N_2 & 0 & N_3 & 0 & N_4 \end{bmatrix} \begin{bmatrix} u_1 \\ v_1 \\ u_2 \\ v_2 \\ u_3 \\ v_3 \\ u_4 \\ v_4 \end{bmatrix} = \underset{(2\times8)}{\boldsymbol{N}}\ \underset{(8\times1)}{\boldsymbol{q}^{e}} \tag{4.99}$$

其中，**N**（x，y）为该单元的形状函数矩阵。

(3) 单元应变场的表达

由弹性力学平面问题的几何方程，有单元应变的表达

$$\underset{(3\times1)}{\boldsymbol{\varepsilon}}(x, y) = \begin{bmatrix} \varepsilon_{xx} \\ \varepsilon_{yy} \\ \gamma_{xy} \end{bmatrix} = \underset{(3\times2)}{\boldsymbol{\partial}}\ \underset{(2\times1)}{\boldsymbol{u}} = \underset{(3\times2)}{\boldsymbol{\partial}}\ \underset{(2\times8)}{\boldsymbol{N}}\ \underset{(8\times1)}{\boldsymbol{q}^{e}} = \underset{(3\times8)}{\boldsymbol{B}}\ \underset{(8\times1)}{\boldsymbol{q}^{e}} \tag{4.100}$$

其中，几何矩阵 **B**（x，y）为

$$\underset{(3\times8)}{\boldsymbol{B}^{e}}(x,y)=\underset{(3\times2)}{\boldsymbol{\partial}}\underset{(2\times8)}{\boldsymbol{N}}\begin{bmatrix}\frac{\partial}{\partial x} & 0\\ 0 & \frac{\partial}{\partial y}\\ \frac{\partial}{\partial y} & \frac{\partial}{\partial x}\end{bmatrix}\begin{bmatrix}N_1 & 0 & N_2 & 0 & N_3 & 0 & N_4 & 0\\ 0 & N_1 & 0 & N_2 & 0 & N_3 & 0 & N_4\end{bmatrix}$$

$$=\begin{bmatrix}\underset{(3\times2)}{\boldsymbol{B}_1} & \underset{(3\times2)}{\boldsymbol{B}_2} & \underset{(3\times2)}{\boldsymbol{B}_3} & \underset{(3\times2)}{\boldsymbol{B}_4}\end{bmatrix} \tag{4.101}$$

式（4.101）中的子矩阵 $\boldsymbol{B}_i$ 为

$$\underset{(3\times2)}{\boldsymbol{B}_i}=\begin{bmatrix}\frac{\partial N_i}{\partial x} & 0\\ 0 & \frac{\partial N_i}{\partial y}\\ \frac{\partial N_i}{\partial y} & \frac{\partial N_i}{\partial x}\end{bmatrix},\ i=1,2,3,4 \tag{4.102}$$

(4) 单元应力场的表达

由弹性力学中平面问题的物理方程，可得到单元的应力表达式

$$\underset{(3\times1)}{\boldsymbol{\sigma}}=\underset{(3\times3)}{\boldsymbol{D}}\underset{(3\times1)}{\boldsymbol{\varepsilon}}=\underset{(3\times3)}{\boldsymbol{D}}\underset{(3\times8)}{\boldsymbol{B}}\underset{(8\times1)}{\boldsymbol{q}^{e}}=\underset{(3\times8)}{\boldsymbol{S}}\underset{(8\times1)}{\boldsymbol{q}^{e}} \tag{4.103}$$

其中，应力函数矩阵为 $\boldsymbol{S}=\boldsymbol{DB}$。

(5) 单元势能的表达

将以上单元的三大基本变量（$\boldsymbol{u}$，$\boldsymbol{\varepsilon}$，$\boldsymbol{\sigma}$）用基于节点位移的列阵 $\boldsymbol{q}^e$ 来进行表达，见式（4.99）、式（4.100）及式（4.103）；将其代入单元的势能表达式中，有 $\Pi^e=\frac{1}{2}\boldsymbol{q}^{eT}\boldsymbol{K}^e\boldsymbol{q}^e-\boldsymbol{P}^{eT}\boldsymbol{q}^e$，其中 $\boldsymbol{K}^e$ 是 4 节点矩形单元的刚度矩阵，即

$$\underset{(8\times8)}{\boldsymbol{K}^{e}}=\int_{A^e}\underset{(8\times3)}{\boldsymbol{B}^{T}}\underset{(3\times3)}{\boldsymbol{D}}\underset{(3\times8)}{\boldsymbol{B}}\,\mathrm{d}A\times t=\begin{bmatrix}k_{11} & & & \\ k_{21} & k_{22} & \text{sys} & \\ k_{31} & k_{32} & & \\ k_{41} & k_{42} & k_{43} & k_{44}\end{bmatrix} \tag{4.104}$$

其中 t 为平面问题的厚度，式（4.104）中的各个子块矩阵为

$$\underset{(2\times2)}{\boldsymbol{k}_{rs}}=\int_{A^e}\underset{(2\times3)}{\boldsymbol{B}_r^{T}}\underset{(3\times3)}{\boldsymbol{D}}\underset{(3\times2)}{\boldsymbol{B}_s}\,t\,\mathrm{d}x\,\mathrm{d}y,\quad r,s=1,2,3,4 \tag{4.105}$$

基于式（4.102），则可得到式（4.105）的具体表达为

$$\underset{(2\times2)}{\boldsymbol{k}_{rs}}=\frac{Et}{4(1-\mu^2)ab}\begin{bmatrix}k_1 & k_3\\ k_2 & k_4\end{bmatrix} \tag{4.106}$$

其中

$$k_1=b^2\xi_r\xi_s\left(1+\frac{1}{3}\eta_r\eta_s\right)+\frac{1-\mu}{2}a^2\eta_r\eta_s\left(1+\frac{1}{3}\xi_r\xi_s\right)$$

$$k_2 = ab\left(\mu\eta_r\xi_s + \frac{1-\mu}{2}\xi_r\eta_s\right)$$

$$k_3 = ab\left(\mu\xi_r\eta_s + \frac{1-\mu}{2}\eta_r\xi_s\right)$$

$$k_4 = a^2\eta_r\eta_s\left(1+\frac{1}{3}\eta_r\eta_s\right) + \frac{1-\mu}{2}b^2\xi_r\xi_s\left(1+\frac{1}{3}\eta_r\eta_s\right) \quad (r,\ s=1,\ 2,\ 3,\ 4)$$

则单元刚度矩阵为

$$\underset{(8\times 8)}{\boldsymbol{k}_{rs}} = \frac{Et}{ab(1-\mu^2)} \times$$

$$\begin{bmatrix}
\frac{1}{3}\left(b^2+\frac{1-\mu}{2}a^2\right) & \frac{ab}{8}(1+\mu) & -\frac{1}{3}\left(b^2-\frac{1-\mu}{4}a^2\right) & -\frac{ab}{8}(1-3\mu) & -\frac{1}{6}\left(b^2+\frac{1-\mu}{2}a^2\right) & -\frac{ab}{8}(1-3\mu) & \frac{1}{6}[b^2-(1-\mu)a^2] & \frac{ab}{8}(1-3\mu) \\
 & \frac{1}{3}\left(a^2+\frac{1-\mu}{2}b^2\right) & \frac{ab}{8}(1-3\mu) & \frac{1}{6}[a^2-(1-\mu)b^2] & -\frac{ab}{8}(1+\mu) & \frac{1}{6}\left[a^2+\frac{1-\mu}{2}b^2\right] & -\frac{ab}{8}(1-3\mu) & \frac{1}{3}\left(-a^2+\frac{1-\mu}{4}b^2\right) \\
 & & \frac{1}{3}\left(b^2+\frac{1-\mu}{2}a^2\right) & -\frac{ab}{8}(1+\mu) & \frac{1}{6}[b^2-(1-\mu)a^2] & -\frac{ab}{8}(1-3\mu) & \frac{1}{6}\left[b^2+\frac{1-\mu}{2}a^2\right] & \frac{ab}{8}(1+\mu) \\
 & & & \frac{1}{3}\left(a^2+\frac{1-\mu}{2}b^2\right) & \frac{ab}{8}(1-3\mu) & \frac{1}{3}\left[-a^2+\frac{1-\mu}{4}b^2\right] & \frac{ab}{8}(1+\mu) & -\frac{1}{6}\left[a^2+\frac{1-\mu}{2}b^2\right] \\
 & & & & \frac{1}{3}\left(b^2+\frac{1-\mu}{2}a^2\right) & \frac{ab}{8}(1+\mu) & \frac{1}{3}\left[-b^2+\frac{1-\mu}{4}a^2\right] & -\frac{ab}{8}(1-3\mu) \\
 & \text{sys} & & & & \frac{1}{3}\left(a^2+\frac{1-\mu}{2}b^2\right) & \frac{ab}{8}(1-3\mu) & \frac{1}{6}[a^2+(1-\mu)^2b^2] \\
 & & & & & & \frac{1}{3}\left(b^2+\frac{1-\mu}{2}a^2\right) & -\frac{ab}{8}(1+\mu) \\
 & & & & & & & \frac{1}{3}\left(a^2+\frac{1-\mu}{2}b^2\right)
\end{bmatrix} \tag{4.107}$$

将单元的势能对节点位移 $\boldsymbol{q}^e$ 取一阶极值，可得到单元的刚度方程

$$\underset{(8\times8)}{\boldsymbol{K}^e}\ \underset{(8\times1)}{\boldsymbol{q}^e}=\underset{(8\times1)}{\boldsymbol{P}^e} \tag{4.108}$$

4.2.3.5 节点矩形单元的线性应变和应力

由单元的位移表达式（4.94）可知，4 节点矩形单元的位移在 x、y 方向呈线性变化，所以称为双线性位移模式，正因为在单元的边界 $x=\pm a$ 和 $y=\pm b$ 上，位移是按线性变化的，且相邻单元公共节点上有共同的节点位移值，可保证两个相邻单元在其公共边界上的位移是连续的，所以这种单元的位移模式是完备和协调的，它的应变和应力为一次线性变化，因而比 3 节点常应变单元精度高。

例 4.4 三角形单元与矩形单元计算精度的比较。如图 4.14 所示的平面矩形结构，其 $E=1$，$t=1$，$\mu=0.25$，假设有约束和外载，即

$$\left.\begin{array}{l}\text{位多边界条件 BC}(u)\text{：}u_A=0,\ v_A=0,\ u_D=0\\ \text{力边界条件 BC}(p)\text{：}P_{Bx}=-1,\ P_{By}=0,\ P_{Cx}=1,\ P_{Dy}=0\end{array}\right\}$$

试在以下两种建模情形下求该系统的位移场、应变场、应力场、各个节点上的支座反力、系统的应变能、外力功、总势能。并比较这种建模方案的计算精度。

解：根据要求，可给出两种建模方案来进行对比。

建模方案①：使用两个 CST 三角形单元，

建模方案②：使用一个 4 节点矩形单元。

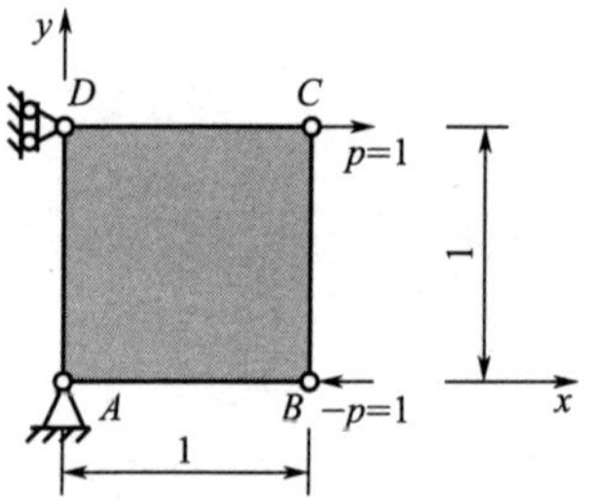

图 4.14 平面矩形结构的有限元分析

建模方案①和建模方案②的单元划分及节点情况如图 4.15 所示。

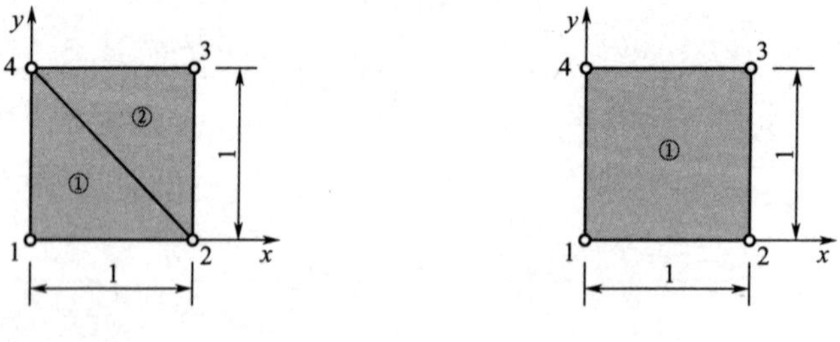

(a) 建模方案①：使用两个CST三角形单元　　(b) 建模方案②：使用一个4节点矩形单元

图 4.15 平面矩形结构的单元划分及节点编号

整体的节点位移列阵为

$$q = \begin{bmatrix} u_1 & v_1 & u_2 & v_2 & u_3 & v_3 & u_4 & v_4 \end{bmatrix}^T$$

(1) 建模方案①的有限元分析列式

根据式（4.86），分别计算出单元 1 和单元 2 的刚度矩阵为

$$K^{①} = \begin{bmatrix} \overset{u_1}{\downarrow} & \overset{v_1}{\downarrow} & \overset{u_2}{\downarrow} & \overset{v_2}{\downarrow} & \overset{u_4}{\downarrow} & \overset{v_4}{\downarrow} \\ 0.7333 & 0.3333 & -0.5333 & -0.2000 & -0.2000 & -0.1333 \\ 0.3333 & 0.7333 & -0.1333 & -0.2000 & -0.2000 & -0.5333 \\ -0.5333 & 0.1333 & 0.5333 & 0 & 0 & 0.1333 \\ -0.2000 & -0.2000 & 0 & 0.2000 & 0.2000 & 0 \\ -0.2000 & -0.2000 & 0 & 0.2000 & 0.2000 & 0 \\ -0.1333 & -0.5333 & 0.1333 & 0 & 0 & 0.5333 \end{bmatrix} \begin{matrix} \leftarrow u_1 \\ \leftarrow v_1 \\ \leftarrow u_2 \\ \leftarrow v_2 \\ \leftarrow u_4 \\ \leftarrow v_4 \end{matrix}$$

$K^{②}$ 的数值与 $K^{①}$ 相同，但所对应的节点位移为 $q^{(2)} = \begin{bmatrix} u_3 & v_3 & u_4 & v_4 & u_2 & v_2 \end{bmatrix}^T$，将两个单元按节点位移所对应的位置进行组装，得到总刚度矩阵为

$$K = K^{①} + K^{②}$$

$$= \begin{bmatrix} 0.7333 & 0.3333 & -0.5333 & -0.2 & 0 & 0 & -0.2 & -0.1333 \\ 0.3333 & 0.7333 & -0.1333 & -0.2 & 0 & 0 & -0.2 & -0.5333 \\ -0.5333 & -0.1333 & 0.7333 & 0 & -0.2 & -0.2 & 0 & 0.3333 \\ -0.2 & -0.2 & 0 & 0.7333 & -0.1333 & -0.5333 & 0.3333 & 0 \\ 0 & 0 & -0.2 & -0.1333 & 0.7333 & 0.3333 & -0.5333 & -0.2 \\ 0 & 0 & -0.2 & -0.5333 & 0.3333 & 0.7333 & -0.1333 & -0.2 \\ -0.2 & -0.2 & 0 & 0.3333 & -0.5333 & -0.1333 & 0.7333 & 0 \\ -0.1333 & -0.5333 & 0.3333 & 0 & -0.2 & -0.2 & 0 & 0.7333 \end{bmatrix}$$

该系统的刚度方程为 $\underset{(8 \times 8)}{K^e} \underset{(8 \times 1)}{q^e} = \underset{(8 \times 1)}{P^e}$，其中 $q = \begin{bmatrix} u_1 & v_1 & u_2 & v_2 & u_3 & v_3 & u_4 & v_4 \end{bmatrix}^T$ 为节点位移，$P = \begin{bmatrix} R_{1x} & R_{1y} & P_{2x} & P_{2y} & P_{3x} & P_{3y} & R_{4x} & P_{4y} \end{bmatrix}^T$ 为节点力，R_{1x}、R_{1y}、R_{4x} 分别为节点 1 和节点 4 处的支座反力。由式（4.72）、式（4.77）以及式（4.81）计算各个单元的位移场、应变场、应力场。

$$u^{(1)} = \begin{bmatrix} u^{(1)} \\ v^{(1)} \end{bmatrix} = \begin{bmatrix} -1.71875x \\ -0.9375x + 0.78125y \end{bmatrix}$$

$$u^{(2)} = \begin{bmatrix} u^{(2)} \\ v^{(2)} \end{bmatrix} = \begin{bmatrix} 1.71875(x + 2y - 2) \\ 1.56425 - 2.5x - 0.783y \end{bmatrix}$$

$$\varepsilon^{(1)} = \begin{bmatrix} \varepsilon_x & \varepsilon_y & \gamma_{xy} \end{bmatrix}^T = \begin{bmatrix} -1.71875 & 0.78125 & -0.9375 \end{bmatrix}^T$$

$$\varepsilon^{(2)} = \begin{bmatrix} \varepsilon_x & \varepsilon_y & \gamma_{xy} \end{bmatrix}^T = \begin{bmatrix} 1.71875 & 0.783 & 0.9375 \end{bmatrix}^T$$

$$\sigma^{(1)} = \begin{bmatrix} \sigma_x & \sigma_y & \tau_{xy} \end{bmatrix}^T = \begin{bmatrix} 1.6922 & 0.3582 & 0.375 \end{bmatrix}^T$$

$$\sigma^{(2)} = \begin{bmatrix} \sigma_x & \sigma_y & \tau_{xy} \end{bmatrix}^T = \begin{bmatrix} 1.62453 & -0.37687 & 0.375 \end{bmatrix}^T$$

位移场、应变场及应力场的分布如图 4.16 所示。

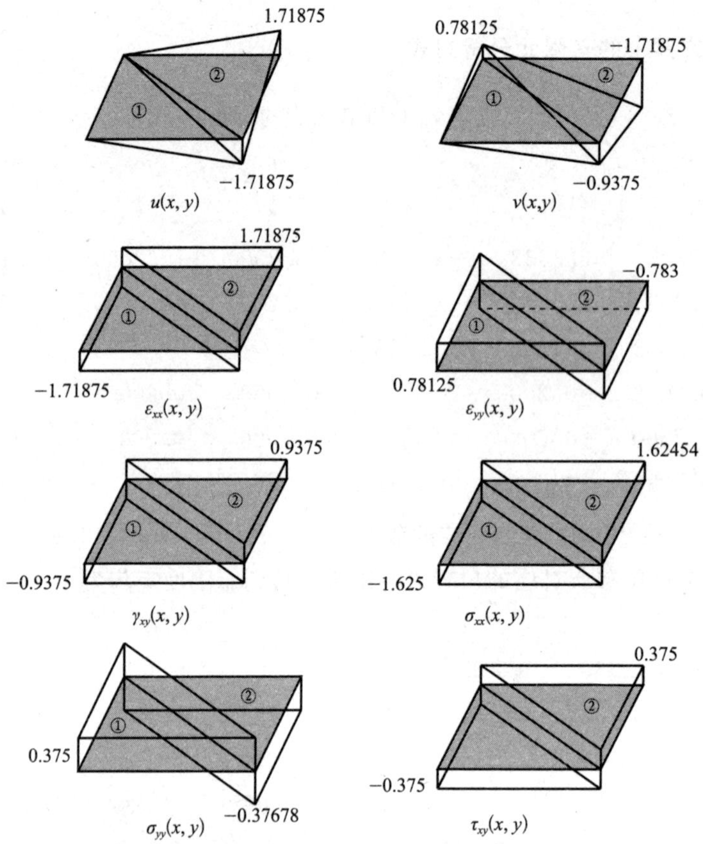

图 4.16　由建模方案 1 所得到的位移场、应变场及应力场分布

该系统的应变能、外力功及系统的总势能计算结果如下：

$$U=\frac{1}{2}\boldsymbol{q}^{\mathrm{T}}\boldsymbol{K}\boldsymbol{q}=1.71875,\quad W=\boldsymbol{P}^{\mathrm{T}}\boldsymbol{q}=3.4375,\quad \Pi=U-W=-1.71875$$

(2) 建模方案②的有限元分析列式

根据式（4.104），计算出该单元的刚度矩阵为

$$\boldsymbol{K}=$$

$$\begin{bmatrix}
0.4889 & 0.1667 & -0.2889 & -0.03333 & -0.2444 & -0.1667 & 0.04444 & 0.03333 \\
0.1667 & 0.4889 & 0.03333 & 0.04444 & -0.1667 & -0.2444 & -0.03333 & -0.2889 \\
-0.2889 & 0.03333 & 0.4889 & -0.1667 & 0.04444 & -0.03333 & -0.2444 & 0.1667 \\
0.03333 & 0.04444 & -0.1667 & 0.4889 & 0.03333 & -0.2889 & 0.1667 & -0.2444 \\
-0.2444 & 0.1667 & 0.04444 & 0.03333 & 0.4889 & 0.1667 & 0.2889 & -0.03333 \\
-0.1667 & -0.2444 & -0.03333 & -0.2889 & 0.1667 & 0.4889 & 0.0333 & 0.0444 \\
0.04444 & -0.03333 & 0.2444 & 0.1667 & -0.2889 & 0.03333 & 0.4889 & -0.1667 \\
0.03333 & -0.2889 & 0.1667 & -0.2444 & -0.03333 & 0.04444 & -0.1667 & 0.4889
\end{bmatrix}$$

由于该结构只有一个单元，因此，总的刚度矩阵就是该矩阵，该系统的刚度方程为

$$\underset{(8\times8)}{\boldsymbol{K}^{\mathrm{e}}}\ \underset{(8\times1)}{\boldsymbol{q}^{\mathrm{e}}} = \underset{(8\times1)}{\boldsymbol{P}^{\mathrm{e}}}$$

单元的位移场、应变场、应力场同样可由式（4.99）、式（4.100）以及式（4.103）计算。

可求出节点位移和支反力为

$$\left.\begin{array}{l} u_2=-4.09091,\ v_2=-4.09091,\ u_3=4.09091,\ v_3=4.09091,\ v_4=0 \\ R_{1x}=1,\ R_{1y}=0,\ R_{4x}=-1 \end{array}\right\}$$

那么，系统的节点位移列阵为

$$\begin{aligned}\boldsymbol{q} &= \begin{bmatrix} u_1 & v_1 & u_2 & v_2 & u_3 & v_3 & u_4 & v_4 \end{bmatrix}^{\mathrm{T}} \\ &= \begin{bmatrix} 0 & 0 & -4.09091 & -4.09091 & 4.09091 & 4.09091 & 0 & 0 \end{bmatrix}^{\mathrm{T}}\end{aligned}$$

单元位移场为

$$\boldsymbol{u}=\begin{bmatrix} u \\ v \end{bmatrix}=\begin{bmatrix} -4.09091(x-2xy) \\ -4.09091x \end{bmatrix}$$

应变场为

$$\boldsymbol{\varepsilon}=\begin{bmatrix} \varepsilon_x \\ \varepsilon_y \\ \gamma_{xy} \end{bmatrix}=\begin{bmatrix} -4.09091(1-2y) \\ 0 \\ -4.09091(1-2x) \end{bmatrix}$$

应力场为

$$\boldsymbol{\sigma}=\begin{bmatrix} \sigma_x \\ \sigma_y \\ \sigma_z \end{bmatrix}=\begin{bmatrix} -4.36363(1-2y) \\ -1.09091(1-2y) \\ -1.63636(1-2x) \end{bmatrix}$$

位移场、应变场及应力场的分布如图 4.17 所示。

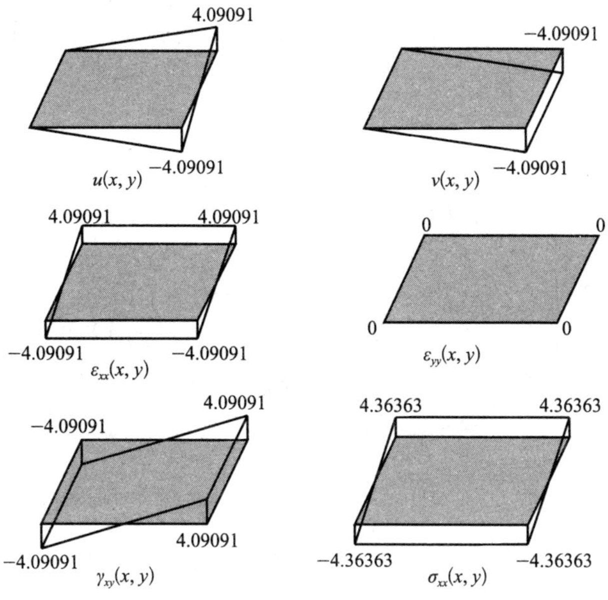

图 4.17

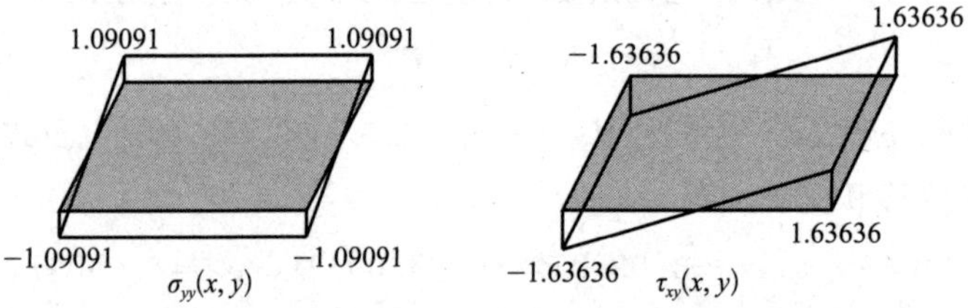

图 4.17　由建模方案②所得到的位移场、应变场及应力场分布

该系统的应变、外力功及系统的总势能计算结果如下：

$$U=\frac{1}{2}\boldsymbol{q}^{\mathrm{T}}\boldsymbol{K}\boldsymbol{q}=4.09091,\ W=\boldsymbol{P}^{\mathrm{T}}\boldsymbol{q}=8.18182,\ \Pi=U-W=-4.09091$$

从以上计算可以看出，用三角形单元计算时，由于形函数是完全一次式，其应变场和应力场在单元内均为常数；而四边形单元其形函数带有二次式，计算得到的应变场和应力场都是坐标的一次函数，但不是完全的一次函数，对提高计算精度有一定作用；根据最小势能原理，势能越小，则整体计算精度越高，从建模方案①、②中比较两种单元计算得到的系统势能，可以看出，在相同的节点自由度情况下，矩形单元的计算精度要比三角形单元高。下面进行的精细网格划分的计算也说明了这一点。

4.2.4　轴对称问题有限元分析的标准化表征

4.2.4.1　轴对称问题的基本变量及方程

有许多实际工程问题，其几何形状、约束条件以及载荷都对称于某一固定轴，这类问题为轴对称问题，对于这类问题，采用柱坐标（r，θ，z）比较方便，如图 4.18（a）所示。轴对称问题的微小体元 $r\mathrm{d}r\theta\mathrm{d}z$ 以及有限元离散过程如图 4.18（b）所示，在每一个截面中，它的单元情况与一般平面问题相同，但这些单元都为环形单元。

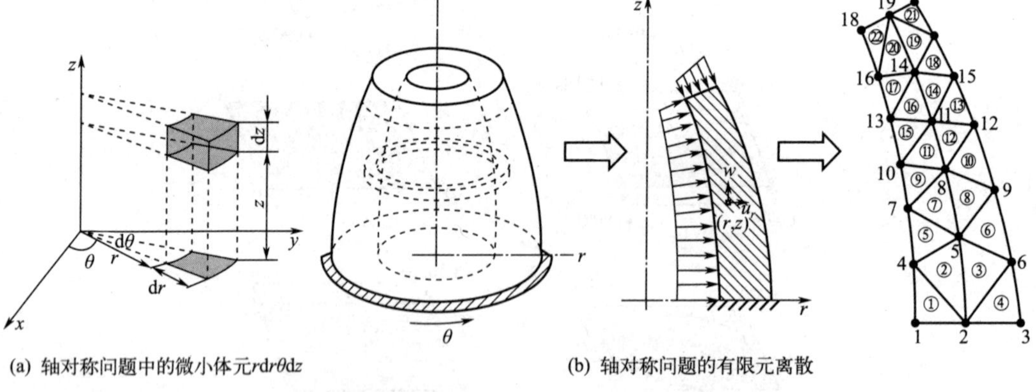

图 4.18　轴对称问题的微小体元与有限元离散

轴对称问题的三大类变量。对于轴对称问题，在柱坐标中的三大类力学变量为：

位移 $[u_r \quad w]^{\mathrm{T}}$，$u_\theta = 0$

应变 $[\varepsilon_{rr} \quad \varepsilon_{\theta\theta} \quad \varepsilon_{zz} \quad \gamma_{rz}]^{\mathrm{T}}$，$\gamma_{r\theta} = \gamma_{\theta z} = 0$

应力 $[\sigma_{rr} \quad \sigma_{\theta\theta} \quad \sigma_{zz} \quad \tau_{rz}]^{\mathrm{T}}$，$\tau_{r\theta} = \tau_{\theta z} = 0$

以上 u_r 为沿 r 方向的位移分量，称为径向位移，w 为沿 z 方向的位移分量，也称为轴向位移，由于对称，环向位移 $u_\theta = 0$；ε_{rr} 为径向正应变，$\varepsilon_{\theta\theta}$ 为环向正应变，ε_{zz} 为轴向正应变，γ_{rz} 为 r 方向与 z 方向之间的剪应变；σ_{rr} 为径向正应力，$\sigma_{\theta\theta}$ 为环向正应力，σ_{zz} 为轴向正应力，τ_{rz} 为圆柱坐标面上沿 z 方向的剪应力。由于是轴对称问题，所以以上力学参量只是 r 和 z 的函数，与 θ 无关；其中非零的三大基本力学变量有 10 个。

4.2.4.2 轴对称问题的三大类方程及边界条件

（1）平衡方程

$$\left.\begin{aligned}&\frac{\partial\sigma_{rr}}{\partial r}+\frac{\partial\tau_{rz}}{\partial z}+\frac{\sigma_{rr}-\sigma_{\theta\theta}}{r}+\bar{b}_r=0\\&\frac{\partial\sigma_{zz}}{\partial z}+\frac{\partial\tau_{rz}}{\partial r}+\frac{\tau_{rz}}{r}+\bar{b}_z=0\end{aligned}\right\}\tag{4.109}$$

（2）几何方程

$$\left.\begin{aligned}&\varepsilon_{rr}=\frac{\partial u_r}{\partial r},\ \varepsilon_{\theta\theta}=\frac{u_r}{r}\\&\varepsilon_{zz}=\frac{\partial w}{\partial z},\ \gamma_{rz}=\frac{\partial u_r}{\partial z}+\frac{\partial w}{\partial r}\end{aligned}\right\}\tag{4.110}$$

（3）物理方程

$$\left.\begin{aligned}&\varepsilon_{rr}=\frac{1}{E}[\sigma_{rr}-\mu(\sigma_{\theta\theta}+\sigma_{zz})]\\&\varepsilon_{\theta\theta}=\frac{1}{E}[\sigma_{\theta\theta}-\mu(\sigma_{zz}+\sigma_{rr})]\\&\varepsilon_{zz}=\frac{1}{E}[\sigma_{zz}-\mu(\sigma_{rr}+\sigma_{\theta\theta})]\\&\gamma_{rz}=\frac{1}{G}\tau_{rz}\end{aligned}\right\}\tag{4.111}$$

（4）边界条件（BC）

典型的边界条件为

位移 BC(u)：
$$\left.\begin{aligned}&u_r=\bar{u}_r\\&w=\bar{w}\end{aligned}\right\}\quad \text{on}\quad S_u\tag{4.112}$$

力 BC(p)：
$$\left.\begin{aligned}&\sigma_{rr}=\bar{\sigma}_{rr}\\&\sigma_{zz}=\bar{\sigma}_{zz}\end{aligned}\right\}\quad \text{on}\quad S_p\tag{4.113}$$

4.2.4.3 3节点三角形轴对称单元

(1) 单元的几何和节点描述

3节点三角形轴对称单元如图4.19所示；该单元为横截面为3节点三角形的360°环形单元。其横截面上三个节点的编号为1、2、3，各自的位置坐标为 $(r_i,\ z_i)$，$i=1,2,3$，各个节点的位移（分别沿 r 方向和 z 方向）为 $(u_{ri},\ w_{ri})$，$i=1,2,3$。

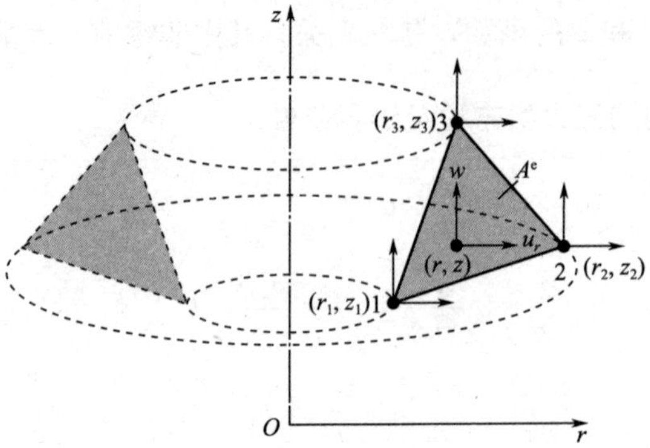

图4.19 3节点轴对称单元

如图4.19所示，该单元为绕 z 轴的环状单元，在 rOz 平面内，单元的节点位移有6个自由度。将所有节点上的位移组成一个列阵，记作 $\boldsymbol{q}^e$；同样，将所有节点上的各个力也组成一个列阵，记作 $\boldsymbol{P}^e$，那么

$$\underset{(6\times1)}{\boldsymbol{q}^e}=[u_{r1}\quad w_1\quad u_{r2}\quad w_2\quad u_{r3}\quad w_3]^{\mathrm{T}} \tag{4.114}$$

$$\underset{(6\times1)}{\boldsymbol{P}^e}=[P_{r1}\quad P_{z1}\quad P_{r2}\quad P_{z2}\quad P_{r3}\quad P_{z3}]^{\mathrm{T}} \tag{4.115}$$

(2) 单元位移场的表达

由于有3个节点，在 r 方向和 z 方向上各有3个节点条件，因此设它的单元位移模式为

$$\left.\begin{aligned} u_r(r,\ z)&=\bar{a}_0+\bar{a}_1 r+\bar{a}_2 z\\ w(r,\ z)&=\bar{b}_0+\bar{b}_1 r+\bar{b}_2 z \end{aligned}\right\} \tag{4.116}$$

该模式与平面问题3节点三角形单元完全相同，由节点条件可以推出相同的形状函数矩阵，即

$$\underset{(2\times1)}{\boldsymbol{u}}(r,\ z)=\begin{bmatrix} u_r(r,\ z)\\ w(r,\ z)\end{bmatrix}=\begin{bmatrix} N_1 & 0 & N_2 & 0 & N_3 & 0\\ 0 & N_1 & 0 & N_2 & 0 & N_3\end{bmatrix}\begin{bmatrix} u_{r1}\\ w_1\\ u_{r2}\\ w_2\\ u_{r3}\\ w_3\end{bmatrix}=\underset{(2\times6)}{\boldsymbol{N}}(r,\ z)\underset{(6\times1)}{\boldsymbol{q}^e} \tag{4.117}$$

其中，形状函数矩阵 $\boldsymbol{N}$（r，z）及其 N_1、N_2、N_3 的表达与平面问题3节点单元相同。

(3) 单元应变场及应力场的表达

由轴对称问题的几何方程可以推出相应的几何矩阵，即

$$\underset{(4\times1)}{\boldsymbol{\varepsilon}}(r,z)=\begin{bmatrix}\varepsilon_{rr}\\ \varepsilon_{\theta\theta}\\ \varepsilon_{zz}\\ \gamma_{rz}\end{bmatrix}=\begin{bmatrix}\dfrac{\partial}{\partial r} & 0\\ \dfrac{1}{r} & 0\\ 0 & \dfrac{\partial}{\partial z}\\ \dfrac{\partial}{\partial z} & \dfrac{\partial}{\partial r}\end{bmatrix}\begin{bmatrix}u_r(r,z)\\ w(r,z)\end{bmatrix}=\underset{(4\times2)(2\times3)}{\boldsymbol{\partial}\ \boldsymbol{u}}=\underset{(4\times2)(2\times6)(6\times1)}{\boldsymbol{\partial}\ \boldsymbol{N}\ \boldsymbol{q}^{\mathrm{e}}}=\underset{(4\times6)(6\times1)}{\boldsymbol{B}\ \boldsymbol{q}^{\mathrm{e}}}$$

(4.118)

其中，几何矩阵 $\boldsymbol{B}$（r，z）为

$$\underset{(4\times6)}{\boldsymbol{B}}=\underset{(4\times2)(2\times6)}{\boldsymbol{\partial}\ \boldsymbol{N}}=\begin{bmatrix}\dfrac{\partial}{\partial r} & 0\\ \dfrac{1}{r} & 0\\ 0 & \dfrac{\partial}{\partial z}\\ \dfrac{\partial}{\partial z} & \dfrac{\partial}{\partial r}\end{bmatrix}\begin{bmatrix}N_1 & 0 & N_2 & 0 & N_3 & 0\\ 0 & N_1 & 0 & N_2 & 0 & N_3\end{bmatrix} \tag{4.119}$$

由弹性力学中轴对称问题的物理方程可以得到应力场的表达

$$\underset{(4\times1)}{\boldsymbol{\sigma}}=\underset{(4\times4)(4\times1)}{\boldsymbol{D}\ \boldsymbol{\varepsilon}}=\underset{(4\times4)(4\times6)(6\times1)}{\boldsymbol{D}\ \boldsymbol{B}\ \boldsymbol{q}^{\mathrm{e}}}=\underset{(4\times6)(6\times1)}{\boldsymbol{S}\ \boldsymbol{q}^{\mathrm{e}}} \tag{4.120}$$

其中，应力函数矩阵 $\boldsymbol{S}=\boldsymbol{DB}$，$\boldsymbol{D}$ 为轴对称问题的弹性系数矩阵，即

$$\underset{(4\times4)}{\boldsymbol{D}}=\frac{E(1-\mu)}{(1+\mu)(1-2\mu)}\begin{bmatrix}1 & \dfrac{\mu}{1-\mu} & \dfrac{\mu}{1-\mu} & 0\\ \dfrac{\mu}{1-\mu} & 1 & \dfrac{\mu}{1-\mu} & 0\\ \dfrac{\mu}{1-\mu} & \dfrac{\mu}{1-\mu} & 1 & 0\\ 0 & 0 & 0 & \dfrac{1-2\mu}{2(1-\mu)}\end{bmatrix} \tag{4.121}$$

(4) 单元的势能、刚度矩阵及等效节点载荷矩阵

由单元的势能计算表达式，有 $\Pi^{\mathrm{e}}=\frac{1}{2}\boldsymbol{q}^{\mathrm{eT}}\boldsymbol{K}^{\mathrm{e}}\boldsymbol{q}^{\mathrm{e}}-\boldsymbol{P}^{\mathrm{eT}}\boldsymbol{q}^{\mathrm{e}}$，其中单元刚度矩阵为

$$\underset{(6\times6)}{\boldsymbol{K}^{\mathrm{e}}}=\int_{\Omega^{\mathrm{e}}}\boldsymbol{B}^{\mathrm{T}}\boldsymbol{DB}\,\mathrm{d}\Omega=\int_{A^{\mathrm{e}}}\int_0^{2\pi}\boldsymbol{B}^{\mathrm{T}}\boldsymbol{DB}r\,\mathrm{d}\theta\,\mathrm{d}r\,\mathrm{d}z=\int_{A^{\mathrm{e}}}\boldsymbol{B}^{\mathrm{T}}\boldsymbol{DB}\,2\pi r\,\mathrm{d}r\,\mathrm{d}z \tag{4.122}$$

相应的单元等效节点载荷矩阵为

$$\underset{(6\times1)}{\boldsymbol{P}^{e}}=\int_{\Omega^{e}}\boldsymbol{N}^{T}\bar{\boldsymbol{b}}\,d\Omega+\int_{S_{p}^{e}}\boldsymbol{N}^{T}\bar{\boldsymbol{p}}\,dA$$

$$=\int_{\Omega^{e}}\underset{(6\times2)}{\boldsymbol{N}^{T}}\underset{(2\times1)}{\bar{\boldsymbol{b}}}\,2\pi r\,dr\,dz+\int_{l_{p}^{e}}\underset{(6\times2)}{\boldsymbol{N}^{T}}\underset{(2\times1)}{\bar{\boldsymbol{p}}}\,2\pi r\,dl \tag{4.123}$$

将单元的势能对节点位移 $\boldsymbol{q}^{e}$ 取一阶极值，可得到单元的刚度方程

$$\underset{(6\times1)}{\boldsymbol{K}^{e}}\underset{(6\times1)}{\boldsymbol{q}^{e}}=\underset{(6\times1)}{\boldsymbol{P}^{e}} \tag{4.124}$$

4.2.4.4 4节点矩形轴对称单元

4 节点矩形轴对称单元如图 4.20 所示；该单元为横截面为 4 节点矩形的 360 °环形单元。其横截面上 4 个节点的编号为 1、2、3、4，各自的位置坐标为（r_i，w_i），$i=1$，2，3，4，各个节点的位移（分别沿 r 方向和 z 方向）为（u_{ri}，w_i），$i=1$，2，3，4。

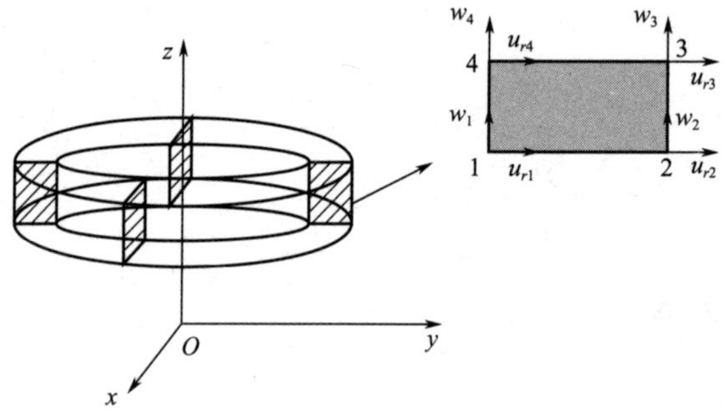

图 4.20　4 节点矩形轴对称单元（环形单元）

如图 4.20 所示，该单元为绕 z 轴的环状单元，在 Orz 平面内，单元的节点位移有 8 个自由度。将所有节点上的位移组成一个列阵，记作 $\boldsymbol{q}^{e}$；同样，将所有节点上的各个力也组成一个列阵，记作 $\boldsymbol{P}^{e}$，那么

$$\underset{(8\times1)}{\boldsymbol{q}^{e}}=[u_{r1}\quad w_1\quad u_{r2}\quad w_2\quad u_{r3}\quad w_3\quad u_{r4}\quad w_4]^{T} \tag{4.125}$$

$$\underset{(8\times1)}{\boldsymbol{P}^{e}}=[P_{r1}\quad P_{z1}\quad P_{r2}\quad P_{z2}\quad P_{r3}\quad P_{z3}\quad P_{r4}\quad P_{z4}]^{T} \tag{4.126}$$

若该单元承受分布外载，可以将其等效到节点上，即也可以表示为如式（4.126）所示的节点力。利用函数插值、几何方程、物理方程以及势能计算公式，可以将单元的所有力学参量用节点位移列阵 $\boldsymbol{q}^{e}$ 及相关的插值函数来表示。下面进行具体的推导。

由于该单元有 4 节点，因此在 x 方向和 y 方向上各有 4 个节点条件，类似于平面 4 节点矩形单元，设它的单元位移模式为

$$\left.\begin{aligned}u_r(r,z)&=a_0+a_1r+a_2z+a_3rz\\ w(r,z)&=b_0+b_1r+b_2z+b_3rz\end{aligned}\right\} \tag{4.127}$$

同样，参见平面 4 节点矩形单元，可推出它的形状函数矩阵 $\boldsymbol{N}$（r，z），由轴对称问题的几何方程可以推出相应的几何矩阵 $\boldsymbol{B}$（r，z），最后也可导出单元的刚度方程

$$\underset{(8\times8)}{\boldsymbol{K}^{e}}\underset{(8\times1)}{\boldsymbol{q}^{e}}=\underset{(8\times1)}{\boldsymbol{P}^{e}} \tag{4.128}$$

其中单元刚度矩阵为

$$\underset{(8\times8)}{\boldsymbol{K}^{\mathrm{e}}}=\int_{\Omega^{\mathrm{e}}}\underset{(8\times4)}{\boldsymbol{B}^{\mathrm{T}}}\underset{(4\times4)}{\boldsymbol{D}}\underset{(4\times8)}{\boldsymbol{B}}\,\mathrm{d}\Omega=\int_{A^{\mathrm{e}}}\int_{0}^{2\pi}\boldsymbol{B}^{\mathrm{T}}\boldsymbol{D}\boldsymbol{B}r\,\mathrm{d}\theta\,\mathrm{d}r\,\mathrm{d}z=\int_{A^{\mathrm{e}}}\boldsymbol{B}^{\mathrm{T}}\boldsymbol{D}\boldsymbol{B}2\pi r\,\mathrm{d}r\,\mathrm{d}z \tag{4.129}$$

相应的单元等效节点载荷矩阵为

$$\begin{aligned}\underset{(8\times1)}{\boldsymbol{P}^{\mathrm{e}}}&=\int_{\Omega^{\mathrm{e}}}\underset{(8\times2)}{\boldsymbol{N}^{\mathrm{T}}}\underset{(2\times1)}{\bar{\boldsymbol{b}}}\,\mathrm{d}\Omega+\int_{S_p^{\mathrm{e}}}\underset{(8\times2)}{\boldsymbol{N}^{\mathrm{T}}}\underset{(2\times1)}{\bar{\boldsymbol{p}}}\,\mathrm{d}A\\&=\int_{\Omega^{\mathrm{e}}}\underset{(8\times2)}{\boldsymbol{N}^{\mathrm{T}}}\underset{(2\times1)}{\bar{\boldsymbol{b}}}\,2\pi r\,\mathrm{d}r\,\mathrm{d}z+\int_{l_p^{\mathrm{e}}}\underset{(8\times2)}{\boldsymbol{N}^{\mathrm{T}}}\underset{(2\times1)}{\bar{\boldsymbol{p}}}\,2\pi r\,\mathrm{d}l\end{aligned} \tag{4.130}$$

4.2.5 空间问题有限元分析的标准化表征

4.2.5.1 空间问题的 4 节点四面体单元描述

空间问题 4 节点四面体单元具有几何特征简单、描述能力强的特点，是空间问题有限元分析中最基础的单元，也是最重要的单元之一。

(1) 单元的几何和节点描述

该单元为由 4 节点组成的四面体单元，每个节点有 3 个位移，单元的节点及节点位移如图 4.21 所示。

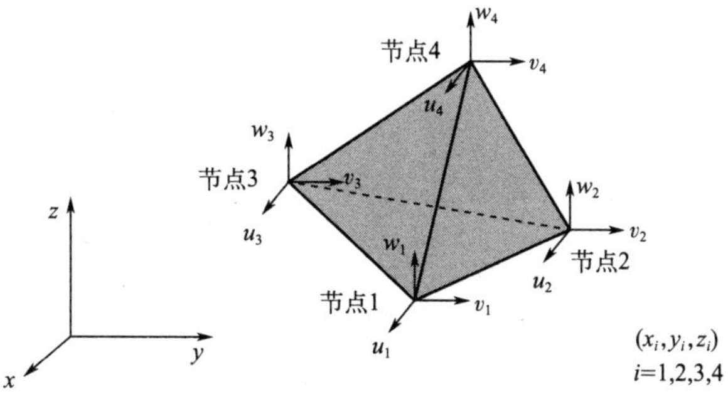

图 4.21　4 节点四面体单元

如图 4.21 所示的 4 节点四面体单元，单元的节点位移列阵 $\boldsymbol{q}^{\mathrm{e}}$ 和节点力列阵 $\boldsymbol{P}^{\mathrm{e}}$ 为

$$\underset{(12\times1)}{\boldsymbol{q}^{\mathrm{e}}}=[u_1\quad v_1\quad w_1\quad u_2\quad v_2\quad w_2\quad u_3\quad v_3\quad w_3\quad u_4\quad v_4\quad w_4]^{\mathrm{T}} \tag{4.131}$$

$$\underset{(12\times1)}{\boldsymbol{P}^{\mathrm{e}}}=[P_{x_1}\quad P_{y_1}\quad P_{z_1}\quad P_{x_2}\quad P_{y_2}\quad P_{z_2}\quad P_{x_3}\quad P_{y_3}\quad P_{z_3}\quad P_{x_4}\quad P_{y_4}\quad P_{z_4}]^{\mathrm{T}} \tag{4.132}$$

(2) 单元位移场的表达

该单元有 4 个节点，单元的节点位移有 12 个自由度。因此每个方向的位移场可以设定 4 个待定系数，根据节点个数以及确定位移模式的基本原则，选取该单元的位移模式为

$$\left.\begin{aligned}u(x,y,z)&=\bar{a}_0+\bar{a}_1x+\bar{a}_2y+\bar{a}_3z\\v(x,y,z)&=\bar{b}_0+\bar{b}_1x+\bar{b}_2y+\bar{b}_3z\\w(x,y,z)&=\bar{c}_0+\bar{c}_1x+\bar{c}_2y+\bar{c}_3z\end{aligned}\right\} \tag{4.133}$$

由节点条件，在 $x=x_i$、$y=y_i$、$z=z_i$ 处，有

$$\left.\begin{aligned} u(x_i, y_i, z_i) &= u_i \\ v(x_i, y_i, z_i) &= v_i \\ w(x_i, y_i, z_i) &= w_i \end{aligned}\right\}, \quad i=1, 2, 3, 4 \tag{4.134}$$

将式（4.133）代入节点条件式（4.134）中，可求取待定系数（a_i，b_i，c_i），$i=0$，1，2，3。在求得待定系数后，可将式（4.133）重写为

$$\underset{(3\times1)}{\boldsymbol{u}}(x, y, z)=\begin{bmatrix} u \\ v \\ w \end{bmatrix}$$

$$=\begin{bmatrix} N_1 & 0 & 0 & N_2 & 0 & 0 & N_3 & 0 & 0 & N_4 & 0 & 0 \\ 0 & N_1 & 0 & 0 & N_2 & 0 & 0 & N_3 & 0 & 0 & N_4 & 0 \\ 0 & 0 & N_1 & 0 & 0 & N_2 & 0 & 0 & N_3 & 0 & 0 & N_4 \end{bmatrix}\boldsymbol{q}^{\mathrm{e}}$$

$$=\underset{(3\times12)}{\boldsymbol{N}}\ \underset{(12\times1)}{\boldsymbol{q}^{\mathrm{e}}} \tag{4.135}$$

其中

$$N_i=\frac{1}{6V}(a_i+b_ix+c_iy+d_iz), \quad i=1, 2, 3, 4$$

式中，V 为四面体的体积；a_i、b_i、c_i、d_i 为与节点几何位置相关的系数，具体的计算公式见文献。

(3) 单元应变场及应力场的表达

由弹性力学空间问题的几何方程，并将单元位移场的表达式式（4.135）代入，有

$$\underset{(6\times1)}{\boldsymbol{\varepsilon}}(x, y, z)=\begin{bmatrix} \varepsilon_{xx} \\ \varepsilon_{yy} \\ \varepsilon_{zz} \\ \gamma_{xy} \\ \gamma_{yz} \\ \gamma_{zx} \end{bmatrix}=\begin{bmatrix} \frac{\partial}{\partial x} & 0 & 0 \\ 0 & \frac{\partial}{\partial y} & 0 \\ 0 & 0 & \frac{\partial}{\partial z} \\ \frac{\partial}{\partial y} & \frac{\partial}{\partial x} & 0 \\ 0 & \frac{\partial}{\partial z} & \frac{\partial}{\partial y} \\ \frac{\partial}{\partial z} & 0 & \frac{\partial}{\partial x} \end{bmatrix}\begin{bmatrix} u \\ v \\ w \end{bmatrix}=\underset{(6\times3)}{\boldsymbol{\partial}}\ \underset{(3\times1)}{\boldsymbol{u}}$$

$$=\underset{(6\times3)}{\boldsymbol{\partial}}\ \underset{(3\times12)}{\boldsymbol{N}}\ \underset{(12\times1)}{\boldsymbol{q}^{\mathrm{e}}}=\underset{(6\times12)}{\boldsymbol{B}}\ \underset{(12\times1)}{\boldsymbol{q}^{\mathrm{e}}} \tag{4.136}$$

其中，几何矩阵 $\boldsymbol{B}$（x，y，z）为

$$\underset{(6\times12)}{\boldsymbol{B}}=\underset{(6\times3)}{\boldsymbol{\partial}}\ \underset{(3\times12)}{\boldsymbol{N}}=\begin{bmatrix} \underset{(6\times3)}{\boldsymbol{B}_1} & \underset{(6\times3)}{\boldsymbol{B}_2} & \underset{(6\times3)}{\boldsymbol{B}_3} & \underset{(6\times3)}{\boldsymbol{B}_4} \end{bmatrix} \tag{4.137}$$

式（4.137）中的 $\boldsymbol{B}_i$ 为

$$\underset{(6\times3)}{\boldsymbol{B}_i}=\underset{(6\times3)}{\boldsymbol{\partial}}\begin{bmatrix}N_i & 0 & 0\\0 & N_i & 0\\0 & 0 & N_i\end{bmatrix}=\frac{1}{6V}\begin{bmatrix}b_i & 0 & 0\\0 & c_i & 0\\0 & 0 & d_i\\c_i & b_i & 0\\0 & d_i & c_i\\d_i & 0 & b_i\end{bmatrix}(i=1,2,3,4) \tag{4.138}$$

再由弹性力学中空间问题的物理方程可以得到应力场的表达式

$$\underset{(6\times1)}{\boldsymbol{\sigma}}=\underset{(6\times6)}{\boldsymbol{D}}\underset{(6\times1)}{\boldsymbol{\varepsilon}}=\underset{(6\times6)}{\boldsymbol{D}}\underset{(6\times12)}{\boldsymbol{B}}\underset{(12\times1)}{\boldsymbol{q}^{\mathrm{e}}}=\underset{(6\times12)}{\boldsymbol{S}}\underset{(12\times1)}{\boldsymbol{q}^{\mathrm{e}}} \tag{4.139}$$

其中，$\boldsymbol{D}$ 为空间问题的弹性系数矩阵。

(4) 单元的刚度矩阵及节点等效载荷矩阵

在获得几何矩阵 $\boldsymbol{B}$（x，y，z）后，由刚度矩阵的计算公式，可计算单元的刚度矩阵为

$$\underset{(12\times12)}{\boldsymbol{K}^{\mathrm{e}}}=\int_{\Omega^{\mathrm{e}}}\underset{(12\times6)}{\boldsymbol{B}^{\mathrm{T}}}\underset{(6\times6)}{\boldsymbol{D}}\underset{(6\times12)}{\boldsymbol{B}}\,\mathrm{d}\Omega \tag{4.140}$$

等效节点载荷矩阵为

$$\underset{(12\times1)}{\boldsymbol{P}^{\mathrm{e}}}=\int_{\Omega^{\mathrm{e}}}\underset{(12\times3)}{\boldsymbol{N}^{\mathrm{T}}}\underset{(3\times1)}{\bar{\boldsymbol{b}}}\,\mathrm{d}\Omega+\int_{S_p^{\mathrm{e}}}\underset{(12\times3)}{\boldsymbol{N}^{\mathrm{T}}}\underset{(3\times1)}{\bar{\boldsymbol{p}}}\,\mathrm{d}A \tag{4.141}$$

(5) 单元的刚度方程

将单元的势能对节点位移 $\boldsymbol{q}^{\mathrm{e}}$ 取一阶极值，可得到单元的刚度方程

$$\underset{(12\times12)}{\boldsymbol{K}^{\mathrm{e}}}\underset{(12\times1)}{\boldsymbol{q}^{\mathrm{e}}}=\underset{(12\times1)}{\boldsymbol{P}^{\mathrm{e}}} \tag{4.142}$$

4.2.5.2 4节点四面体单元的位移坐标变换问题

与平面3节点三角形单元类似，由于该单元的节点位移是以整体坐标系中的 x 方向位移 u、y 方向位移 v、z 方向位移 w 来定义的，所以没有坐标变换问题。

4.2.5.3 4节点四面体单元的常系数应变和应力

同样与平面3节点三角形单元类似，由于该单元的位移场为线性关系式（4.142），由式（4.138）可知，系数 a_i、b_i、c_i、d_i 只与三个节点的坐标位置（x_i，y_i，z_i）相关，是常系数，因而求出的单元的 $\boldsymbol{B}$（x，y，z）和 $\boldsymbol{S}$（x，y，z）都为常系数矩阵，不随 x、y、z 变化，由式（4.136）和式（4.137）可知，单元内任意一点的应变和应力都为常数，因此，4节点四面体单元称为常应变CST单元。在实际使用过程中，对于应变梯度较大的区域，单元划分应适当加密，否则将不能反映应变或应力的真实变化情况，从而导致较大的误差。

4.2.5.4 空间问题的 8 节点正六面体单元描述

(1) 单元的几何和节点描述

该单元为由 8 节点组成的正六面体单元，每个节点有 3 个位移，单元的节点及节点位移如图 4.22 所示。

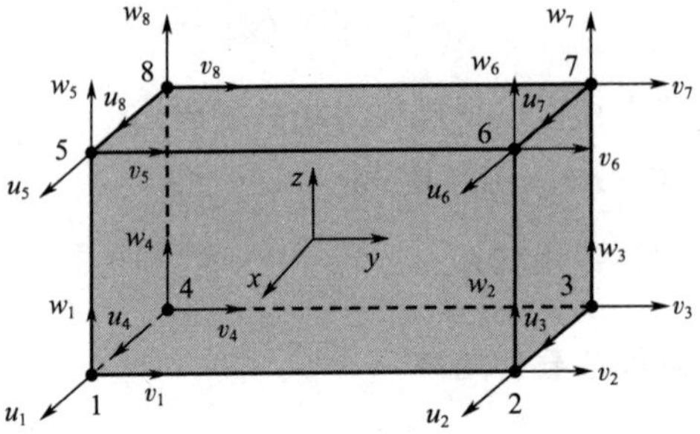

(x_i, y_i, z_i)
$i=1,2,3,\cdots,8$

图 4.22 8 节点正六面体单元

如图 4.22 所示的 8 节点正六面体单元，单元的节点位移有 24 个自由度。单元的节点位移列阵 $\boldsymbol{q}^{e}$ 和节点力列阵 $\boldsymbol{P}^{e}$ 为

$$\underset{(24\times1)}{\boldsymbol{q}^{e}}=[u_1 \quad v_1 \quad w_1 \ \vdots \ u_2 \quad v_2 \quad w_2 \ \vdots \ \cdots \ \vdots \ u_8 \quad v_8 \quad w_8]^{\mathrm{T}} \tag{4.143}$$

$$\underset{(24\times1)}{\boldsymbol{P}^{e}}=[P_{x_1} \quad P_{x_2} \quad P_{z_1} \ \vdots \ P_{x_2} \quad P_{y_2} \quad P_{z_2} \ \vdots \ \cdots \ \vdots \ P_{x_8} \quad P_{y_8} \quad P_{z_8}]^{\mathrm{T}} \tag{4.144}$$

(2) 单元位移场的表达

该单元有 8 个节点，因此每个方向的位移场可以设定 8 个待定系数，根据确定位移模式的基本原则，选取该单元的位移模式为

$$\left.\begin{aligned}u(x,\ y,\ z)&=a_0+a_1x+a_2y+a_3z+a_4xy+a_5yz+a_6zx+a_7xyz\\v(x,\ y,\ z)&=b_0+b_1x+b_2y+b_3z+b_4xy+b_5yz+b_6zx+b_7xyz\\w(x,\ y,\ z)&=c_0+c_1x+c_2y+c_3z+c_4xy+c_5yz+c_6zx+c_7xyz\end{aligned}\right\} \tag{4.145}$$

可由节点条件确定出待定系数 $(a_i,\ b_i,\ c_i)$，$i=0,\ 1,\ 2,\ \cdots,\ 8$，再代回式 (4.145) 中可整理出该单元的形状函数矩阵，即

$$\underset{(3\times1)}{\boldsymbol{u}}=\begin{bmatrix}u\\v\\w\end{bmatrix}=\begin{bmatrix}N_1 & 0 & 0 & \vdots & N_2 & 0 & 0 & \vdots & \cdots & \vdots & N_8 & 0 & 0\\0 & N_1 & 0 & \vdots & 0 & N_2 & 0 & \vdots & \cdots & \vdots & 0 & N_8 & 0\\0 & 0 & N_1 & \vdots & 0 & 0 & N_2 & \vdots & \cdots & \vdots & 0 & 0 & N_8\end{bmatrix}\boldsymbol{q}^{e}$$

$$=\underset{(3\times24)}{\boldsymbol{N}}\ \underset{(24\times1)}{\boldsymbol{q}^{e}} \tag{4.146}$$

由于节点位移多达 24 个，由节点条件直接确定位移模式中的待定系数和形状函数矩阵的方法显得非常麻烦，可利用单元的自然坐标直接应用拉格朗日插值公式写出形状函数矩阵。在得到该单元的形状函数矩阵后，就可以按照有限元分析的标准过程推导相

应的几何矩阵、刚度矩阵、节点等效载荷矩阵以及刚度方程，相关情况如下。

(3) 单元应变场的表达

由弹性力学平面问题的几何方程，有单元应变的表达

$$\underset{(6\times1)}{\boldsymbol{\varepsilon}}=\underset{(6\times3)}{\boldsymbol{\partial}}\underset{(3\times1)}{\boldsymbol{u}}=\underset{(6\times3)}{\boldsymbol{\partial}}\underset{(3\times24)}{\boldsymbol{N}}\underset{(24\times1)}{\boldsymbol{q}^{\mathrm{e}}}=\underset{(6\times24)}{\boldsymbol{B}}\underset{(24\times1)}{\boldsymbol{q}^{\mathrm{e}}} \tag{4.147}$$

(4) 单元的刚度矩阵及等效节点载荷矩阵

由弹性力学中平面问题的物理方程，可得到单元的应力表达，然后计算单元的势能，与前面推导其他单元的过程类似，可以得到单元的刚度矩阵及等效节点载荷矩阵为

$$\underset{(24\times24)}{\boldsymbol{K}^{\mathrm{e}}}=\int_{\Omega^{\mathrm{e}}}\underset{(24\times6)}{\boldsymbol{B}^{\mathrm{T}}}\underset{(6\times6)}{\boldsymbol{D}}\underset{(6\times24)}{\boldsymbol{B}}\,\mathrm{d}\Omega \tag{4.148}$$

$$\underset{(24\times1)}{\boldsymbol{P}^{\mathrm{e}}}=\int_{\Omega^{\mathrm{e}}}\underset{(24\times3)}{\boldsymbol{N}^{\mathrm{T}}}\underset{(3\times1)}{\bar{\boldsymbol{b}}}\,\mathrm{d}\Omega+\int_{S_p^{\mathrm{e}}}\underset{(24\times3)}{\boldsymbol{N}^{\mathrm{T}}}\underset{(3\times1)}{\bar{\boldsymbol{p}}}\,\mathrm{d}A \tag{4.149}$$

(5) 单元的刚度方程

将单元的势能对节点位移 $\boldsymbol{q}^{\mathrm{e}}$ 取一阶极值，可得到单元的刚度方程

$$\underset{(24\times24)}{\boldsymbol{K}^{\mathrm{e}}}\underset{(24\times1)}{\boldsymbol{q}^{\mathrm{e}}}=\underset{(24\times1)}{\boldsymbol{p}^{\mathrm{e}}} \tag{4.150}$$

4.2.5.5 8节点正六面体单元的一次线性应变和应力

与平面4节点四边形单元类似，由单元的位移表达式（4.145）可知，该单元的位移在 x 、y 、z 方向呈线性变化，所以称为线性位移模式，正因为在单元的边界上，位移按线性变化，且相邻单元公共节点上有共同的节点位移值，可保证两个相邻单元在其公共边界上的位移是连续的，所以这种单元的位移模式是完备和协调的，它的应变和应力为一次线性变化，因而比4节点四面体常应变单元精度高。

4.2.6 形状映射参数单元的一般原理和数值积分

由于实际问题的复杂性，需要使用一些几何形状不太规整的单元来逼近原问题，特别是在一些复杂的边界上，有时只能采用不规整单元。但直接研究这些不规整单元比较困难，而利用几何规整单元的结果来研究所对应的几何不规整单元的表达式将涉及几何形状映射、坐标系变换等问题。

4.2.6.1 两个坐标系之间的三个方面的变换

由前面的单元构造过程可以看出，一个单元的关键就是计算它的刚度矩阵，以平面问题为例，对于两个坐标系（x，y）和（ξ，η），单元刚度矩阵的计算公式分别为

在坐标系（x，y）中

$$\boldsymbol{K}_{(xy)}^{\mathrm{e}}=\int_{A^{\mathrm{e}}}\boldsymbol{B}^{\mathrm{T}}\left(x,\ y,\ \frac{\partial}{\partial x},\ \frac{\partial}{\partial y}\right)\boldsymbol{DB}\left(x,\ y,\ \frac{\partial}{\partial x},\ \frac{\partial}{\partial y}\right)\mathrm{d}x\,\mathrm{d}y\times t \tag{4.151}$$

其中，$\boldsymbol{B}\left(x, y, \frac{\partial}{\partial x}, \frac{\partial}{\partial y}\right)$ 为（x，y）坐标系中的单元几何矩阵，它是 $\left(x, y, \frac{\partial}{\partial x}, \frac{\partial}{\partial y}\right)$ 的函数。

在坐标系（ξ，η）中

$$\boldsymbol{K}^{e}_{(\xi\eta)}=\int_{A^{e}}\boldsymbol{B}^{T}\left(\xi, \eta, \frac{\partial}{\partial \xi}, \frac{\partial}{\partial \eta}\right)\boldsymbol{DB}\left(\xi, \eta, \frac{\partial}{\partial \xi}, \frac{\partial}{\partial \eta}\right)\mathrm{d}\xi\,\mathrm{d}\eta\times t \tag{4.152}$$

其中，$\boldsymbol{B}\left(\xi, \eta, \frac{\partial}{\partial \xi}, \frac{\partial}{\partial \eta}\right)$ 为（ξ，η）坐标系中的单元几何矩阵，它是 $\left(\xi, \eta, \frac{\partial}{\partial \xi}, \frac{\partial}{\partial \eta}\right)$ 的函数。

可以看出，要实现两个坐标系中单元刚度矩阵的变换或映射，必须计算两个坐标系之间的三种映射关系，即

坐标映射

$$(x, y)\Rightarrow(\xi, \eta) \tag{4.153}$$

偏导数映射

$$\left(\frac{\partial}{\partial x}, \frac{\partial}{\partial y}\right)\Rightarrow\left(\frac{\partial}{\partial \xi}, \frac{\partial}{\partial \eta}\right) \tag{4.154}$$

面积（体积）映射

$$\int_{A^{e}}\mathrm{d}x\,\mathrm{d}y=\int_{A^{e}}\mathrm{d}\xi\,\mathrm{d}\eta \tag{4.155}$$

下面就两个坐标系之间的这三种映射关系进行具体的推导，在获得这三种映射关系后，就可以实现不同坐标系下单元刚度矩阵之间的变换。

图 4.23 为平面问题情形，设有两个坐标系：基准坐标系（ξ，η）和物理坐标系（x，y）。其中基准坐标系（ξ，η）用于描述几何形状非常规整的基准单元（如矩形单元，正六面体单元），而工程问题中曲边单元（往往其几何形状不太规整，但可以映射为规整的几何形状）是在物理坐标系（x，y）中，可以看出，前面所讨论的几种单元都是在基准坐标系（ξ，η）中进行研究的，现在希望利用在基准坐标系（ξ，η）中所得到的单元表达来推导在物理坐标系（x，y）中的单元表达，由此，可将已有单元的应用范围大大地扩大。

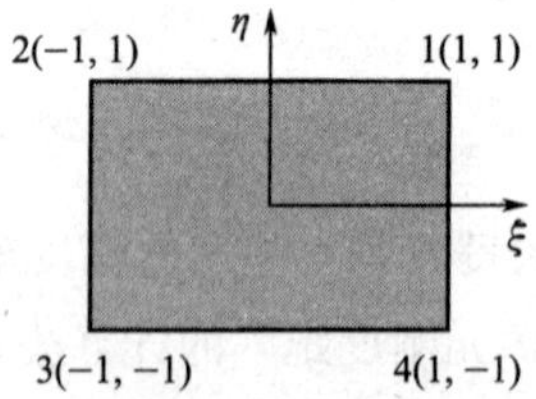

(a) 基准坐标系(ξ , η)中的单元

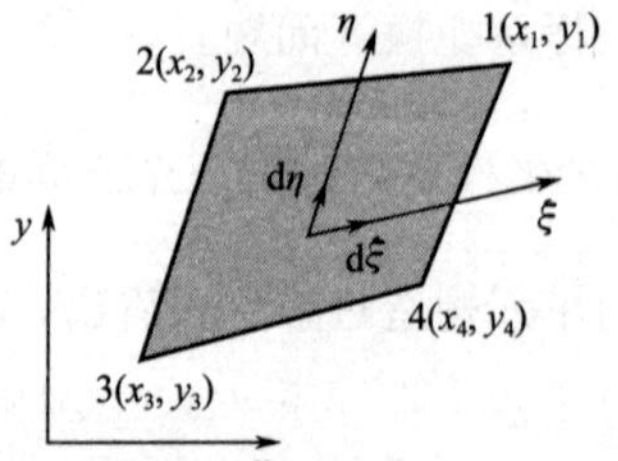

(b) 物理坐标系(x, y)中的单元

图 4.23　矩形单元映射为任意四边形单元

设如图 4.23 所示的两个坐标系的坐标映射关系为

$$\left.\begin{aligned} x &= x(\xi, \ \eta) \\ y &= y(\xi, \ \eta) \end{aligned}\right\} \tag{4.156}$$

下面针对图 4.23 中所示的 4 节点四边形的坐标映射，给出式（4.156）的具体表达式。由于基准坐标系（ξ，η）中的一点对应于物理坐标系（x，y）中的一个相应点，就图中的 4 个节点，有节点映射条件

$$\left.\begin{aligned} x_i &= x(\xi_i, \ \eta_i) \\ y_i &= y(\xi_i, \ \eta_i) \end{aligned}\right\} \quad i=1, \ 2, \ 3, \ 4 \tag{4.157}$$

这表明 x 方向和 y 方向各有 4 个节点条件，如果用多项式来表达坐标映射关系，则 x 和 y 方向上可以分别写出各包含 4 个待定系数的多项式，即

$$\left.\begin{aligned} x(\xi, \ \eta) &= a_0 + a_1\xi + a_2\eta + a_3\xi\eta \\ y(\xi, \ \eta) &= b_0 + b_1\xi + b_2\eta + b_3\xi\eta \end{aligned}\right\} \tag{4.158}$$

其中待定系数 a_0，…，a_3 和 b_0，…，b_3 可由节点映射条件式（4.157）来唯一确定。

对照前面 4 节点矩形单元的单元位移函数式式（4.94），映射函数式式（4.158）具有完全相同的形式，同样，将求出的待定系数再代回式（4.158）中，重写该式为

$$\left.\begin{aligned} x(\xi, \ \eta) &= \overline{N}_1(\xi, \ \eta)x_1 + \overline{N}_2(\xi, \ \eta)x_2 + \overline{N}_3(\xi, \ \eta)x_3 + \overline{N}_4(\xi, \ \eta)x_4 \\ y(\xi, \ \eta) &= \overline{N}_1(\xi, \ \eta)y_1 + \overline{N}_2(\xi, \ \eta)y_2 + \overline{N}_3(\xi, \ \eta)y_3 + \overline{N}_4(\xi, \ \eta)y_4 \end{aligned}\right\} \tag{4.159}$$

其中

$$\widetilde{N}_i = \frac{1}{4}(1+\xi_i\xi)(1+\eta_i\eta), \qquad i=1, \ 2, \ 3, \ 4 \tag{4.160}$$

比较后发现式（4.160）与式（4.98）完全相同。

如果将物理坐标系（x，y）中的每一个节点坐标值进行排列，并写成一个列阵，有

$$\underset{(8\times1)}{\tilde{\boldsymbol{q}}} = [x_1 \quad y_1 \quad x_2 \quad y_2 \quad x_3 \quad y_3 \quad x_4 \quad y_4]^{\mathrm{T}} \tag{4.161}$$

进一步可将式（4.159）写成

$$\underset{(2\times1)}{\boldsymbol{x}} = \begin{bmatrix} x(\xi, \ \eta) \\ y(\xi, \ \eta) \end{bmatrix} = \begin{bmatrix} \widetilde{N}_1 & 0 & \widetilde{N}_2 & 0 & \widetilde{N}_3 & 0 & \widetilde{N}_4 & 0 \\ 0 & \widetilde{N}_1 & 0 & \widetilde{N}_2 & 0 & \widetilde{N}_3 & 0 & \widetilde{N}_4 \end{bmatrix} \tilde{\boldsymbol{q}} = \underset{(2\times8)}{\widetilde{\boldsymbol{N}}}(\xi, \ \eta)\underset{(8\times1)}{\tilde{\boldsymbol{q}}} \tag{4.162}$$

这就可以实现两个坐标系间的映射。

对物理坐标系（x，y）中的任意一个函数 $\Phi(x, \ y)$，求它的偏导数，有

$$\left.\begin{aligned} \frac{\partial\Phi}{\partial\xi} &= \frac{\partial\Phi}{\partial x} \times \frac{\partial x}{\partial\xi} + \frac{\partial\Phi}{\partial y} \times \frac{\partial y}{\partial\xi} \\ \frac{\partial\Phi}{\partial\eta} &= \frac{\partial\Phi}{\partial x} \times \frac{\partial x}{\partial\eta} + \frac{\partial\Phi}{\partial y} \times \frac{\partial y}{\partial\eta} \end{aligned}\right\} \tag{4.163}$$

则偏导数的变换关系为

$$\left.\begin{aligned}\frac{\partial}{\partial\xi}=\frac{\partial x}{\partial\xi}\times\frac{\partial}{\partial x}+\frac{\partial y}{\partial\xi}\times\frac{\partial}{\partial y}\\\frac{\partial}{\partial\eta}=\frac{\partial x}{\partial\eta}\times\frac{\partial}{\partial x}+\frac{\partial y}{\partial\eta}\times\frac{\partial}{\partial y}\end{aligned}\right\}\tag{4.164}$$

写成矩阵形式，有

$$\begin{bmatrix}\dfrac{\partial}{\partial\xi}\\\dfrac{\partial}{\partial\eta}\end{bmatrix}=\boldsymbol{J}\begin{bmatrix}\dfrac{\partial}{\partial x}\\\dfrac{\partial}{\partial y}\end{bmatrix}\tag{4.165}$$

其中

$$\boldsymbol{J}=\begin{bmatrix}\dfrac{\partial x}{\partial\xi}&\dfrac{\partial y}{\partial\xi}\\\dfrac{\partial x}{\partial\eta}&\dfrac{\partial y}{\partial\eta}\end{bmatrix}\tag{4.166}$$

称为雅可比矩阵；也可将式（4.165）写成以下逆形式

$$\begin{bmatrix}\dfrac{\partial}{\partial\xi}\\\dfrac{\partial}{\partial\eta}\end{bmatrix}=\boldsymbol{J}^{-1}\begin{bmatrix}\dfrac{\partial}{\partial\xi}\\\dfrac{\partial}{\partial\eta}\end{bmatrix}=\frac{1}{|\boldsymbol{J}|}\begin{bmatrix}\dfrac{\partial y}{\partial\eta}&-\dfrac{\partial y}{\partial\xi}\\-\dfrac{\partial x}{\partial\eta}&\dfrac{\partial x}{\partial\xi}\end{bmatrix}\begin{bmatrix}\dfrac{\partial}{\partial\xi}\\\dfrac{\partial}{\partial\eta}\end{bmatrix}\tag{4.167}$$

其中，$|\boldsymbol{J}|$ 是矩阵 $\boldsymbol{J}$ 的行列式，即

$$|\boldsymbol{J}|=\frac{\partial x}{\partial\xi}\times\frac{\partial y}{\partial\eta}-\frac{\partial y}{\partial\xi}\times\frac{\partial x}{\partial\eta}\tag{4.168}$$

将式（4.167）写成

$$\left.\begin{aligned}\frac{\partial}{\partial x}=\frac{1}{|\boldsymbol{J}|}\left(\frac{\partial y}{\partial\eta}\times\frac{\partial}{\partial\xi}-\frac{\partial y}{\partial\xi}\times\frac{\partial}{\partial\eta}\right)\\\frac{\partial}{\partial y}=\frac{1}{|\boldsymbol{J}|}\left(-\frac{\partial x}{\partial\eta}\times\frac{\partial}{\partial\xi}+\frac{\partial x}{\partial\xi}\times\frac{\partial}{\partial\eta}\right)\end{aligned}\right\}\tag{4.169}$$

这就是两个坐标系的偏导数映射关系。

4.2.6.2 两个坐标系之间的面（体）积元映射

如图 4.23 所示，在物理坐标系（x，y）中，由 d$\boldsymbol{\xi}$ 和 d$\boldsymbol{\eta}$ 所围成的微小平行四边形，其面积为

$$\mathrm{d}A=|\mathrm{d}\boldsymbol{\xi}\times\mathrm{d}\boldsymbol{\eta}|\tag{4.170}$$

由于 d$\boldsymbol{\xi}$ 和 d$\boldsymbol{\eta}$ 在物理坐标系（x，y）中的分量为

$$\left.\begin{aligned}\mathrm{d}\boldsymbol{\xi}=\frac{\partial x}{\partial\xi}\mathrm{d}\xi\cdot\boldsymbol{i}+\frac{\partial y}{\partial\xi}\mathrm{d}\xi\cdot\boldsymbol{j}\\\mathrm{d}\boldsymbol{\eta}=\frac{\partial x}{\partial\eta}\mathrm{d}\eta\cdot\boldsymbol{i}+\frac{\partial y}{\partial\eta}\mathrm{d}\eta\cdot\boldsymbol{j}\end{aligned}\right\}\tag{4.171}$$

其中，$\boldsymbol{i}$ 和 $\boldsymbol{j}$ 分别为物理坐标系（x，y）中的 x 方向和 y 方向的单位向量。由式

(4.170)，则有面积微元的变换计算

$$dA=\begin{vmatrix}\frac{\partial x}{\partial\xi}d\xi & \frac{\partial y}{\partial\xi}d\xi\\ \frac{\partial x}{\partial\eta}d\eta & \frac{\partial y}{\partial\eta}d\eta\end{vmatrix}=|\boldsymbol{J}|d\xi d\eta \tag{4.172}$$

式（4.172）给出（x，y）坐标系中面积 dA 的变换计算公式。同样，就三维问题，在（x，y，z）坐标系中，由 $d\boldsymbol{\xi}$、$d\boldsymbol{\eta}$ 和 $d\boldsymbol{\zeta}$ 所围成的微小六面体的体积为 $d\Omega=d\xi\times(d\eta\times d\zeta)$，则有体积微元的变换

$$d\Omega=\begin{vmatrix}\frac{\partial x}{\partial\xi}d\xi & \frac{\partial y}{\partial\xi}d\xi & \frac{\partial z}{\partial\xi}d\xi\\ \frac{\partial x}{\partial\eta}d\eta & \frac{\partial y}{\partial\eta}d\eta & \frac{\partial z}{\partial\eta}d\eta\\ \frac{\partial x}{\partial\zeta}d\zeta & \frac{\partial y}{\partial\zeta}d\zeta & \frac{\partial z}{\partial\zeta}d\zeta\end{vmatrix}=|\boldsymbol{J}|d\xi d\eta d\zeta \tag{4.173}$$

该式给出了（x，y，z）坐标系中体积 $d\Omega$ 的变换计算公式。

4.2.6.3 参数单元的三种类型

对照物理坐标系（x，y）中的任意四边形单元与基准坐标系（ξ，η）中的矩形单元之间的坐标映射式（4.162），基于两个形状函数矩阵 $\boldsymbol{N}(\xi,\eta)$ 和 $\boldsymbol{M}(\xi',\eta')$ 中插值函数的阶次，有单元变换的如下定义。

根据几何形状映射函数的阶次与位移函数插值的阶次的比较来给出参数单元的定义。

等参元：几何形状矩阵 $\boldsymbol{N}$ 中的插值阶次＝位移形状矩阵 $\boldsymbol{M}$ 中的插值阶次；

超参元：几何形状矩阵 $\boldsymbol{N}$ 中的插值阶次＞位移形状矩阵 $\boldsymbol{M}$ 中的插值阶次；

亚参元：几何形状矩阵 $\boldsymbol{N}$ 中的插值阶次＜位移形状矩阵 $\boldsymbol{M}$ 中的插值阶次。

由于插值阶次是由节点数量决定的，所以，可由几何形状变换的节点数和位移插值函数的节点数直接判断参数单元的性质，见图 4.24。

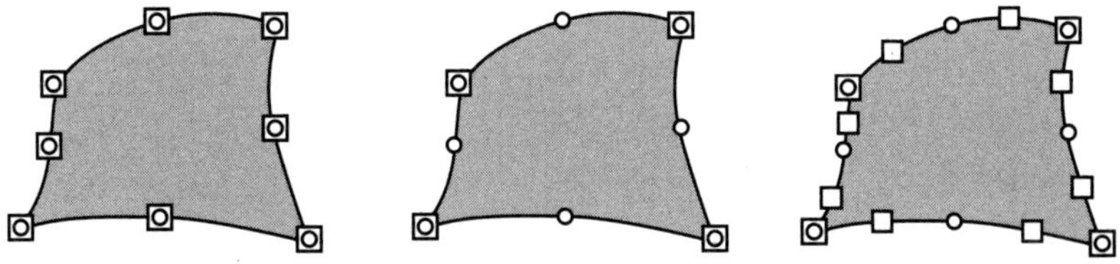

(a) 等参元　(b) 超参元　(c) 亚参元

图 4.24　等参元、超参元以及亚参元的示意图

（圆圈表示几何映射坐标点，方形表示位移插值用的节点）

研究表明，对于等参元以及亚参元，位移函数可以满足完备性要求，而超参元不满足完备性要求。

4.2.6.4 参数单元刚度矩阵计算的数值积分

对于一个实际的单元，可以实现整个单元刚度矩阵在两个坐标系的变换计算，即

$$\begin{aligned}\boldsymbol{K}^{e}_{(xy)} &= \int_{A^{e}} \boldsymbol{B}^{T}\left(x, y, \frac{\partial}{\partial x}, \frac{\partial}{\partial y}\right)\boldsymbol{D}\boldsymbol{B}\left(x, y, \frac{\partial}{\partial x}, \frac{\partial}{\partial y}\right)\mathrm{d}A \times t \\ &= \int_{-1}^{1}\int_{-1}^{1} \boldsymbol{B}^{*}\left(\xi, \eta, \frac{\partial}{\partial \xi}, \frac{\partial}{\partial \eta}\right)\boldsymbol{D}\boldsymbol{B}^{*}\left(\xi, \eta, \frac{\partial}{\partial \xi}, \frac{\partial}{\partial \eta}\right)|\boldsymbol{J}|\,\mathrm{d}\xi\,\mathrm{d}\eta \times t\end{aligned} \tag{4.174}$$

就平面 4 节点等参元，式（4.174）将变换成以下形式的积分，其刚度矩阵的元素为

$$\boldsymbol{K}^{e}_{(xy)ij} = \int_{-1}^{1}\int_{-1}^{1} \frac{1}{A_0 + B_0\xi + C_0\eta}\left[(A_{\alpha i} + B_{\alpha i}\xi + C_{\alpha i}\eta)(A_{\beta j} + B_{\beta j}\xi + C_{\beta j}\eta)\right]\mathrm{d}\xi\,\mathrm{d}\eta \times t$$

$$(i, j = 1, 2, \cdots, 8) \tag{4.175}$$

其中，A_0、B_0、C_0、$A_{\alpha i}$、$B_{\alpha i}$、$C_{\alpha i}$、$A_{\beta j}$、$B_{\beta j}$、$C_{\beta j}$ 为系数。这个积分很难以解析的形式给出，一般都采用近似的数值积分法，常用的是 Gauss 积分公式，它是一种高精度和高效率的数值积分方法。在计算刚度矩阵系数时，往往要计算复杂函数的定积分，下面介绍在有限元分析中广泛使用的数值积分方法——数值积分的 Gauss 方法。

一个函数的定积分，可以通过 n 个点的函数值以及它们的加权组合来计算，即

$$\int_{-1}^{1} f(\xi)\mathrm{d}\xi \approx \sum_{k=1}^{n} A_k f(\xi_k) \tag{4.176}$$

其中，$f(\xi)$ 为被积函数；n 为积分点数；A_k 为积分权系数；ξ_k 积分点位置，当 n 确定时，A_k 和 ξ_k 也为对应的确定值。下面给出式（4.176）的计算原理及确定 A_k 和 ξ_k 的方法。

下面具体给出几种情况的 Gauss 积分点及权系数。

(1) 1 点 Gauss 积分公式

即式（4.176）中的 $n=1$，这时

$$I = \int_{-1}^{1} f(\xi)\mathrm{d}\xi \approx 2f(0) \tag{4.177}$$

显然，$A_1=2$、$\xi_1=0$ 就是梯形积分公式。

(2) 2 点 Gauss 积分

即式（4.176）中的 $n=2$，这时

$$I = \int_{-1}^{1} f(\xi)\mathrm{d}\xi \approx A_1 f(\xi_1) + A_2 f(\xi_2) \tag{4.178}$$

这里需要确定 A_1、A_2、ξ_1 和 ξ_2。除用构造正交多项式的方法来进行推导和确定 Gauss 积分点和权函数外，也可以直接进行推导来求取，为更好地理解 Gauss 积分的性质，下面给出直接方法。

基于这样一个思想：要求式（4.176）中当 $f(\xi)$ 分别取为 1、ξ、ξ^2、ξ^3 时都能够

精确成立，并由此来确定出这四个系数 A_1、A_2、ξ_1、ξ_2。

令 $f(\xi)$ 分别为 1、ξ、ξ^2、ξ^3，将其代入式（4.178）中，可得到以下 4 个方程

$$\left.\begin{aligned} 2&=A_1+A_2\\ 0&=A_1\xi_1+A_2\xi_2\\ \frac{2}{3}&=A_1\xi_1^2+A_2\xi_2^2\\ 0&=A_1\xi_1^3+A_2\xi_2^3 \end{aligned}\right\} \tag{4.179}$$

解出 $\xi_1=-\dfrac{1}{\sqrt{3}}$，$\xi_2=\dfrac{1}{\sqrt{3}}$，$A_1=A_2=1$，则 2 点 Gauss 积分公式为

$$I=\int_{-1}^{1}f(\xi)\mathrm{d}\xi\approx f\left(-\frac{1}{\sqrt{3}}\right)+f\left(\frac{1}{\sqrt{3}}\right) \tag{4.180}$$

(3) 高次多点 Gauss 积分

对于 n 点 Gauss 积分

$$I=\int_{-1}^{1}f(\xi)\mathrm{d}\xi\approx A_1f(\xi_1)+A_2f(\xi_2)+\cdots+A_nf(\xi_n) \tag{4.181}$$

如果按照上面的方法来确定 ξ_1、ξ_2、…、ξ_n、A_1、A_2、…、A_n，则要求解多元高次方程组，难度较大。在实际工作中，一般都采用 Legendre 多项式来构造和求取相应的积分点 ξ_i 和积分权系数 A_i。

二维和三维问题的 Gauss 积分：可将一维 Gauss 积分直接推广到二维和三维情形的积分。

二维情形：

$$\begin{aligned} I&=\int_{-1}^{1}\int_{-1}^{1}f(\xi,\eta)\mathrm{d}\xi\mathrm{d}\eta=\int_{-1}^{1}\sum_{j=1}^{n}A_jf(\xi_j,\eta)\mathrm{d}\eta\\ &=\sum_{j=1}^{n}[A_jf(\xi_j,\eta_i)]=\sum_{j=1}^{n}\sum_{j=1}^{n}A_iA_jf(\xi_j,\eta_i)\\ &=\sum_{i,j=1}^{n}A_{ij}f(\xi_j,\eta_i) \end{aligned} \tag{4.182}$$

其中，$A_{ij}=A_iA_j$；ξ_j、η_i、A_i、A_j 都是一维 Gauss 积分的积分点和权系数。

三维情形：

$$\begin{aligned} I&=\int_{-1}^{1}\int_{-1}^{1}\int_{-1}^{1}f(\xi,\eta,\zeta)\mathrm{d}\xi\mathrm{d}\eta\mathrm{d}\zeta\\ &=\sum_{m=1}^{n}\sum_{j=1}^{n}\sum_{j=1}^{n}A_mA_jA_if(\xi_i,\eta_j,\zeta_m)\\ &=\sum_{i,j,m=1}^{n}A_{mji}f(\xi_i,\eta_j,\zeta_m) \end{aligned} \tag{4.183}$$

其中，$A_{mji}=A_mA_iA_j$；ξ_i、η_j、ζ_m、A_i、A_j、A_m 都是一维 Gauss 积分的积分点和权系数。

例 4.5 平面 4 节点四边形等参元的刚度矩阵的计算。如图 4.25 所示为一个平面 4 节点四边形等参元，试采用 4 点 Gauss 积分计算该单元的刚度矩阵。材料的弹性模量为 $E=30\times10^6$MPa，泊松比为 $\mu=0.3$，厚度为 $t=0.1$m。

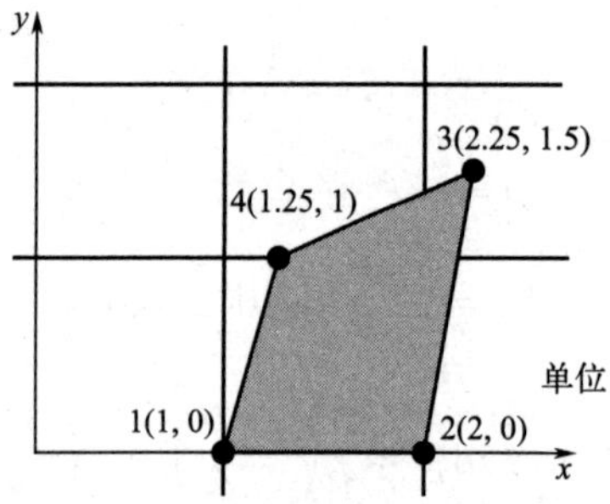

图 4.25 一个平面 4 节点四边形等参元

解：根据该单元的几何形状，可得到坐标的映射函数为

$$
\begin{aligned}
x(\xi, y) &= N_1(\xi, \eta)x_1 + N_2(\xi, \eta)x_2 + N_3(\xi, \eta)x_3 + N_4(\xi, \eta)x_4 \\
&= \frac{1}{4}[(1-\xi)(1-\eta)x_1 + (1-\xi)(1-\eta)x_2 + (1-\xi)(1-\eta)x_3 \\
&\quad + (1-\xi)(1-\eta)x_4] \\
&= \frac{1}{4}[(1-\xi)(1-\eta) + 2(1-\xi)(1-\eta) + 2.25(1-\xi)(1-\eta) \\
&\quad + 1.25(1-\xi)(1-\eta)] \\
y(\xi, y) &= N_1(\xi, \eta)y_1 + N_2(\xi, \eta)y_2 + N_3(\xi, \eta)y_3 + N_4(\xi, \eta)y_4 \\
&= \frac{1}{4}[(1-\xi)(1-\eta)y_1 + (1-\xi)(1-\eta)y_2 + (1-\xi)(1-\eta)y_3 \\
&\quad + (1-\xi)(1-\eta)y_4] \\
&= \frac{1}{4}[1.5(1-\xi)(1-\eta) + (1-\xi)(1-\eta)]
\end{aligned}
$$

雅可比矩阵为

$$
\boldsymbol{J} = \begin{bmatrix} J_{11} & J_{12} \\ J_{21} & J_{22} \end{bmatrix} = \begin{bmatrix} \dfrac{\partial x}{\partial \xi} & \dfrac{\partial y}{\partial \xi} \\ \dfrac{\partial x}{\partial \eta} & \dfrac{\partial x}{\partial \eta} \end{bmatrix}
$$

具体计算雅可比矩阵中的各项为

$$
\left.
\begin{aligned}
J_{11} &= \frac{\partial y}{\partial \xi} = \frac{1}{2} \\
J_{21} &= \frac{\partial x}{\partial \eta} = \frac{1}{2} \\
J_{12} &= \frac{\partial y}{\partial \xi} = \frac{1}{4}(0.5 - 0.5\eta) \\
J_{22} &= \frac{\partial y}{\partial \eta} = \frac{1}{4}(2.5 - 0.5\xi)
\end{aligned}
\right\}
$$

雅可比矩阵的行列式为

$$|J|=J_{11}J_{22}-J_{12}J_{21}=\frac{1}{16}(4-\xi-\eta)$$

则位移函数关于坐标系的偏导数变换为

$$\begin{bmatrix}\dfrac{\partial u}{\partial x}\\[2mm]\dfrac{\partial u}{\partial y}\end{bmatrix}=\frac{1}{|\boldsymbol{J}|}\begin{bmatrix}J_{22} & -J_{12}\\ -J_{21} & J_{11}\end{bmatrix}\begin{bmatrix}\dfrac{\partial u}{\partial \xi}\\[2mm]\dfrac{\partial u}{\partial \eta}\end{bmatrix},\quad \begin{bmatrix}\dfrac{\partial v}{\partial x}\\[2mm]\dfrac{\partial v}{\partial y}\end{bmatrix}=\frac{1}{|\boldsymbol{J}|}\begin{bmatrix}J_{22} & -J_{12}\\ -J_{21} & J_{11}\end{bmatrix}\begin{bmatrix}\dfrac{\partial v}{\partial \xi}\\[2mm]\dfrac{\partial v}{\partial \eta}\end{bmatrix}$$

应变分量关于两个坐标系的计算表达式为

$$\begin{bmatrix}\varepsilon_{xx}\\ \varepsilon_{yy}\\ \gamma_{xy}\end{bmatrix}=\begin{bmatrix}\dfrac{\partial u}{\partial x}\\[2mm]\dfrac{\partial v}{\partial y}\\[2mm]\dfrac{\partial u}{\partial y}+\dfrac{\partial v}{\partial x}\end{bmatrix}=\frac{1}{|\boldsymbol{J}|}\begin{bmatrix}J_{22} & -J_{12} & 0 & 0\\ 0 & 0 & -J_{21} & J_{11}\\ -J_{21} & J_{11} & J_{22} & -J_{21}\end{bmatrix}\begin{bmatrix}\dfrac{\partial u}{\partial \xi}\\[2mm]\dfrac{\partial u}{\partial \eta}\\[2mm]\dfrac{\partial v}{\partial \xi}\\[2mm]\dfrac{\partial v}{\partial \eta}\end{bmatrix}=\boldsymbol{H}\begin{bmatrix}\dfrac{\partial u}{\partial \xi}\\[2mm]\dfrac{\partial u}{\partial \eta}\\[2mm]\dfrac{\partial v}{\partial \xi}\\[2mm]\dfrac{\partial v}{\partial \eta}\end{bmatrix}\tag{4.184}$$

其中 $\boldsymbol{H}$ 为

$$\boldsymbol{H}=\frac{1}{|\boldsymbol{J}|}\begin{bmatrix}J_{22} & -J_{12} & 0 & 0\\ 0 & 0 & -J_{21} & J_{11}\\ -J_{21} & J_{11} & J_{22} & -J_{21}\end{bmatrix}\tag{4.185}$$

而

$$\begin{bmatrix}\dfrac{\partial u}{\partial \xi}\\[2mm]\dfrac{\partial u}{\partial \eta}\\[2mm]\dfrac{\partial v}{\partial \xi}\\[2mm]\dfrac{\partial v}{\partial \eta}\end{bmatrix}=\begin{bmatrix}\dfrac{\partial}{\partial \xi} & 0\\[2mm]\dfrac{\partial}{\partial \eta} & 0\\[2mm] 0 & \dfrac{\partial}{\partial \xi}\\[2mm] 0 & \dfrac{\partial}{\partial \eta}\end{bmatrix}\begin{bmatrix}u\\ v\end{bmatrix}=\begin{bmatrix}\dfrac{\partial}{\partial \xi} & 0\\[2mm]\dfrac{\partial}{\partial \eta} & 0\\[2mm] 0 & \dfrac{\partial}{\partial \xi}\\[2mm] 0 & \dfrac{\partial}{\partial \eta}\end{bmatrix}\boldsymbol{N}(\xi,\ \eta)\boldsymbol{q}=\boldsymbol{Q}\boldsymbol{q}\tag{4.186}$$

其中

$$\boldsymbol{Q}=\begin{bmatrix}\dfrac{\partial}{\partial \xi} & 0\\[2mm]\dfrac{\partial}{\partial \eta} & 0\\[2mm] 0 & \dfrac{\partial}{\partial \xi}\\[2mm] 0 & \dfrac{\partial}{\partial \eta}\end{bmatrix}\boldsymbol{N}(\xi,\ \eta)$$

$$\boldsymbol{q}=[u_1 \quad v_1 \quad u_2 \quad v_2 \quad u_3 \quad v_3 \quad u_4 \quad v_4]^{\mathrm{T}}$$

$$\boldsymbol{N}(\xi,\ \eta)=\begin{bmatrix} N_1 & 0 & N_2 & 0 & N_3 & 0 & N_4 & 0 \\ 0 & N_1 & 0 & N_2 & 0 & N_3 & 0 & N_4 \end{bmatrix}$$

将式（4.185）以及式（4.186）代入式（4.184）中，有

$$\begin{bmatrix} \varepsilon_{xx} \\ \varepsilon_{yy} \\ \gamma_{xy} \end{bmatrix}=\boldsymbol{HQq}=\boldsymbol{Bq}$$

其中

$$\boldsymbol{B}=\boldsymbol{HQ}$$

具体计算图 4.25 中等参元的

$$\underset{(3\times4)}{\boldsymbol{H}}=\frac{4}{4-\xi-\eta}\begin{bmatrix} 2.5-0.5\xi & -(0.5-0.5\eta) & 0 & 0 \\ 0 & 0 & -2 & 2 \\ -2 & 2 & 2.5-0.5\xi & -(0.5-0.5\eta) \end{bmatrix}$$

$$\underset{(4\times8)}{\boldsymbol{Q}}=\frac{1}{4}\begin{bmatrix} \eta-1 & 0 & 1-\eta & 0 & 1+\eta & 0 & -(1+\eta) & 0 \\ \xi-1 & 0 & -(1+\xi) & 0 & 1+\xi & 0 & 1-\xi & 0 \\ 0 & \eta-1 & 0 & 1-\eta & 0 & 1+\eta & 0 & -(1+\eta) \\ 0 & \xi-1 & 0 & -(1+\xi) & 0 & 1+\xi & 0 & 1-\xi \end{bmatrix}$$

由于图 4.25 中的单元为平面应力单元，则弹性系数矩阵为

$$\underset{(3\times3)}{\boldsymbol{D}}=32.97\times10^6\times\begin{bmatrix} 1 & 0.3 & 0 \\ 0.3 & 1 & 0 \\ 0 & 0 & 0.35 \end{bmatrix}\mathrm{MPa}$$

选择 4 点 Gauss 积分，即积分位置以及权函数为

$$\left.\begin{aligned} \xi_i=\eta_j=\pm\frac{\sqrt{3}}{3} \\ A_i=A_j=1 \end{aligned}\right\}$$

该单元的刚度矩阵为

$$\underset{(8\times8)}{\boldsymbol{K}^{\mathrm{e}}}=t\sum_{i=1}^{2}\sum_{j=1}^{2}\left\{A_iA_j\left[\underset{(8\times4)}{\boldsymbol{Q}^{\mathrm{T}}}\ \underset{(4\times3)}{\boldsymbol{H}^{\mathrm{T}}}\ \underset{(3\times3)}{\boldsymbol{D}}\ \underset{(3\times4)}{\boldsymbol{H}}\ \underset{(4\times8)}{\boldsymbol{Q}}\right]\Big|_{(\xi_i,\ \eta_j)}|\boldsymbol{J}(\xi_i,\ \eta_j)|\right\}$$

$$=10^3\begin{array}{c} \begin{matrix} u_1 & v_1 & u_2 & v_2 & u_3 & v_3 & u_4 & v_4 \end{matrix} \\ \begin{bmatrix} 2305 & 798 & -1759 & -152 & -617 & -214 & 72 & -432 \\ & 1453 & -52 & -169 & -214 & -389 & -533 & -895 \\ & & 1957 & -522 & 471 & 14 & -669 & 560 \\ & & & 993 & -41 & 45 & 633 & -869 \\ & & \text{sys} & & 166 & 57 & -19 & 116 \\ & & & & & 104 & 143 & 240 \\ & & & & & & 616 & -244 \\ & & & & & & & 1524 \end{bmatrix} \end{array}\mathrm{MN/m}$$

4.2.7 平面问题分析的算例

4.2.7.1 平面 3 节点三角形单元分析的算例

例 4.6 基于 3 节点三角形单元的矩形薄板分析。图 4.26 所示为一矩形薄平板，在右端部受集中力 $F=100000\text{N}$ 作用，材料常数为：弹性模量 $E=1\times10^7\text{Pa}$、泊松比 $\mu=1/3$，板的厚度为 $t=0.1\text{m}$。试按平面应力问题计算各个节点位移及支座反力。

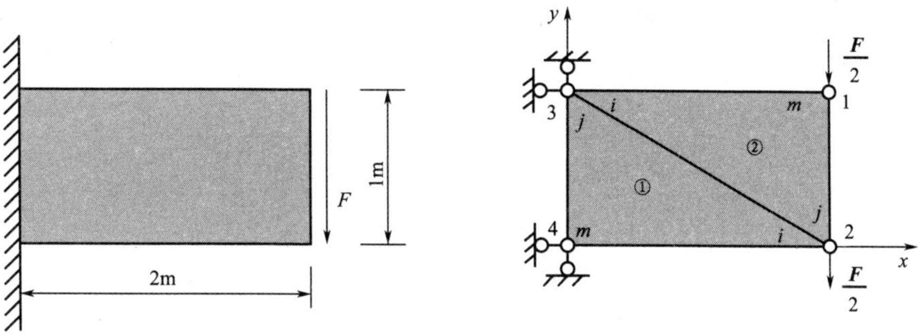

(a) 问题描述　　(b) 有限元分析模型

图 4.26 右端部受集中力作用的平面问题

解：对该问题进行有限元分析的过程如下。

(1) 结构的离散化与编号

对该结构进行离散，单元编号及节点编号如图 4.26（b）所示，即有 2 个 3 节点三角形单元。载荷 F 按静力等效原则向节点 1、节点 2 移置等效。

节点位移列阵

$$\boldsymbol{q}=[u_1\quad v_1\quad u_2\quad v_2\quad u_3\quad v_3\quad u_4\quad v_4]^{\mathrm{T}} \tag{4.187}$$

节点外载列阵

$$\boldsymbol{F}=\begin{bmatrix}0 & -\dfrac{F}{2} & 0 & -\dfrac{F}{2} & 0 & 0 & 0 & 0\end{bmatrix}^{\mathrm{T}} \tag{4.188}$$

约束的支座反力列阵

$$\boldsymbol{R}=[0\quad 0\quad 0\quad 0\quad R_{x3}\quad R_{y3}\quad R_{x4}\quad R_{y4}]^{\mathrm{T}}$$

总的节点载荷列阵

$$\boldsymbol{P}=\boldsymbol{F}+\boldsymbol{R}=\begin{bmatrix}0 & -\dfrac{F}{2} & 0 & -\dfrac{F}{2} & R_{x3} & R_{y3} & R_{x4} & R_{y4}\end{bmatrix}^{\mathrm{T}}$$

其中，（R_{x3}，R_{y3}）和（R_{x4}，R_{y4}）分别为节点 3 和节点 4 的两个方向的支座反力。

(2) 各个单元的描述

当两个单元取图示中的局部编码（i，j，m）时，其单元刚度矩阵完全相同，即

$$
\boldsymbol{K}^{(1),(2)}=\begin{bmatrix}\boldsymbol{k}_{ii} & \boldsymbol{k}_{ij} & \boldsymbol{k}_{jm}\\ \boldsymbol{k}_{ji} & \boldsymbol{k}_{jj} & \boldsymbol{k}_{jm}\\ \boldsymbol{k}_{mi} & \boldsymbol{k}_{mj} & \boldsymbol{k}_{mm}\end{bmatrix}
$$

$$
=\frac{9Et}{32}\left[\begin{array}{cc|cc|cc}
1 & 0 & 0 & \frac{2}{3} & -1 & -\frac{2}{3}\\
0 & \frac{1}{3} & \frac{2}{3} & 0 & -\frac{2}{3} & -\frac{1}{3}\\
\hline
0 & \frac{2}{3} & \frac{4}{3} & 0 & -\frac{4}{3} & -\frac{2}{3}\\
\frac{2}{3} & 0 & 0 & 4 & -\frac{2}{3} & -4\\
\hline
-1 & -\frac{2}{3} & -\frac{4}{3} & -\frac{2}{3} & \frac{7}{3} & \frac{4}{3}\\
-\frac{2}{3} & -\frac{1}{3} & -\frac{2}{3} & -4 & \frac{4}{3} & \frac{13}{3}
\end{array}\right]
$$

(3) 建立整体刚度方程

按单元的位移自由度所对应的位置进行组装可以得到整体刚度矩阵，该组装过程可以写成

$$
\boldsymbol{K}=\boldsymbol{K}^{(1)}+\boldsymbol{K}^{(2)} \tag{4.189}
$$

由所得到的总刚度矩阵式（4.189）、节点位移列阵式（4.187）以及节点载荷列阵式（4.188），代入整体刚度方程 $\boldsymbol{Kq}=\boldsymbol{P}$ 中，有

$$
\frac{9Et}{32}\begin{bmatrix}
\frac{7}{3} & \frac{4}{3} & -\frac{4}{3} & -\frac{2}{3} & -1 & -\frac{2}{3} & 0 & 0\\
\frac{4}{3} & \frac{13}{3} & -\frac{2}{3} & -4 & -\frac{2}{3} & -\frac{1}{3} & 0 & 0\\
-\frac{4}{3} & -\frac{2}{3} & \frac{7}{3} & 0 & 0 & \frac{4}{3} & -1 & -\frac{2}{3}\\
\frac{2}{3} & -4 & 0 & \frac{13}{3} & \frac{4}{3} & 0 & -\frac{2}{3} & -\frac{1}{3}\\
-1 & -\frac{2}{3} & 0 & \frac{4}{3} & \frac{7}{3} & 0 & -\frac{4}{3} & -\frac{2}{3}\\
-\frac{2}{3} & -\frac{1}{3} & \frac{4}{3} & 0 & 0 & \frac{13}{3} & -\frac{2}{3} & -4\\
0 & 0 & -1 & -\frac{2}{3} & -\frac{4}{3} & -\frac{2}{3} & \frac{7}{3} & \frac{4}{3}\\
0 & 0 & -\frac{2}{3} & -\frac{1}{3} & -\frac{2}{3} & -4 & \frac{4}{3} & \frac{13}{3}
\end{bmatrix}\begin{bmatrix}u_1\\ v_1\\ u_2\\ v_2\\ u_3\\ v_3\\ u_4\\ v_4\end{bmatrix}=\begin{bmatrix}0\\ -\frac{F}{2}\\ 0\\ -\frac{F}{2}\\ R_{x3}\\ R_{y3}\\ R_{x4}\\ R_{y4}\end{bmatrix}
$$

(4) 边界条件的处理及刚度方程求解

该问题的位移边界条件为 $u_3=0$、$v_3=0$、$u_4=0$、$v_4=0$，将其代入上式，划去已知节点位移对应的第5行至第8行（列），有

$$\frac{9Et}{32}\begin{bmatrix} \frac{7}{3} & \frac{4}{3} & -\frac{4}{3} & -\frac{2}{3} \\ \frac{4}{3} & \frac{13}{3} & -\frac{2}{3} & -4 \\ -\frac{4}{3} & -\frac{2}{3} & \frac{7}{3} & 0 \\ -\frac{2}{3} & -4 & 0 & \frac{13}{3} \end{bmatrix}\begin{bmatrix} u_1 \\ v_1 \\ u_2 \\ v_3 \end{bmatrix}=\begin{bmatrix} 0 \\ -\frac{F}{2} \\ 0 \\ -\frac{F}{2} \end{bmatrix}$$

可求出节点位移如下

$$[u_1 \quad v_1 \quad u_2 \quad v_2]^{\mathrm{T}}=\frac{F}{Et}[1.88 \quad -8.99 \quad -1.50 \quad -8.42]^{\mathrm{T}} \tag{4.190}$$

(5) 支座反力的计算

将所求得的节点位移式（4.190）代入总刚度方程式（4.189）中，可求得支反力如下

$$R_{x3}=\frac{9Et}{32}(-u_1-\frac{2}{3}v_1+\frac{4}{3}v_2)=-2F$$

$$R_{y3}=\frac{9Et}{32}(-\frac{2}{3}u_1-\frac{1}{3}v_1+\frac{4}{3}u_2)=-0.07F$$

$$R_{x4}=\frac{9Et}{32}(-u_2-\frac{1}{3}v_2)=2F$$

$$R_{y4}=\frac{9Et}{32}(-\frac{2}{3}u_2-\frac{1}{3}v_2)=1.07F$$

4.2.7.2 平面4节点四边形单元分析的算例

例 4.7 如图4.27所示的一个薄平板，在右端部受集中力 F 作用，其中的参数为：$E=1\times10^7$ Pa，$\mu=1/3$，$t=0.1$m，$F=1\times10^5$N。基于MATLAB平台，按平面应力问题计算各个节点位移、支座反力以及单元的应力。

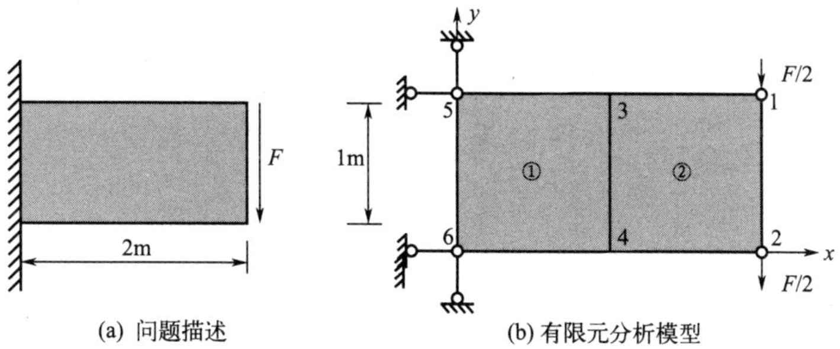

图4.27 右端部受集中力作用的薄平板

对该问题进行有限元分析的过程如下。

(1) 结构的离散化与编号

将结构离散为两个 4 节点矩形单元，单元编号及节点编号如图 4.27（b）所示，连接关系见表 4.4，节点的几何坐标见表 4.5，载荷 F 按静力等效原则向节点 1、节点 2 移置。

表 4.4 结构的单元连接关系

单元号	节点号
1	3 5 6 4
2	1 3 4 2

表 4.5 节点的坐标

节点	节点坐标/m	
	x	y
1	2	1
2	2	0
3	1	1
4	1	0
5	0	1
6	0	0

节点位移列阵

$$\boldsymbol{q}=[u_1 \quad v_1 \quad u_2 \quad v_2 \quad u_3 \quad v_3 \quad u_4 \quad v_4 \quad u_5 \quad v_5 \quad u_6 \quad v_6]^{\mathrm{T}}$$

节点外载列阵

$$\boldsymbol{F}=\begin{bmatrix}0 & -\dfrac{F}{2} & 0 & -\dfrac{F}{2} & 0 & 0 & 0 & 0 & 0 & 0 & 0 & 0\end{bmatrix}^{\mathrm{T}}$$

约束的支座反力列阵

$$\boldsymbol{R}=[0 \quad 0 \quad 0 \quad 0 \quad 0 \quad 0 \quad 0 \quad 0 \quad R_{x5} \quad R_{y5} \quad R_{x6} \quad R_{y6}]^{\mathrm{T}}$$

总的节点载荷列阵

$$\boldsymbol{P}=\boldsymbol{F}+\boldsymbol{R}=\begin{bmatrix}0 & -\dfrac{F}{2} & 0 & -\dfrac{F}{2} & 0 & 0 & 0 & 0 & R_{x5} & R_{y5} & R_{x6} & R_{y6}\end{bmatrix}^{\mathrm{T}}$$

其中，(R_{x5}, R_{y5}) 和 (R_{x6}, R_{y6}) 分别为节点 5 和节点 6 的两个方向的支座反力。

(2) 计算各单元的刚度矩阵（以国际标准单位）

首先在 MATLAB 环境下，输入弹性模量 E、泊松比 NU，薄板厚度为 h，平面应力问题性质指示参数 ID，然后针对单元 1 和单元 2，分别调用两次函数 Quad 二维 4Node_Stiffness，就可以得到单元的刚度矩阵 k1（8×8）和 k2（8×8）。

(3) 建立整体刚度方程

由于该结构共有 6 个节点，则总共的自由度数为 12，因此，结构总的刚度矩阵为 KK（12×12），先对 KK 清零，然后两次调用函数 Quad 二维 4Node_Assembly 进行刚度矩阵的组装。

(4) 边界条件的处理及刚度方程求解

由图 4.27 可以看出，节点 5 和节点 6 的两个方向的位移将为零，即 $u_5=0$、$v_5=0$、$u_6=0$、$v_6=0$。因此，将针对节点 1、节点 2、节点 3 和节点 4 的位移进行求解，节点 1、节点 2、节点 3 和节点 4 的位移对应 KK 矩阵中的前 8 行和前 8 列，则需从 KK（12×12）中提出，置给 k，然后生成对应的载荷列阵 p，再采用高斯消去法进行求解。

(5) 支座反力的计算

在得到整个结构的节点位移后，由原整体刚度方程就可以计算出对应的支座反力；先将上面得到的位移结果与位移边界条件的节点位移进行组合（注意位置关系），可以得到整体的位移列阵 U（12×1），再代回原整体刚度方程，计算出所有的节点力 P（12×1），按式（4.189）的对应关系就可以计算出对应的支座反力。

(6) 各单元的应力计算

先从整体位移列阵 U（12×1）中提取出单元的位移列阵，然后，调用计算单元应力的函数 Quad 二维 4Node_Stress，就可以得到各个单元的应力分量。

5

Galerkin加权残值法和变分方法

5.1 引言

许多工程和物理领域中出现的一些连续问题通常能给出其微分方程和所施加的边界条件。本章将采用有限元法来处理这些问题。

将所面对的问题写出一般的形式，就是在定义域 Ω（体积、面积等）内（如图 5.1 所示）寻找一个未知函数 $\boldsymbol{u}$ 满足以下微分方程组

$$\mathbf{A}(\boldsymbol{u})=\begin{bmatrix} A_1(\boldsymbol{u}) \\ A_2(\boldsymbol{u}) \\ \vdots \end{bmatrix}=0 \tag{5.1}$$

同时，在域的边界 Γ 上（如图 5.1 所示）还要满足一定的边界条件

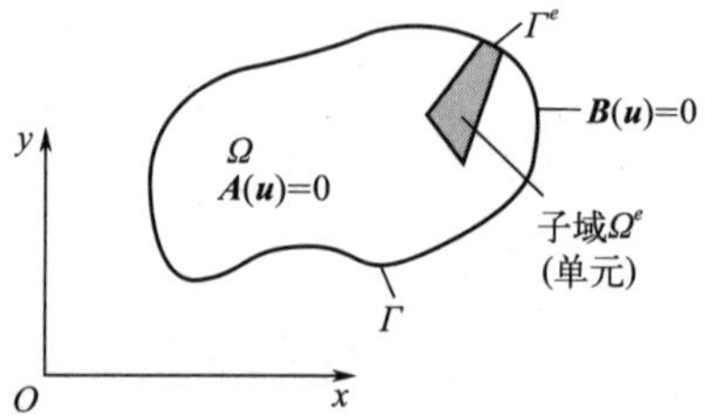

图 5.1　定义在域 Ω 和边界 Γ 上的问题

$$\boldsymbol{B}(\boldsymbol{u})=\begin{bmatrix} B_1(\boldsymbol{u}) \\ B_2(\boldsymbol{u}) \\ \vdots \end{bmatrix}=0 \tag{5.2}$$

选取的函数可以是标量，或者由几个变量组成的矢量。同样，微分方程也可以是一个或者一组联立方程，且不是线性的。所以通常会采用上面的矩阵形式来进行表达。

有限元是一种近似方法，其求解过程实际是求以下形式的近似解

$$u \approx \hat{u} = \sum_{i=1}^{n} N_i a_i = Na \tag{5.3}$$

式中，N_i 是形状函数，基于独立变量（如坐标 x，y 等）来表示，而大部分甚至是所有参数 a_i 都是未知参数。这里所使用的近似形式与解决弹性问题的位移方法是相同的。同时应该注意：①形状函数通常仅被定义在单元或者子域上；②若近似方程被包含在一个积分形式中，则可以通过组装离散系统的属性来恢复原系统。

基于这种思路，可以找到求取未知参数 a_i 的积分形式方程

$$\int_{\Omega} G_j(\hat{u})\mathrm{d}\Omega + \int_{\Gamma} g_j(\hat{u})\mathrm{d}\Gamma = 0,\ j = 1,\ 2,\ \cdots,\ n \tag{5.4}$$

式中，G_j 和 g_j 为已知函数或者算子。

这些积分形式可用来求取近似解，它应用针对标准离散系统所给出的组装过程通过一个个单元来实现。因此，假设函数 G_j 和 g_j 是可积的，则存在

$$\int_{\Omega} G_j \mathrm{d}\Omega + \int_{\Gamma} g_j \mathrm{d}\Gamma = \sum_{e=1}^{m}\left(\int_{\Omega^e} G_j \mathrm{d}\Omega + \int_{\Gamma^e} g_j \mathrm{d}\Gamma\right) = 0 \tag{5.5}$$

式中，Ω^e 为每个单元的域；Γ^e 为单元的边界。

可以采用两种不同的积分方法来获得近似解，第一种方法是加权残值法（即 Galerkin 方法），第二种方法是泛函求极值法，下面将依次介绍这两种方法。

如果微分方程是线性的，则可把式（5.1）和式（5.2）写成

$$A(u) \equiv Lu + p = 0,\quad \text{在 } \Omega \text{ 里} \tag{5.6}$$

$$B(u) \equiv Mu + t = 0,\quad \text{在 } \Gamma \text{ 上} \tag{5.7}$$

再由逼近方程式（5.4）推导出线性方程组

$$Ka + f = 0 \tag{5.8}$$

其中

$$K_{ij} = \sum_{e=1}^{m} K_{ij}^e,\ f_i = \sum_{e=1}^{m} f_i^e \tag{5.9}$$

这种表达方式比较抽象，容易使读者对以上各项的含义产生混淆，而通过典型微分方程求解的过程，可使该问题的表述更清晰和更容易理解。对于二维稳态热传导方程

$$\begin{cases} A(\phi) = \dfrac{\partial}{\partial x}\left(k\dfrac{\partial \phi}{\partial x}\right) + \dfrac{\partial}{\partial y}\left(k\dfrac{\partial \phi}{\partial y}\right) + Q = 0 \\ B(\phi) = \phi - \bar{\phi} = 0,\ \text{在}\Gamma_{\phi}\text{ 上} \\ \text{或 } B(\phi) = k\dfrac{\partial \phi}{\partial n} + \bar{q} = 0,\ \text{在}\Gamma_q\text{ 上} \end{cases} \tag{5.10}$$

式中，$u \equiv \phi$ 表示温度；k 为热传导率；Q 为热源；$\bar{\phi}$ 和 $\bar{q}$ 为在边界上给定的温度值和热流量；n 为 Γ 边界上的法线方向。在这一问题中，k 和 Q 可以是位置的函数，如果问题是非线性的，则它们还可以是 ϕ 或它的导数的函数。

而二维问题的稳态热传导-对流方程可表示为

$$A(\phi) = \frac{\partial}{\partial x}\left(k\frac{\partial \phi}{\partial x}\right) + \frac{\partial}{\partial y}\left(k\frac{\partial \phi}{\partial y}\right) + u_x\frac{\partial \phi}{\partial y} + u_y\frac{\partial \phi}{\partial x} + Q = 0 \tag{5.11}$$

其边界条件与式（5.10）相同，其中 u_x 和 u_y 是关于位置的已知函数，表示热传导中不可压缩流体的速度。

式（5.10）可进行系统等同处理，即由三个一阶方程组成

$$\boldsymbol{A}(\boldsymbol{u})=\begin{bmatrix}\dfrac{\partial q_x}{\partial x}+\dfrac{\partial q_y}{\partial y}+Q\\ q_x+k\dfrac{\partial \phi}{\partial x}\\ q_y+k\dfrac{\partial \phi}{\partial y}\end{bmatrix}=0 \tag{5.12}$$

定义在 Ω 中，并且

$$\boldsymbol{B}(\boldsymbol{u})=\begin{cases}\phi-\bar{\phi}=0, & 在\Gamma_\phi 上\\ q_n-\bar{q}=0, & 在\Gamma_q 上\end{cases} \tag{5.13}$$

式中，q_n 为沿边界法向的热通量。

未知函数矢量 $\boldsymbol{u}$ 为集合

$$\boldsymbol{u}=\begin{bmatrix}\phi\\ q_x\\ q_y\end{bmatrix} \tag{5.14}$$

以上是一个典型的所谓混合公式。在这个问题中，通过代数运算，总是可以将独立未知量的数目减少到与控制方程数量相对应的，使该问题可求解［即从式（5.12）中消去 q_x 和 q_y 得到式（5.10）］。如若不能进行类似的化解，则属于不可约表达式。

以上三类问题是非常典型和有用的，本章将通过缩减变量 y 将其变为一维问题来描述各种求解方法。

5.2 与微分方程等效的积分或弱形式表达

由于微分方程式（5.10）在域 Ω 内的每一点都必须为零，则可以得到

$$\int_\Omega \boldsymbol{v}^{\mathrm{T}}\boldsymbol{A}(\boldsymbol{u})\mathrm{d}\Omega\equiv\int_\Omega[v_1A_1(\boldsymbol{u})+v_2A_2(\boldsymbol{u})+\cdots]\mathrm{d}\Omega\equiv 0 \tag{5.15}$$

其中

$$\boldsymbol{v}=\begin{bmatrix}v_1\\ v_2\\ \vdots\end{bmatrix} \tag{5.16}$$

是一组任意函数，其函数的数量等于方程的数量（或 $\boldsymbol{u}$ 的分量的个数）。

事实上，对于所有的 $\boldsymbol{v}$，如果式（5.15）得到满足，则在域内的所有点就必须满足式（5.1）的微分方程。这一推论借助假设法可以很容易加以证明，即假设在域内存在任意一点或一个区域有 $\boldsymbol{A}(\boldsymbol{u})\neq 0$，则意味着能够找到一个函数 v，使得积分式（5.15）为非零，这就给出了相应的证明。

如果要求同时满足边界条件式（5.12），则对于任意一组函数 $\bar{\boldsymbol{v}}$，都应满足

$$\int_{\Gamma} \bar{\boldsymbol{v}}^{\mathrm{T}} \boldsymbol{B}(\boldsymbol{u}) \mathrm{d}\Gamma \equiv \int_{\Gamma} [\bar{v}_1 B_1(\boldsymbol{u}) + \bar{v}_2 B_2(\boldsymbol{u}) + \cdots] \mathrm{d}\Gamma = 0 \tag{5.17}$$

事实上，如果对所有的 $\boldsymbol{v}$ 和 $\bar{\boldsymbol{v}}$ 均满足如下积分表达式

$$\int_{\Gamma} \boldsymbol{v}^{\mathrm{T}} \boldsymbol{A}(\boldsymbol{u}) \mathrm{d}\Omega + \int_{\Gamma} \bar{\boldsymbol{v}}^{\mathrm{T}} \boldsymbol{B}(\boldsymbol{u}) \mathrm{d}\Gamma = 0 \tag{5.18}$$

则它将等同于满足微分方程式（5.1）和它的边界条件式（5.2）。

但需要注意的是，无论如何，都不可忽视其中所隐含的假设条件，即式（5.18）中的积分是可积的，这就对函数 $\boldsymbol{v}$ 或 $\boldsymbol{u}$ 的属性设置了一定的限制条件。此外，一般情况下应避免采用会导致积分为无限大的函数。因此，在不违反前面所述原理有效性的情况下，对于式（5.18），通常将函数 $\boldsymbol{v}$ 和 $\bar{\boldsymbol{v}}$ 限制选取为有界函数。对这些函数应根据在方程 $\boldsymbol{A}(\boldsymbol{u})$ [或 $\boldsymbol{B}(\boldsymbol{u})$] 中所涉及的导数阶次施加一定的限制条件。例如，假设一个函数 u 是连续的，但在 x 方向的导数不连续，如图 5.2 所示，设想在一个很小的范围 Δ 内，用一个连续函数来替换该不连续函数（即"修正"过程），再来研究其导数行为，很容易看出：尽管一阶导数还不确定，但其值是有限的且可积，而二阶导数趋于无穷大。因此，即使这个积分是有限的，但若通过简单方法进行数值积分也将会遇到困难。假如导数之间相乘之后积分不存在，这种函数被称为非二次可积的，这种性质的函数被称为 C_0 连续。

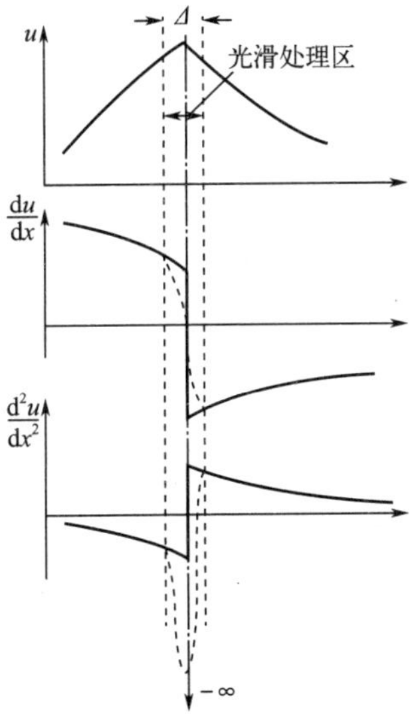

图 5.2　导数不连续的函数（C_0 连续）

同样，在 $\boldsymbol{A}$ 和 $\boldsymbol{B}$ 中若存在 n 阶导数，则函数必须是 $n-1$ 阶导数连续（即 C_{n-1} 连续）。

在许多情况下，对式（5.18）进行分部积分，可以得到另一种表达形式

$$\int_{\Omega} \boldsymbol{C}(\boldsymbol{v})^{\mathrm{T}} \boldsymbol{D}(\boldsymbol{u}) \mathrm{d}\Omega + \int_{\Gamma} \boldsymbol{E}(\bar{\boldsymbol{v}})^{\mathrm{T}} \boldsymbol{F}(\boldsymbol{u}) \mathrm{d}\Gamma = 0 \tag{5.19}$$

在该表达式中，算子 $\boldsymbol{C}$ 和 $\boldsymbol{F}$ 中所包含的导数阶次通常比 $\boldsymbol{A}$ 和 $\boldsymbol{B}$ 中的要低，这样，就以低阶连续性的要求来选择 $\boldsymbol{u}$ 函数，而对于 $\boldsymbol{v}$ 和 $\bar{\boldsymbol{v}}$，则需要高阶连续性的函数。

与原始方程式（5.1）、式（5.2）和式（5.16）相比，表达式（5.17）更"灵活"，它被称为求解原始方程的"弱形式"。可以看出：这一"弱形式"比原始方程具有更明确的物理含义，可以认为是对真实解的过度"光滑"处理。

考虑式（5.10）的积分形式，将其写成式（5.18）的形式，有

$$\int_{\Omega} v\left[\frac{\partial}{\partial x}\left(k\frac{\partial\phi}{\partial x}\right)+\frac{\partial}{\partial y}\left(k\frac{\partial\phi}{\partial y}\right)+Q\right]\mathrm{d}x\,\mathrm{d}y+\int_{\Gamma_q}\bar{v}\left[k\frac{\partial\phi}{\partial n}+\bar{q}\right]\mathrm{d}\Gamma=0 \tag{5.20}$$

式中，v 和 $\bar{v}$ 为标量函数，设其中的一个边界条件为

$$\phi-\bar{\phi}=0$$

可通过选取在 Γ_ϕ 边界上的合适 ϕ 函数使其自动满足。

对式（5.20）进行分部积分得到与式（5.19）相似的弱形式，这里给出这种分部积分的一般形式（如格林公式）。在很多情况下这种形式非常有用，即

$$\begin{cases}\displaystyle\int_{\Omega} v\frac{\partial}{\partial x}\left(k\frac{\partial\phi}{\partial x}\right)\mathrm{d}x\,\mathrm{d}y\equiv-\int_{\Omega}\frac{\partial v}{\partial x}\left(k\frac{\partial\phi}{\partial x}\right)\mathrm{d}x\,\mathrm{d}y+\oint_{\Gamma} v\left(k\frac{\partial\phi}{\partial x}\right)n_x\,\mathrm{d}\Gamma\\ \displaystyle\int_{\Omega} v\frac{\partial}{\partial y}\left(k\frac{\partial\phi}{\partial y}\right)\mathrm{d}x\,\mathrm{d}y\equiv-\int_{\Omega}\frac{\partial v}{\partial y}\left(k\frac{\partial\phi}{\partial y}\right)\mathrm{d}x\,\mathrm{d}y+\oint_{\Gamma} v\left(k\frac{\partial\phi}{\partial y}\right)n_y\,\mathrm{d}\Gamma\end{cases} \tag{5.21}$$

将式（5.21）代入式（5.20）中，则有

$$-\int_{\Omega}\left(\frac{\partial v}{\partial x}k\frac{\partial\phi}{\partial x}+\frac{\partial v}{\partial y}k\frac{\partial\phi}{\partial y}-vQ\right)\mathrm{d}x\,\mathrm{d}y-\oint_{\Gamma} vk\left(\frac{\partial\phi}{\partial x}n_x+\frac{\partial\phi}{\partial y}n_y\right)\mathrm{d}\Gamma+\int_{\Gamma_q}\bar{v}\left(k\frac{\partial\phi}{\partial n}+\bar{q}\right)\mathrm{d}\Gamma=0 \tag{5.22}$$

注意法向的导数为

$$\frac{\partial\phi}{\partial n}\equiv\frac{\partial\phi}{\partial x}n_x+\frac{\partial\phi}{\partial y}n_y \tag{5.23}$$

进一步，令

$$\bar{v}=-v,\qquad \text{在 }\Gamma\text{ 上} \tag{5.24}$$

这仍具有一般性（由于这两个函数是任意的），式（5.22）可改写为

$$\int_{\Omega}\boldsymbol{\nabla}^{\mathrm{T}}vk\boldsymbol{\nabla}\phi\,\mathrm{d}\Omega-\int_{\Omega}vQ\,\mathrm{d}\Omega-\int_{\Gamma_q}v\bar{q}\,\mathrm{d}\Gamma-\int_{\Gamma_\phi}vk\frac{\partial\phi}{\partial n}\mathrm{d}\Gamma=0 \tag{5.25}$$

式中，算子 $\boldsymbol{\nabla}$ 为

$$\boldsymbol{\nabla}=\begin{bmatrix}\dfrac{\partial}{\partial x}\\[2ex]\dfrac{\partial}{\partial y}\end{bmatrix}$$

注意到：

① 沿边界 Γ_q 进行积分时，变量 ϕ 消失，其边界条件 $B(\phi)=k\dfrac{\partial\phi}{\partial n}+\bar{q}=0$，在边界上将自动满足，这种边界条件称为自然边界条件。

② 若选择 ϕ 使其满足强制边界条件 $\phi-\bar{\phi}=0$，并且限制 v 在给定 Γ_ϕ 边界上有 $v=0$，则可以忽略式（5.25）中的最后一项。

式（5.25）是热传导问题的弱形式，它与式（5.19）是等效的。它允许热传导系数 k 和温度 ϕ 的一阶导数不连续，而这在微分方程中是不允许出现的。

5.3 加权残值 Galerkin 方法

基于展开式（5.3）来近似表示未知函数 $\boldsymbol{u}$，即

$$\boldsymbol{u}\approx\hat{\boldsymbol{u}}=\sum_{i=0}^{n}\boldsymbol{N}_i\boldsymbol{a}_i=\boldsymbol{N}\boldsymbol{a} \tag{5.26}$$

显然，在一般情况下这是不可能同时满足微分方程和边界条件的。基于式（5.18）和式（5.19），可以进行近似求解，若对于任意函数$\boldsymbol{v}$，则有以下明确的近似表达式

$$\boldsymbol{v}=\sum_{j=1}^{n}\boldsymbol{w}_j\delta\boldsymbol{a}_j，\ \bar{\boldsymbol{v}}=\sum_{j=1}^{n}\overline{\boldsymbol{w}}_j\delta\boldsymbol{a}_j \tag{5.27}$$

式中，$\delta\boldsymbol{a}_j$ 为任意参数；n 是该问题的未知数的数量。

把上面近似值代入式（5.17）中，有

$$\delta\boldsymbol{a}_j^{\mathrm{T}}\left[\int_\Omega\boldsymbol{w}_j^{\mathrm{T}}\boldsymbol{A}(\boldsymbol{N}\boldsymbol{a})\mathrm{d}\Omega+\int_\Gamma\overline{\boldsymbol{w}}_j^{\mathrm{T}}\boldsymbol{B}(\boldsymbol{N}\boldsymbol{a})\mathrm{d}\Gamma\right]=0 \tag{5.28}$$

同时，由于 $\delta\boldsymbol{a}_j$ 是任意的，则得到一组可以完全确定参数 $\boldsymbol{a}_j$ 的方程组，即

$$\int_\Omega\boldsymbol{w}_j^{\mathrm{T}}\boldsymbol{A}(\boldsymbol{N}\boldsymbol{a})\mathrm{d}\Omega+\int_\Gamma\overline{\boldsymbol{w}}_j^{\mathrm{T}}\boldsymbol{B}(\boldsymbol{N}\boldsymbol{a})\mathrm{d}\Gamma=0,\quad j=1,2,\cdots,n \tag{5.29}$$

或者由式（5.19）有

$$\int_\Omega\boldsymbol{C}(\boldsymbol{w}_j)^{\mathrm{T}}\boldsymbol{D}(\boldsymbol{N}\boldsymbol{a})\mathrm{d}\Omega+\int_\Gamma\boldsymbol{E}(\overline{\boldsymbol{w}}_j)^{\mathrm{T}}\boldsymbol{F}(\boldsymbol{N}\boldsymbol{a})\mathrm{d}\Gamma=0,\quad j=1,2,\cdots,n \tag{5.30}$$

注意到 $\boldsymbol{A}(\boldsymbol{N}\boldsymbol{a})$ 表示因将近似值代入微分方程中而产生的残值或误差［而 $\boldsymbol{B}(\boldsymbol{N}\boldsymbol{a})$ 是代入边界条件后得到的残值］，则式（5.29）就是这些残值的加权积分。因此，这种近似方法称为加权残值法。

几乎任意一组独立的函数 $\boldsymbol{w}_j$ 都可以用来作为加权函数，同时根据不同的函数选择，可对不同的操作过程进行命名。各种常用的方法有：

① 配点法。取 $\boldsymbol{w}_j=\boldsymbol{\delta}_j$，其中 $\boldsymbol{\delta}_j$ 为 $x\neq x_j$、$y\neq y_j$ 时，有 $w_j=0$，但 $\int_\Omega\boldsymbol{w}_j\mathrm{d}\Omega=\boldsymbol{I}$（单位矩阵）。这种方法等价于简单地令在域内几个点的残值为 0，并且积分是“名义上的”。尽管这里定义的 $\boldsymbol{w}_j$ 并不能满足 5.2 节中规定的所有准则，然而从其属性来看，它还是被许可的。

② 子域配点法。在域 Ω_j 内，有 $w_j=1$，而在其他区域，它为零，这就使得在这个指定的子域内的误差积分为零。

③ Galerkin 方法（Bubnov-Galerkin）。取 $\boldsymbol{w}_j=\boldsymbol{N}_j$，这里将权函数取为形状函数（或基函数）。这种方法几乎都会得到对称的矩阵，正因为这个特点和其他一些原因，在有限元方法中几乎只使用该方法。

加权残值法和有限元方法两种方法的基本过程相同，其中有限元方法主要是使用局部的基函数（单元）来对式（5.3）进行插值，由于这个过程总是通过求取不同域上的贡献量之和来计算积分形式的方程，因此将所有加权残值逼近的方法都可以统一叫作广义的有限元方法。而且，同时使用局部的和“全局的”试函数将很有用。

Petrov 和 Galerkin 的名字经常与使用权函数相联系，如 $\boldsymbol{w}_j \neq \boldsymbol{N}_j$。需要指出的是，著名的有限差分方法近似求解是一个基于局部定义基函数的配点方法的特例，因此，也是 Petrov-Galerkin 方法的特例。

下面通过举例来说明加权残值法的过程及其与有限元方法的关系。

对于热传导方程［式（5.10）］的一维形式，如图 5.3 所示，取单位热导率（许多其他的物理过程也是这样表达的，如弦线的受力变形）。这里的方程为

$$A(\phi)=\frac{\mathrm{d}^2\phi}{\mathrm{d}x^2}+Q=0 \qquad (0 \leqslant x \leqslant L) \tag{5.31}$$

式中，$Q=Q(x)$，取 $Q=1(0 \leqslant x \leqslant L/2)$ 以及 $Q=0(L/2 \leqslant x \leqslant L)$。边界条件简单地设为：在 $x=0$ 和 $x=L$ 时，有 $\phi=0$。

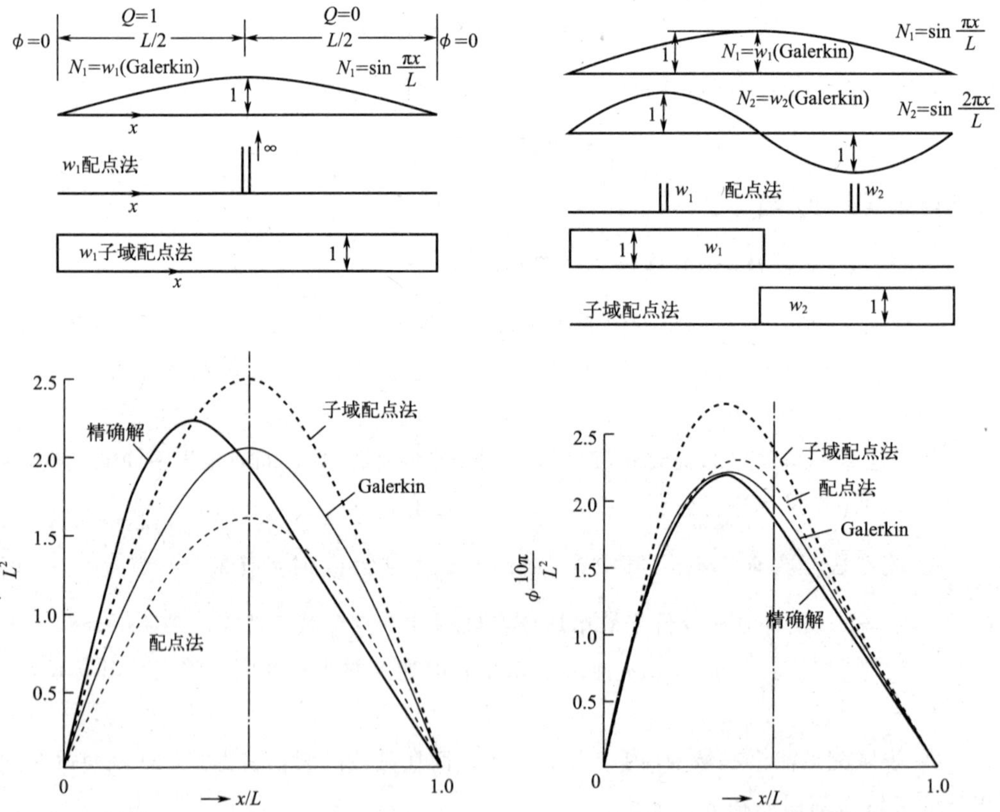

(a)采用不同的加权方法的计算结果（取一项试函数）

(b)采用不同的加权方法的计算结果（取二项试函数）

图 5.3 一维热传导问题

第一种情况下，取傅里叶级数形式的一项或者两项的近似，即

$$\phi \approx \hat{\phi} = \sum a_i \sin \frac{\pi x_i}{L}, \quad N_i = \sin \frac{\pi x_i}{L} \tag{5.32}$$

其中，$i=1$ 或 $i=1$，2。这两式精确地满足边界条件，并且在整个域内是连续的。因此可以使用方程式（5.18）或方程式（5.19）来进行逼近，其效果是相同的。由于前者允许采用不同的权函数，这里使用它来进行逼近。图 5.3 给出分别使用配点法、子域配点法和 Galerkin 方法得到的结果［在 $i=1(x_i=L/2)$ 处使用配点法时，关于 Q 的取值将会遇到困难（因为它将为 0 或 1），对于该例取值为 1/2］。

由于所选择的展开项事先满足了边界条件，因此没有必要再将边界条件引入公式中，则有

$$\int_0^L w_j \left[\frac{\mathrm{d}^2}{\mathrm{d}x^2}\left(\sum N_i a_i\right) + Q\right] \mathrm{d}x = 0 \tag{5.33}$$

对于标准有限元的场函数，更重要的是使用分段定义函数（局部基函数）来代替方程式（5.32）的全局函数。为了避免采用强制的斜率连续性，可通过对式（5.33）进行分部积分来获得方程式（5.19）的等效方程，即

$$\int_0^L \left[\frac{\mathrm{d}w_j}{\mathrm{d}x}\left(\sum_i \frac{\mathrm{d}N_i}{\mathrm{d}x} a_i\right) - w_j Q\right] \mathrm{d}x = 0 \tag{5.34}$$

若在两端取 $w_j=0$，则可以把边界条件项消去。

方程式（5.34）则可以写为

$$\boldsymbol{Ka} + \boldsymbol{f} = 0 \tag{5.35}$$

其中对长度为 L^e 的每一个单元都有

$$\begin{cases} K_{ji}^e = \int_0^{L^e} \dfrac{\mathrm{d}w_j}{\mathrm{d}x} \dfrac{\mathrm{d}N_i}{\mathrm{d}x} \mathrm{d}x \\ f_j^e = -\int_0^{L^e} w_j Q \mathrm{d}x \end{cases} \tag{5.36}$$

并且满足一般的叠加法则，即

$$K_{ji} = \sum_e K_{ji}^e, \quad f_i = \sum_i f_j^e \tag{5.37}$$

对上式使用 Galerkin 方法进行计算，也就是取 $w_j = N_j$，将会发现矩阵 $\boldsymbol{K}$ 为对称矩阵，即 $K_{ij} = K_{ji}$。

对于形状函数只要求 C_0 连续，所以为了方便可采用分段线性近似，如图 5.4 所示。对于如图 5.4 所示的典型单元 ij，将 x 坐标的原点移到 i 点，则可写出

$$N_j = \frac{x}{L^e}, \qquad N_i = \frac{L^e - x}{L^e} \tag{5.38}$$

对于典型单元，有

$$\begin{cases} K_{ii} = K_{jj} = \dfrac{1}{L^e} = -K_{ji} = -K_{ij} \\ f_j^e = -Q^e L^e / 2 = f_i^e \end{cases} \tag{5.39}$$

式中，Q^e 为单元 e 的值。

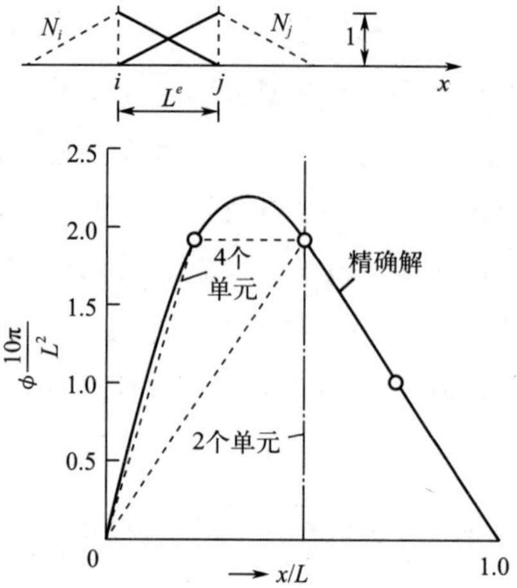

图 5.4　图 5.3 所示问题的 Galerkin 有限元方法求解（采用线性的局部基函数）

还需要在节点 i 上进行方程的组装，采用 2 个或者 4 个单元来进行计算。将图 5.3 和图 5.4 所示的结果进行比较，可以发现：采用光滑的全局形状函数的 Galerkin 方法得到的结果要比采用相同数量的未知参数的基于局部基函数的方法得到的结果要好。由此可知，一般情况下高阶近似得到的结果会更精确。此外，基于线性函数的近似求解能够在单元之间的节点处得到精确解。以上是求解一个特例所得到的性质，但它对于一般问题并不适合。最后，一旦单元的性质［见方程式（5.39）］被推导出来，则容易建立一个具有任意细分自由度的方程。然而，若采用全局近似，则情况并非如此，因为在全局近似中对每一个新引入的参数均要完成新的积分运算。这就是有限元方法所具有的可重复使用的特征优势。

对于二维稳态热传导-对流问题：采用 Galerkin 方法。二维传导-对流问题与简单的热传导问题的区别只在于对流项上给出的弱形式。从这个式子立即可以得到加权残值方程，将 $\boldsymbol{v}=\boldsymbol{w}_j\delta\boldsymbol{a}_j$ 代入，并加上对流项，则可得到

$$\int_\Omega \boldsymbol{\nabla}^{\mathrm{T}}\boldsymbol{w}_j k\,\boldsymbol{\nabla}\hat{\phi}\,\mathrm{d}\Omega-\int_\Omega \boldsymbol{w}_j\left(u_x\frac{\partial\hat{\boldsymbol{\phi}}}{\partial x}+u_y\frac{\partial\hat{\boldsymbol{\phi}}}{\partial y}\right)\mathrm{d}\Omega-\int_\Omega \boldsymbol{w}_j Q\,\mathrm{d}\Omega-\int_{\Gamma_q}\boldsymbol{w}_j\bar{q}\,\mathrm{d}\Gamma=0 \quad (5.40)$$

式中，$\hat{\boldsymbol{\phi}}=\sum\boldsymbol{N}_i\boldsymbol{a}_i$，它在给定边界 Γ_q 上将等于所给定的值 $\hat{\boldsymbol{\phi}}$，在边界上有 $\delta\boldsymbol{a}_j=0$［该项在式（5.40）中已被忽略］。

这里采用 Galerkin 方法，取 $\boldsymbol{w}_j=\boldsymbol{N}_j$，可以得到一组方程

$$\boldsymbol{K}\boldsymbol{a}+\boldsymbol{f}=0 \quad (5.41)$$

其中

$$\begin{aligned}\boldsymbol{K}_{ji}&=\int_\Omega \boldsymbol{\nabla}^{\mathrm{T}}\boldsymbol{N}_j k\,\boldsymbol{\nabla}\boldsymbol{N}_i\,\mathrm{d}\Omega-\int_\Omega\left(\boldsymbol{N}_j u_x\frac{\partial\boldsymbol{N}_i}{\partial x}+N_j u_y\frac{\partial\boldsymbol{N}_i}{\partial y}\right)\mathrm{d}\Omega\\&=\int_\Omega\left(\frac{\partial\boldsymbol{N}_j}{\partial x}k\frac{\partial\boldsymbol{N}_i}{\partial x}+\frac{\partial\boldsymbol{N}_j}{\partial y}k\frac{\partial\boldsymbol{N}_i}{\partial y}\right)\mathrm{d}\Omega-\int_\Omega\left(\boldsymbol{N}_j u_x\frac{\partial\boldsymbol{N}_i}{\partial x}+\boldsymbol{N}_j u_y\frac{\partial\boldsymbol{N}_i}{\partial y}\right)\mathrm{d}\Omega\end{aligned} \quad (5.42a)$$

$$\boldsymbol{f}_j = -\int_\Omega \boldsymbol{N}_j Q \mathrm{d}\Omega - \int_{\Gamma_q} \boldsymbol{N}_j \bar{q} \mathrm{d}\Gamma \tag{5.42b}$$

再采用标准的方法计算特征单元或子域的分量 $\boldsymbol{K}_{ji}$ 和 $\boldsymbol{f}_j$ 建立起系统的方程。

必须指出计算时应满足两个条件：①预先给定一些参数值 $\boldsymbol{a}_i$ 以满足边界条件；②近似方程的数量必须等于未知参数的数目。这样就可很方便地建立起所有参数的方程，描述端点确定值采用标准离散问题中处理给定边界条件的方法。

计算矩阵 $\boldsymbol{K}$ 的系数，第一部分对应的是纯粹的热传导方程，是对称的（$\boldsymbol{K}_{ij}=\boldsymbol{K}_{ji}$），但是第二部分与第一部分不同，需要处理一个非对称方程。

为具体分析这个问题，将域 Ω 分为常规的正方形单元，边长为 h（如图 5.5 所示）。为了保证角节点的 C_0 连续，形状函数可以写成线性展开式的乘积。例如，对于图 5.5 所示的节点 i，有

$$N_i = \frac{x}{h} \times \frac{y}{h}$$

对于节点 j，有

$$N_j = \frac{(h-x)}{h} \times \frac{y}{h}, \quad \cdots$$

有了这些形状函数，可以计算特征单元的贡献并进行组装。对于图 5.5 中的网格节点 1，得到的方程如下（这里假设没有边界 Γ_q，Q 为常数）

$$\begin{aligned}
&\frac{8}{3}a_1 - \left(\frac{1}{3} - \frac{u_x h}{3k} - \frac{u_y h}{6k}\right)a_2 - \left(\frac{1}{3} - \frac{u_x h}{12k} - \frac{u_y h}{12k}\right)a_3 - \left(\frac{1}{3} - \frac{u_x h}{6k} - \frac{u_y h}{3k}\right)a_4 \\
&\quad - \left(\frac{1}{3} + \frac{u_x h}{12k} - \frac{u_y h}{12k}\right)a_5 - \left(\frac{1}{3} + \frac{u_x h}{3k} - \frac{u_y h}{6k}\right)a_6 - \left(\frac{1}{3} + \frac{u_x h}{12k} + \frac{u_y h}{12k}\right)a_7 \\
&\quad - \left(\frac{1}{3} - \frac{u_x h}{6k} + \frac{u_y h}{3k}\right)a_8 - \left(\frac{1}{3} + \frac{u_x h}{12k} + \frac{u_y h}{12k}\right)a_9 = 4h^2 Q
\end{aligned} \tag{5.43}$$

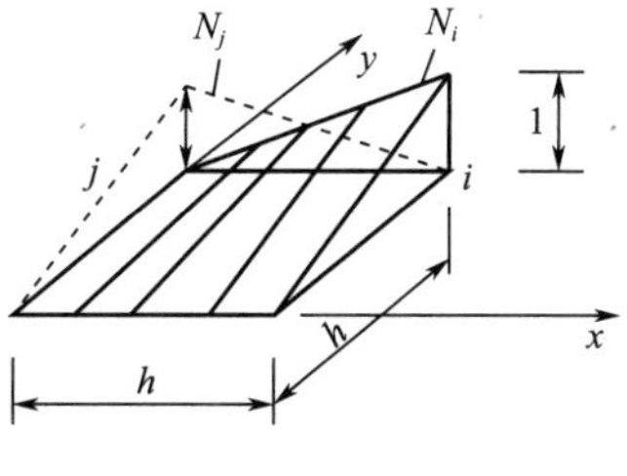

(a)正方形单元的形状函数

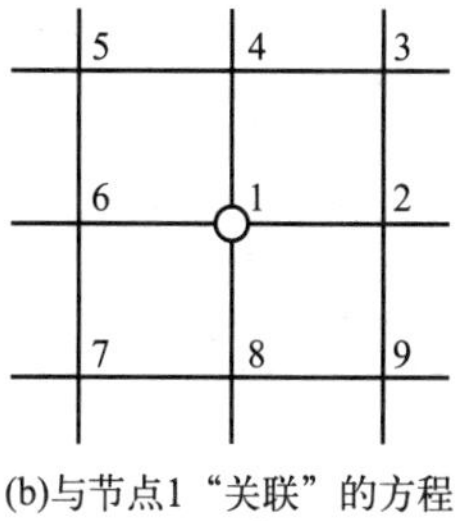

(b)与节点1“关联”的方程

图 5.5　具有 C_0 连续的线性正方形单元

这个方程与采用标准的有限差分法处理相同问题得到的方程相似，但当热对流项很大时，处理时将会遇到一些困难。这种情况下，则不能采用 Galerkin 权函数，必须使用其他形式。

5.4 固体和流体平衡方程“弱形式”的虚功原理

将有限元方法应用于线弹性固体力学问题，并基于虚功原理，可以给出有限元逼近的积分表达式。虚功原理是一个非常基础的原理，它可以看作是比基于传统牛顿运动定律建立的平衡方程更基础的力学描述。但有的学者并不同意这种说法，认为所有的功都是由质点平衡的经典定律推出的，因而将在这一节中讨论：简单地说虚功就是平衡方程的“弱形式”。

在一般的三维连续体问题中，微元体的平衡方程可以写成对称的笛卡儿应力张量的分量形式，即

$$\begin{bmatrix} A_1 \\ A_2 \\ A_3 \end{bmatrix} = \begin{bmatrix} \dfrac{\partial \sigma_x}{\partial x} + \dfrac{\partial \tau_{xy}}{\partial y} + \dfrac{\partial \tau_{xz}}{\partial z} \\ \dfrac{\partial \sigma_y}{\partial y} + \dfrac{\partial \tau_{xy}}{\partial x} + \dfrac{\partial \tau_{yz}}{\partial z} \\ \dfrac{\partial \sigma_z}{\partial z} + \dfrac{\partial \tau_{xz}}{\partial x} + \dfrac{\partial \tau_{yz}}{\partial y} \end{bmatrix} + \begin{bmatrix} b_x \\ b_y \\ b_z \end{bmatrix} = 0 \tag{5.44}$$

式中，$\boldsymbol{b}^{\mathrm{T}} = [b_x \quad b_y \quad b_z]$ 代表作用于每个单元体上的体积力（可以包括加速度的影响）。在固体力学中，六个应力分量是以下位移分量的函数

$$\boldsymbol{u} = [u \quad v \quad w]^{\mathrm{T}} \tag{5.45}$$

而在流体力学中，是速度矢量 $\boldsymbol{u}$ 的函数，它与位移具有相同的分量。因此式（5.44）可以认为是式（5.1）的一般方程，即 $\boldsymbol{A}(\boldsymbol{u})=0$。为了得到上面所提到的弱形式，可引入一个任意的权函数矢量，并定义为

$$\boldsymbol{v} \equiv \delta \boldsymbol{u} = [\delta u \quad \delta v \quad \delta w]^{\mathrm{T}} \tag{5.46}$$

可以写出方程式（5.15）的积分形式，即

$$\int_{\Omega} \delta \boldsymbol{u}^{\mathrm{T}} \boldsymbol{A}(\boldsymbol{u}) \mathrm{d}V = \int_{\Omega} \left[\delta u \left(\frac{\partial \sigma_x}{\partial x} + \frac{\partial \tau_{xy}}{\partial y} + \frac{\partial \tau_{xz}}{\partial z} + b_x \right) + \delta v (A_2) + \delta w b_z \right] \mathrm{d}\Omega \tag{5.47}$$

式中，V 为体积，即为所处理问题的域。

对每一项进行分部积分，重新整理后有

$$\begin{aligned} &-\int_{\Omega} \left\{ \sigma_x \frac{\partial}{\partial x}(\delta u) + \tau_{xy} \left[\frac{\partial}{\partial y}(\delta u) + \frac{\partial}{\partial x}(\delta v) \right] + \cdots - \delta u b_x - \delta v b_y - \delta w b_z \right\} \mathrm{d}\Omega \\ &\quad + \int_{\Gamma} [\delta u (\sigma_x n_x + \tau_{xy} n_y + \tau_{xz} n_z) + \delta v (\cdots) + \delta w (\cdots)] \mathrm{d}\Gamma = 0 \end{aligned} \tag{5.48}$$

式中，Γ 是实体的表面积。

在大括号中的第一项里，可以看出它是虚位移 δu 作用下的小应变算子，因此引入虚应变（或虚应变率）如下

$$\delta\boldsymbol{\varepsilon}=\begin{bmatrix}\dfrac{\partial}{\partial x}(\delta u)\\ \dfrac{\partial}{\partial y}(\delta v)\\ \dfrac{\partial}{\partial z}(\delta w)\\ \vdots\end{bmatrix}=S\delta\boldsymbol{u} \tag{5.49}$$

同样，在第二个积分项中，相应的力可以认为是作用在实体表面 A 上的单位外力 $\boldsymbol{t}$，即

$$\boldsymbol{t}=[t_x \quad t_y \quad t_z]^{\mathrm{T}} \tag{5.50}$$

将应力的六个分量写成张量 σ，虚应变（或虚应变率）的六个分量写成张量 ε，则式（5.48）可以简化为

$$\int_{\Omega}\delta\boldsymbol{\varepsilon}^{\mathrm{T}}\sigma\,\mathrm{d}\Omega-\int_{\Omega}\delta\boldsymbol{u}^{\mathrm{T}}b\,\mathrm{d}\Omega-\int_{\Gamma}\delta\boldsymbol{u}^{\mathrm{T}}t\,\mathrm{d}\Gamma=0 \tag{5.51}$$

这就是三维状态下的等效虚功表述。

从上面的公式可以看出，虚功方程正是平衡方程的弱形式，并且对于非线性和线性应力-应变关系（或应力-应变速率）都一样有效。有限元近似公式实际上就是将加权残值法应用于处理平衡方程的一个 Galerkin 公式。因此，如果把 $\delta\boldsymbol{u}$ 看作形状函数与任意参量的相乘，即

$$\delta\boldsymbol{u}=\boldsymbol{N}\delta\boldsymbol{a} \tag{5.52}$$

式中位移场是被离散化的，也就是

$$\boldsymbol{u}=\sum\boldsymbol{N}_i\boldsymbol{a}_i \tag{5.53}$$

再应用本构方程式，就可以再次得到用于求解弹性问题的所有基本表达式。

5.5 收敛性

前面的章节讨论了采用试函数或形状函数对未知函数进行逼近来求得近似解的方法。更进一步说，给出了需要满足的必要条件，即所设定的函数在整个域内必须能够进行积分。因此，如果各个积分中只包括函数 $\boldsymbol{N}$ 本身或者它的一阶导数，则 $\boldsymbol{N}$ 必须是 C_0 连续的。假如包括二阶导数，则就需要 C_1 连续。有关这方面的问题还没有介绍，但它将包含两方面的内容：是否能得到好的近似解？如何进行改进才能逐步逼近精确解？第一个问题较难回答，而且必须假定精确解是已知的；第二个问题则更实际些，若将参数 $\boldsymbol{a}$ 取为如式（5.3）的标准展开式，就可以提高其求解精度，即

$$\hat{\boldsymbol{u}}=\sum_{1}^{n}\boldsymbol{N}_i\boldsymbol{a}_i \tag{5.54}$$

在所给出的一些例子中，仅有效地选取了定义在整个域内的三角函数类型的傅里叶级数作为试函数，且级数的项数是有限制的，在这里的分析中增加了一些新的级数项，由于傅里叶级数随着展开项数的增加能够逼近任意所需精度的函数，所讨论的收敛性就

是指随着项数的增加，对真实解的逼近程度。

在本章的其他例子中，还使用了局部的基函数，这种函数是有限元分析的基础。下面按惯例假设随着单元尺寸的减小，其结果是收敛的。因此，基于节点的参数 $\boldsymbol{a}$ 的数目也增加。这就是我们所关心的收敛问题。在此处必须确定：

① 随着单元数量的增加，未知函数能够足够地逼近所要求的值；

② 随着单元细分也即尺寸 h 的减小，误差是如何减小的（这里的 h 是单元的典型尺寸）。

第一个问题是函数展开的完备性要求，下面将假设所有的试函数都是多项式（或者至少是包括多项式展开的一些项）。很明显，这里所说的近似是由式（5.15）和积分式（5.19）给出的弱形式，这就要求积分后的每一项具有一定的近似逼近能力，尤其是在域内的无穷小子域内，可以给出一个常数值。假如在积分中存在阶数为 m 的导数，则显然需要至少 m 阶的多项式，在取极限后才能得到一个常数值。因此，对于展开式收敛的一个必要条件就是完备性准则：当单元尺寸趋近于零时，在单元子域内 m 阶导数应该趋近于一个常数值（如果在积分形式中出现了 m 阶导数）。如果形状函数 N 是完全的 m 次多项式，则这个准则会自动满足。如果在有限元展开式中的完全多项式的实际阶数是 $p \geqslant m$，则收敛的阶次通过比较这个多项式与未知函数 $\boldsymbol{u}$ 的 Taylor 展开式的逼近程度来确定，很明显，因为只有 p 阶项才能产生作用，所以误差的阶次就成为 $O(h^{p+1})$。

知道收敛的阶次，就可以知道在减小单元尺寸情况下所得到近似值的好坏，但如果所处理的问题出现奇异情况时，将很少能够得到渐近的收敛率。这里，除非特别声明，将不讨论不满足所假设的连续性要求的逼近问题。上面所提到的通过减小单元尺寸来得到结果的收敛方法有时也被称为 h 型收敛。此外，也可以通过在所划分的给定尺寸的单元网格中增加单元形状函数的多项式阶次 p 来获得精确解，这种收敛方法就是 p 型收敛，这也是可以实现的。通常情况下，p 型收敛是每单位自由度收敛速度较快的。

5.6 变分原理定义及作用

本节主要讨论变分原理定义以及它在求解连续介质问题的近似解中的具体作用。

变分原理就是给定一个标量（函数）Π，其定义如下

$$\Pi = \int_{\Omega} \boldsymbol{F}\left(\boldsymbol{u}, \frac{\partial \boldsymbol{u}}{\partial x}, \cdots\right) \mathrm{d}\Omega + \int_{\Gamma} \boldsymbol{E}\left(\boldsymbol{u}, \frac{\partial \boldsymbol{u}}{\partial x}, \cdots\right) \mathrm{d}\Gamma \tag{5.55}$$

式中，$\boldsymbol{u}$ 是未知函数；$\boldsymbol{F}$ 和 $\boldsymbol{E}$ 分别是给定的微分算子。连续体问题的解就是寻找函数 $\boldsymbol{u}$，它对于任意的一个变化 $\delta\boldsymbol{u}$，使得 Π 取驻值。因此，在求解连续体问题时，对于任意的 $\delta\boldsymbol{u}$，它的变分都是

$$\delta\Pi = 0 \tag{5.56}$$

这就定义了驻值条件。

如果一个问题能够给出相应的变分原理，则意味着立即能建立起适合于进行有限元标准分析的积分形式，从而得到近似解。

假设一个试函数可以展开成一般的形式，如式（5.3）所示，即

$$\boldsymbol{u} \approx \hat{\boldsymbol{u}} = \sum_{1}^{n} \boldsymbol{N}_i \boldsymbol{a}_i$$

将其代入式（5.55）中，可以写出

$$\delta \Pi = \frac{\partial \Pi}{\partial \boldsymbol{a}_1} \delta \boldsymbol{a}_1 + \frac{\partial \Pi}{\partial \boldsymbol{a}_2} \delta \boldsymbol{a}_2 + \cdots + \frac{\partial \Pi}{\partial \boldsymbol{a}_n} \delta \boldsymbol{a}_n = 0 \tag{5.57}$$

该方程对于任意变量 $\delta \boldsymbol{a}$ 都应成立，则可以得到以下方程组

$$\frac{\partial \Pi}{\partial \boldsymbol{a}} = \begin{bmatrix} \dfrac{\partial \Pi}{\partial \boldsymbol{a}_1} \\ \vdots \\ \dfrac{\partial \Pi}{\partial \boldsymbol{a}_n} \end{bmatrix} = 0 \tag{5.58}$$

从以上方程中可以求出参数 $\boldsymbol{a}_i$， 由于函数 Π 是在整个域内和边界上以积分的形式给出的，则有限元求近似解的方程也为积分形式。

基于试函数的参数 $\boldsymbol{a}$ 求取驻值的过程是一个经典问题，该方法在有限元分析中非常重要，该方法常称为“变分过程”。

如果泛函 Π 具有二次型，即关于函数 u 以及导数的乘幂阶数不超过 2，则等式（5.58）可以简化为与式（5.8）相似的标准线性形式，即

$$\frac{\partial \Pi}{\partial \boldsymbol{a}} \equiv \boldsymbol{K}\boldsymbol{a} + \boldsymbol{f} = 0 \tag{5.59}$$

容易看出，矩阵 $\boldsymbol{K}$ 总是对称的，为此对矢量 $\dfrac{\partial \Pi}{\partial \boldsymbol{a}}$ 进行线性化处理，可以写成

$$\Delta\left(\frac{\partial \Pi}{\partial \boldsymbol{a}}\right) = \begin{bmatrix} \dfrac{\partial}{\partial \boldsymbol{a}_1}\left(\dfrac{\partial \Pi}{\partial \boldsymbol{a}_1}\right) \Delta \boldsymbol{a}_1 & \dfrac{\partial}{\partial \boldsymbol{a}_2}\left(\dfrac{\partial \Pi}{\partial \boldsymbol{a}_2}\right) \Delta \boldsymbol{a}_2 & \cdots \\ & \vdots & \end{bmatrix} \equiv \boldsymbol{K}_T \Delta \boldsymbol{a} \tag{5.60}$$

式中，$\boldsymbol{K}_T$ 是通常所说的切线刚度矩阵，这个矩阵在非线性分析中很重要；$\Delta \boldsymbol{a}_j$ 是 $\boldsymbol{a}$ 的一个小增量，可得到

$$\boldsymbol{K}_{Tij} = \frac{\partial^2 \Pi}{\partial \boldsymbol{a}_i \partial \boldsymbol{a}_j} = \boldsymbol{K}_{Tji}^{\mathrm{T}} \tag{5.61}$$

因此 $\boldsymbol{K}_T$ 是对称的。

对于所得到的二次函数，由式（5.59），有

$$\Delta\left(\frac{\partial \Pi}{\partial \boldsymbol{a}}\right) = \boldsymbol{K}\Delta \boldsymbol{a} \qquad 或 \qquad \boldsymbol{K} = \boldsymbol{K}^{\mathrm{T}} \tag{5.62}$$

因此必有对称性。

实际上，由离散近似的变分原理所给出的对称矩阵将是一个最重要的优点。然而，通常 Galerkin 过程可以直接给出对称形式，在这种情况下，只要知道相应的变分原理

存在就行了，一般并不需要直接应用它。

对于连续体问题的提出，通常直接给出变分原理的物理方面描述：如在力学系统中，使得总势能最小可以达到系统的平衡；在黏性流动问题中，使得能量耗散最小等。这些变分原理是一种“自然”原理，但对于由微分方程所定义的许多连续介质问题，这种自然的变分原理并不存在。但是，可通过增加拉格朗日乘子变量来扩展未知函数 u，或者通过强加一个高阶连续性条件，比如对于最小二乘问题，总可以获得对应的“构造”变分原理。接下来将分别讨论这种“自然”变分原理和“构造”变分原理，讨论之前需要注意两点：

① 除了用变分方法可以推导出方程的对称性外，还有更重要的性质值得关注。当一个问题的“自然”变分原理存在时，标量 Π 本身将具有特殊的含义，这样的话，变分方法还具有泛函容易计算的明显优点。

② 如果泛函具有“二次”型，则可以得到式（5.59）。将泛函 Π 简单地写成

$$\Pi=\frac{1}{2}\boldsymbol{a}^{\mathrm{T}}\boldsymbol{K}\boldsymbol{a}+\boldsymbol{a}^{\mathrm{T}}\boldsymbol{f} \tag{5.63}$$

通过简单的微分，有

$$\delta\Pi=\frac{1}{2}\delta\boldsymbol{a}^{\mathrm{T}}\boldsymbol{K}\boldsymbol{a}+\frac{1}{2}\boldsymbol{a}^{\mathrm{T}}\boldsymbol{K}\delta\boldsymbol{a}+\delta\boldsymbol{a}^{\mathrm{T}}\boldsymbol{f} \tag{5.64}$$

由于 $\boldsymbol{K}$ 是对称的，则

$$\delta\boldsymbol{a}^{\mathrm{T}}\boldsymbol{K}\boldsymbol{a}\equiv\boldsymbol{a}^{\mathrm{T}}\boldsymbol{K}\delta\boldsymbol{a} \tag{5.65}$$

因此

$$\delta\Pi=\delta\boldsymbol{a}^{\mathrm{T}}(\boldsymbol{K}\boldsymbol{a}+\boldsymbol{f})=0 \tag{5.66}$$

它对于所有的 $\delta\boldsymbol{a}$ 都应成立，因此

$$\boldsymbol{K}\boldsymbol{a}+\boldsymbol{f}=0 \tag{5.67}$$

5.7 “自然”变分原理以及与控制微分方程的关系

5.7.1 欧拉方程

考虑式（5.55）和式（5.56）的定义，经过一定微分运算后，可写出其驻值条件为

$$\delta\Pi=\int_{\Omega}\delta\boldsymbol{u}^{\mathrm{T}}\boldsymbol{A}(\boldsymbol{u})\mathrm{d}\Omega+\int_{\Gamma}\delta\boldsymbol{u}^{\mathrm{T}}\boldsymbol{B}(\boldsymbol{u})\mathrm{d}\Gamma=0 \tag{5.68}$$

上式对任意变化的 $\delta\boldsymbol{u}$ 都必须成立，则有

$$\begin{cases}\boldsymbol{A}(\boldsymbol{u})=0, & \text{在 }\Omega\text{ 中}\\ \boldsymbol{B}(\boldsymbol{u})=0, & \text{在 }\Gamma\text{ 上}\end{cases} \tag{5.69}$$

若 $\boldsymbol{A}$ 正好对应于问题的控制微分方程，$\boldsymbol{B}$ 为边界条件，则相应的变分原理就是自然变分原理。式（5.69）称为对应于使 Π 取驻值的变分原理的欧拉微分方程。可以看出，对于任何变分原理都能建立起相应的欧拉方程，但反过来却不能成立，即仅仅是一些特定形式的微分方程才是变分泛函的欧拉方程。随后考虑变分原理存在的必要条件，并给

出根据一组合适的线性微分方程来建立泛函 Π 的方法，其前提仍然是假设变分原理的形式是已知的。

可以通过一个特例来描述该过程：假设有一个问题，需要对相应的泛函求驻值，且该泛函为

$$\Pi=\int_{\Omega}\left[\frac{1}{2}k\left(\frac{\partial\phi}{\partial x}\right)^{2}+\frac{1}{2}k\left(\frac{\partial\phi}{\partial y}\right)^{2}-Q\phi\right]\mathrm{d}\Omega-\int_{\Gamma_q}\bar{q}\phi\,\mathrm{d}\Gamma \tag{5.70}$$

式中，k 和 Q 仅仅依赖于位置；Γ_ϕ 和Γ_q 是域 Ω 的边界；在边界 Γ_ϕ 上，定义 $\delta\phi=0$。

现在来进行变分运算，按照微分规则可以写出下面的式子

$$\delta\Pi=\int_{\Omega}\left[k\frac{\partial\phi}{\partial x}\delta\left(\frac{\partial\phi}{\partial x}\right)+k\frac{\partial\phi}{\partial y}\delta\left(\frac{\partial\phi}{\partial y}\right)-Q\delta\phi\right]\mathrm{d}\Omega-\int_{\Gamma_q}(\bar{q}\delta\phi)\mathrm{d}\Gamma \tag{5.71}$$

因为

$$\delta\left(\frac{\partial\phi}{\partial x}\right)=\frac{\partial}{\partial x}(\delta\phi) \tag{5.72}$$

再通过分部积分（见 5.3 节），注意在边界 Γ_ϕ 上，有 $\delta\phi=0$，可得

$$\delta\Pi=-\int_{\Omega}\delta\phi\left[\frac{\partial}{\partial x}\left(k\frac{\partial\phi}{\partial x}\right)+\frac{\partial}{\partial y}\left(k\frac{\partial\phi}{\partial y}\right)+Q\right]\mathrm{d}\Omega+\int_{\Gamma_q}\delta\phi\left(k\frac{\partial\phi}{\partial n}-\bar{q}\right)\mathrm{d}\Gamma=0 \tag{5.73a}$$

这就得到式（5.68）的形式，可以明显发现其欧拉方程是

$$\begin{cases}A(\phi)=\dfrac{\partial}{\partial x}\left(k\dfrac{\partial\phi}{\partial x}\right)+\dfrac{\partial}{\partial y}\left(k\dfrac{\partial\phi}{\partial y}\right)+Q, & \text{在 }\Omega\text{ 中}\\ B(\phi)=k\dfrac{\partial\phi}{\partial n}-\bar{q}=0, & \text{在}\Gamma_q\text{ 中}\end{cases} \tag{5.73b}$$

假如 ϕ 是预先给定的，因而在 Γ_ϕ 边界上有 $\phi=\bar{\phi}$，并且 $\delta\phi=0$，则对这种问题的表述就是精确的。正如在 5.2 节所讨论的那样，泛函式（5.70）给出的就是二维热传导问题，只不过采用了另外一种描述方法。事实上，在上面的问题中，事先给出了“猜想”的泛函，但其变分运算是针对任何所给定的泛函都可以进行的，也都可以得到所对应的欧拉方程。

接下来，继续对线性热传导问题进行近似求解，一般取以下函数表达形式

$$\boldsymbol{\phi}\approx\bar{\boldsymbol{\phi}}=\sum\boldsymbol{N}_i\boldsymbol{a}_i=\boldsymbol{N}\boldsymbol{a} \tag{5.74}$$

将这个近似函数代入泛函 Π 的表达式（5.70）中，可得到

$$\Pi=\int_{\Omega}\frac{1}{2}k\left(\sum\frac{\partial\boldsymbol{N}_i}{\partial x}\boldsymbol{a}_i\right)^{2}\mathrm{d}\Omega+\int_{\Omega}\frac{1}{2}k\left(\sum\frac{\partial\boldsymbol{N}_i}{\partial y}\boldsymbol{a}_i\right)^{2}\mathrm{d}\Omega-\int_{\Omega}Q\sum\boldsymbol{N}_i\boldsymbol{a}_i\,\mathrm{d}\Omega-\int_{\Gamma_q}\bar{q}\sum\boldsymbol{N}_i\boldsymbol{a}_i\,\mathrm{d}\Gamma \tag{5.75}$$

对参数 $\boldsymbol{a}_j$ 进行微分运算，有

$$\frac{\partial\Pi}{\partial\boldsymbol{a}_j}=\int_{\Omega}k\left(\sum\frac{\partial\boldsymbol{N}_i}{\partial x}\boldsymbol{a}_i\right)\frac{\partial\boldsymbol{N}_j}{\partial x}\mathrm{d}\Omega+\int k\left(\sum\frac{\partial\boldsymbol{N}_i}{\partial y}\boldsymbol{a}_i\right)\frac{\partial\boldsymbol{N}_j}{\partial y}\mathrm{d}\Omega-\int_{\Omega}Q\boldsymbol{N}_j\,\mathrm{d}\Omega-\int_{\Gamma_q}\bar{q}\boldsymbol{N}_j\,\mathrm{d}\Gamma \tag{5.76}$$

最后得到求解该问题的方程组为

$$\boldsymbol{K}\boldsymbol{a}+\boldsymbol{f}=0 \tag{5.77}$$

其中

$$\begin{cases}\boldsymbol{K}_{ij}=\boldsymbol{K}_{ji}=\int_{\Omega}k\dfrac{\partial\boldsymbol{N}_i}{\partial x}\times\dfrac{\partial\boldsymbol{N}_j}{\partial x}\mathrm{d}\Omega+\int_{\Omega}k\dfrac{\partial\boldsymbol{N}_i}{\partial y}\times\dfrac{\partial\boldsymbol{N}_j}{\partial y}\mathrm{d}\Omega\\ \boldsymbol{f}_j=-\int_{\Omega}\boldsymbol{N}_j\boldsymbol{Q}\mathrm{d}\Omega-\int_{\Gamma_q}\boldsymbol{N}_j\bar{q}\mathrm{d}\Gamma\end{cases} \tag{5.78}$$

这里所得到的近似方程与 5.3 节中对同样问题用 Galerkin 方法得到的方程是相同的。可见，这里给出的变分公式并没有什么特别的优势，因此，对于存在“自然”变分原理的问题，采用 Galerkin 方法和变分原理方法必定得到相同的结果。

5.7.2 Galerkin 方法和变分原理之间的关系

使用“自然”变分原理和使用 Galerkin 加权方法，其近似求解是相同的。这实际上就是直接从式（5.68）进行推导的结果，其中的变分就是直接针对微分方程和相关的边界条件进行的。

若考虑一般的试函数，展开式为（5.3），将它的变分写成

$$\delta\hat{\boldsymbol{u}}=\boldsymbol{N}\delta\boldsymbol{a} \tag{5.79}$$

将其代入式（5.68），得到

$$\delta\Pi=\delta\boldsymbol{a}^{\mathrm{T}}\int_{\Omega}\boldsymbol{N}^{\mathrm{T}}\boldsymbol{A}(\boldsymbol{N}\boldsymbol{a})\mathrm{d}\Omega+\delta\boldsymbol{a}^{\mathrm{T}}\int_{\Gamma}\boldsymbol{N}^{\mathrm{T}}\boldsymbol{B}(\boldsymbol{N}\boldsymbol{a})\mathrm{d}\Gamma=0 \tag{5.80}$$

此式对于所有的 $\delta\boldsymbol{a}$ 都应成立，且需要各自的积分表达式都为零。事实上，前面所讨论的加权残值法的 Galerkin 方法可以得到相同的结果［见式（5.29）］。

然而，还需要强调的是，只有在变分原理的欧拉方程与原始控制方程一致的情况下，变分原理才成立。从这一点来看，Galerkin 方法的应用范围更广泛。

除此之外，若考虑系统的控制方程式（5.1）

$$\boldsymbol{A}(\boldsymbol{u})=\begin{bmatrix}A_1(\boldsymbol{u})\\ A_2(\boldsymbol{u})\\ \vdots\end{bmatrix}=0$$

其中 $\hat{\boldsymbol{u}}=\boldsymbol{N}\boldsymbol{a}$，如果不考虑边界条件，则 Galerkin 加权残值方程为

$$\int_{\Omega}\boldsymbol{N}^{\mathrm{T}}\boldsymbol{A}(\hat{\boldsymbol{u}})\mathrm{d}\Omega=0 \tag{5.81}$$

当方程组 $\boldsymbol{A}$ 按照一定的方式进行排列时，所得到的以上形式并不是唯一的，但仅仅只有一种排列才能与变分原理建立的欧拉方程完全对应起来。同理，一个用 Galerkin 加权方法得到的方程组 $\boldsymbol{A}$，将其进行各种排列，最多只能得到一个对称方程组。

考虑一个例子：一维热传导问题，重新定义具有两个未知变量的方程，即温度 ϕ、热流量 q。若不考虑此时的边界条件，可以将方程写成

$$\boldsymbol{A}(\boldsymbol{u})=\begin{bmatrix}q-\dfrac{\mathrm{d}\phi}{\mathrm{d}x}\\ \dfrac{\mathrm{d}q}{\mathrm{d}x}+Q\end{bmatrix}=0 \tag{5.82}$$

或者作为一个线性方程组，即

$$\boldsymbol{A}(\boldsymbol{u}) \equiv \boldsymbol{L}\boldsymbol{u} + \boldsymbol{b} = 0 \tag{5.83}$$

式中

$$\boldsymbol{L} \equiv \begin{bmatrix} 1 & -\dfrac{\mathrm{d}}{\mathrm{d}x} \\ \dfrac{\mathrm{d}}{\mathrm{d}x} & 0 \end{bmatrix}, \ \boldsymbol{b} = \begin{bmatrix} 0 \\ Q \end{bmatrix}, \ \boldsymbol{u} = \begin{bmatrix} q \\ \phi \end{bmatrix}$$

以不同的插值方式写出试函数，则有

$$\boldsymbol{u} = \sum \boldsymbol{N}_i \boldsymbol{a}_i, \quad \boldsymbol{N}_i = \begin{bmatrix} N_i^1 & 0 \\ 0 & N_i^2 \end{bmatrix} \tag{5.84}$$

并用 Galerkin 方法，可以得到通常的线性方程组，其中

$$K_{ij} = \int_\Omega \boldsymbol{N}_i^{\mathrm{T}} \boldsymbol{L} \boldsymbol{N}_j \,\mathrm{d}x = \int_\Omega \begin{bmatrix} N_i^1 & -N_i^1 \dfrac{\mathrm{d}N_j^2}{\mathrm{d}x} \\ N_i^2 \dfrac{\mathrm{d}N_j^1}{\mathrm{d}x} & 0 \end{bmatrix} \mathrm{d}x \tag{5.85}$$

经过分部积分，可形成一个对称的方程组，即

$$K_{ij} = K_{ji} \tag{5.86}$$

若将方程的排列次序进行简单的倒换，也就是设

$$\boldsymbol{A}(\boldsymbol{u}) = \begin{bmatrix} \dfrac{\mathrm{d}q}{\mathrm{d}x} + Q \\ q - \dfrac{\mathrm{d}\phi}{\mathrm{d}x} \end{bmatrix} = 0 \tag{5.87}$$

这时应用 Galerkin 方法将导出与使用变分原理得到的完全不同的非对称方程。这里应用 Galerkin 方法进行近似求解的第二种类型方法很少使用，因为它最后得到的方程是不对称的。

5.7.3 自伴随性的调整

线性算子并不是总是表现为自伴随的，对于不满足自伴随的线性算子，可以在不改变基本方程性质的情况下将其调整为具有自伴随性质。接下来通过一个例子对其加以说明。一个具有标准线性形式的微分方程

$$\frac{\mathrm{d}^2\phi}{\partial x^2} + \alpha \frac{\mathrm{d}\phi}{\partial x} + \beta\phi + Q = 0 \tag{5.88}$$

在该方程中，参数 α 和 β 分别是 x 的函数，则其算子 L 为下面的标量

$$L \equiv \frac{\mathrm{d}^2}{\partial x^2} + \alpha \frac{\mathrm{d}}{\partial x} + \beta \tag{5.89}$$

它并不是自伴随的。

令 p 是一个待定的、自变量为 x 的函数。通过乘以这个函数 p，可以将式 (5.88) 转换为自伴随的形式，则新的算子变为

$$\bar{L} = pL \tag{5.90}$$

为验证对于任意函数 ψ 和 γ 都是对称的，写出

$$\int_{\Omega} \psi(pL\gamma)\mathrm{d}x = \int_{\Omega} \left(\psi p \frac{\mathrm{d}^2\gamma}{\mathrm{d}x^2} + \psi p\alpha \frac{\mathrm{d}\gamma}{\mathrm{d}x} + \psi p\beta\gamma\right)\mathrm{d}x \tag{5.91}$$

对于第一项采用分部积分，有（b. t. 表示边界项）

$$\begin{aligned} &\int_{\Omega}\left(-\frac{\mathrm{d}(\psi p)}{\mathrm{d}x} \times \frac{\mathrm{d}\gamma}{\mathrm{d}x} + \psi p\alpha \frac{\mathrm{d}\gamma}{\mathrm{d}x} + \beta\psi p\gamma \mathrm{d}x\right)\mathrm{d}x + \text{b. t.} \\ &= \left[-\frac{\mathrm{d}\psi}{\mathrm{d}x}p \frac{\mathrm{d}\gamma}{\mathrm{d}x} + \psi \frac{\mathrm{d}\gamma}{\mathrm{d}x}\left(p\alpha - \frac{\mathrm{d}p}{\mathrm{d}x}\right) + \psi p\beta\gamma\right]\mathrm{d}x + \text{b. t.} \end{aligned} \tag{5.92}$$

可以得出第一项和最后一项都是对称的，表明算子是自伴随的。若使中间项为零，则它也是对称的，也就是设

$$p\alpha - \frac{\mathrm{d}p}{\mathrm{d}x} = 0 \tag{5.93}$$

或者

$$\frac{\mathrm{d}p}{p} = \alpha \mathrm{d}x, \quad p = \mathrm{e}^{\int \alpha \mathrm{d}x} \tag{5.94}$$

通过使用这个 p 的值，使得整个算子变为自伴随的，可以给出对应于式（5.88）问题的变分原理。

6

材料的传热及弹性有限元分析

6.1 传热过程分析

传热是一种普遍的自然现象，它涉及能源、环境、结构等一系列对象的交互作用，如发动机的循环冷却系统，建筑物隔热保暖的环保型设计，高速列车制动的冷却系统、车厢的保温系统，宇宙飞船的人/机热环境系统，运载火箭的热防护系统、返回舱的隔热系统，计算机芯片的散热系统。

6.1.1 传热过程的基本变量及方程

传热过程的基本变量就是温度，它是物体中的几何位置以及时间的函数。根据Fourier传热定律和能量守恒定律，可以建立热传导问题的控制方程，即物体的瞬态温度场 $T(x, y, z, t)$ 应满足以下方程

$$\frac{\partial}{\partial x}\left(\kappa_x \frac{\partial T}{\partial x}\right)+\frac{\partial}{\partial y}\left(\kappa_y \frac{\partial T}{\partial y}\right)+\frac{\partial}{\partial z}\left(\kappa_z \frac{\partial T}{\partial z}\right)+\rho Q=\rho c_T \frac{\partial T}{\partial t} \tag{6.1}$$

其中，ρ 为材料密度；c_T 为材料比热；κ_x、κ_y、κ_z 分别为沿 x、y、z 方向的热导率；$Q(x, y, z, t)$ 为物体内部的热源强度。

传热边界条件有三类，即

第一类 BC（S_1）

$$T(x, y, z, t)=\overline{T}(t) \quad \text{on} \quad S_1 \tag{6.2}$$

第二类 BC（S_2）

$$\kappa_x \frac{\partial T}{\partial x}n_x+\kappa_y \frac{\partial T}{\partial y}n_y+\kappa_z \frac{\partial T}{\partial z}n_z=\bar{q}_f(t) \quad \text{on} \quad S_2 \tag{6.3}$$

第三类 BC（S_3）

$$\kappa_x \frac{\partial T}{\partial x}n_x+\kappa_y \frac{\partial T}{\partial y}n_y+\kappa_z \frac{\partial T}{\partial z}n_z=\bar{h}_c(T_\infty-T) \quad \text{on} \quad S_3 \tag{6.4}$$

其中，n_x、n_y、n_z 为边界外法线的方向余弦；$\overline{T}(t)$ 为在边界 S_1 上给定的温度；

$\bar{q}_f(t)$ 为在边界 S_2 上给定的热流；$\bar{h}_c$ 为物体与周围介质的热交换系数；T_∞ 为环境温度；t 为时间。并且物体 Ω 的边界为 $\partial\Omega = S_1 + S_2 + S_3$。

传热过程分析的求解原理实际上是一个求极值问题。若该问题的初始条件为

$$T(x,\ y,\ z,\ t=0) = \bar{T}_0(x,\ y,\ z) \tag{6.5}$$

则求解传热问题的提法为：在满足边界条件式（6.2）～式（6.4）及初始条件式（6.5）的许可温度场中，真实的温度场使以下泛函 I 取极小值，即

$$\min_{T \in {}^{\mathrm{BC}(S_1,\ S_2,\ S_3)}_{\mathrm{IC}}} I = \frac{1}{2}\int_\Omega \left[\kappa_x\left(\frac{\partial T}{\partial x}\right)^2 + \kappa_y\left(\frac{\partial T}{\partial y}\right)^2 + \kappa_z\left(\frac{\partial T}{\partial z}\right)^2 - 2\left(\rho Q - \rho c_T \frac{\partial T}{\partial t}\right)\right] \mathrm{d}\Omega \tag{6.6}$$

在实际问题的处理过程中，边界条件式（6.3）和式（6.4）事先较难满足，因此，可将这两个条件耦合进泛函式（6.6）中，即

$$\begin{aligned}\min_{T \in {}^{\mathrm{BC}(S_1)}_{\mathrm{IC}}} I = & \frac{1}{2}\int_\Omega \left[\kappa_x\left(\frac{\partial T}{\partial x}\right)^2 + \kappa_y\left(\frac{\partial T}{\partial y}\right)^2 + \kappa_z\left(\frac{\partial T}{\partial z}\right)^2 - 2\left(\rho Q - \rho c_T \frac{\partial T}{\partial t}\right)\right] \mathrm{d}\Omega \\ & - \int_{S_2} \bar{q}_f T \mathrm{d}A + \frac{1}{2}\int_{S_3} h_c (T_\infty - T)^2 T \mathrm{d}A\end{aligned} \tag{6.7}$$

这与结构分析中的最小势能原理类似，也是求一个积分函数（称为泛函）的极值问题。

6.1.2 稳态传热过程的有限元分析列式

对于稳态问题，即温度不随时间变化，有

$$\frac{\partial T}{\partial t} = 0 \tag{6.8}$$

将物体离散为单元体，将单元的温度场 $T^e(x,\ y,\ z)$ 表示为节点温度的插值关系，有

$$T^e(x,\ y,\ z) = \boldsymbol{N}(x,\ y,\ z)\boldsymbol{q}_T^e \tag{6.9}$$

其中，$\boldsymbol{N}(x,\ y,\ z)$ 为形状函数矩阵；$\boldsymbol{q}_T^e$ 为节点温度列阵，即

$$\boldsymbol{q}_T^e = [T_1 \quad T_2 \quad \cdots \quad T_n]^{\mathrm{T}} \tag{6.10}$$

其中，T_1，T_2，…，T_n 为节点温度值。将式（6.9）代入式（6.7），并求泛函极值，$\dfrac{\partial I}{\partial \boldsymbol{q}_T^e} = 0$，有

$$\boldsymbol{K}_T^e \boldsymbol{q}_T^e = \boldsymbol{P}_T^e \tag{6.11}$$

其中

$$\boldsymbol{K}_T^e = \int_{\Omega^e}\left[\kappa_x\left(\frac{\partial \boldsymbol{N}}{\partial x}\right)^{\mathrm{T}}\left(\frac{\partial \boldsymbol{N}}{\partial x}\right) + \kappa_y\left(\frac{\partial \boldsymbol{N}}{\partial y}\right)^{\mathrm{T}}\left(\frac{\partial \boldsymbol{N}}{\partial y}\right) + \kappa_z\left(\frac{\partial \boldsymbol{N}}{\partial z}\right)^{\mathrm{T}}\left(\frac{\partial \boldsymbol{N}}{\partial z}\right)\right]\mathrm{d}\Omega + \int_{S_3^e} h_c \boldsymbol{N}^{\mathrm{T}}\boldsymbol{N}\mathrm{d}A \tag{6.12}$$

$$\boldsymbol{P}_T^e = \int_{\Omega^e} \rho Q \boldsymbol{N}^{\mathrm{T}} \mathrm{d}\Omega + \int_{S_2^e} \bar{q}_f \boldsymbol{N}^{\mathrm{T}} \mathrm{d}A + \int_{S_3^e} h_c T_\infty \boldsymbol{N}^{\mathrm{T}} \mathrm{d}\Omega \tag{6.13}$$

方程式（6.11）叫作单元传热方程，$\boldsymbol{K}_T^e$ 称为单元传热矩阵，$\boldsymbol{q}_T^e$ 为单元节点温度列阵，$\boldsymbol{P}_T^e$ 为单元节点等效温度载荷列阵。

由泛函式（6.7）中的最高阶导数可以看出，传热问题为 C_0 问题，并且温度场为标量场，因此，所构造的有限元分析列式比较简单。

6.1.3 热应力问题的有限元分析列式

研究物体的热问题包括两个部分的内容：①传热问题研究，以确定温度场；②热应力问题研究，即在已知温度场的情况下确定应力应变。实际上这两个问题是相互影响和耦合的。但在大多数情况下，传热问题所确定的温度将直接影响物体的热应力，而后者对前者的耦合影响不大；因而可将物体的热问题的解耦分成两个过程来进行计算，关于传热问题的有限元分析列式前面已作讨论，下面讨论在已知温度分布的前提下所产生的热应力。

(1) 热应力问题中的物理方程

设物体内存在温差的分布 $\Delta T(x, y, z)$，那么它将引起热膨胀，其热膨胀量（也称为热应变）为 $\alpha_T \Delta T(x, y, z)$，$\alpha_T$ 为热膨胀系数；则该物体的物理方程由于增加了热膨胀量（温度正应变）而变为

$$\left.\begin{aligned}
\varepsilon_x &= \frac{1}{E}[\sigma_x - \mu(\sigma_y + \sigma_z) + \alpha_T \Delta T] \\
\varepsilon_y &= \frac{1}{E}[\sigma_y - \mu(\sigma_x + \sigma_z) + \alpha_T \Delta T] \\
\varepsilon_z &= \frac{1}{E}[\sigma_z - \mu(\sigma_y + \sigma_z) + \alpha_T \Delta T] \\
\gamma_{xy} &= \frac{1}{G}\tau_{xy},\quad \gamma_{yz} = \frac{1}{G}\tau_{yz},\quad \gamma_{zx} = \frac{1}{G}\tau_{zx}
\end{aligned}\right\} \tag{6.14}$$

可将上式写成指标形式

$$\boldsymbol{\varepsilon}_{ij} = \boldsymbol{D}_{ijkl}^{-1}\boldsymbol{\sigma}_{kl} + \boldsymbol{\varepsilon}_{ij}^{0} \tag{6.15}$$

或

$$\boldsymbol{\sigma}_{ij} = \boldsymbol{D}_{ijkl}(\boldsymbol{\varepsilon}_{kl} - \boldsymbol{\varepsilon}_{kl}^{0}) \tag{6.16}$$

其中热应变为

$$\boldsymbol{\varepsilon}_{ij} = [\alpha_T \Delta T \quad \alpha_T \Delta T \quad \alpha_T \Delta T \quad 0 \quad 0 \quad 0] \tag{6.17}$$

(2) 热应力问题求解的虚功原理

热应力问题的物理方程为式（6.16），除此之外，其平衡方程、几何方程以及边界条件与普通弹性问题相同，弹性问题的一般虚功原理为 $\delta U - \delta W = 0$，即

$$\int_{\Omega} \boldsymbol{D}_{ijkl}\boldsymbol{\varepsilon}_{kl}\delta\boldsymbol{\varepsilon}_{ij}\,\mathrm{d}\Omega - \left[\int_{\Omega} \bar{\boldsymbol{b}}_i \delta\boldsymbol{u}_i\,\mathrm{d}\Omega + \int_{S_p} \bar{\boldsymbol{p}}_i \delta\boldsymbol{u}_i\,\mathrm{d}A + \int_{\Omega} \boldsymbol{D}_{ijkl}\boldsymbol{\varepsilon}_{kl}^{0}\delta\boldsymbol{\varepsilon}_{ij}\,\mathrm{d}\Omega\right] = 0 \tag{6.18}$$

这就是热应力问题的虚位移方程，也就是热应力问题的虚功原理。

(3) 热应力问题分析的单元构造基本表达式

设单元的节点位移列阵为

$$\boldsymbol{q}^{e}=[u_1 \quad v_1 \quad w_1 \cdots \quad u_n \quad v_n \quad w_n]^{T} \tag{6.19}$$

与一般弹性问题有限元分析列式一样，将单元内的力学参量都表达为节点位移的关系，有

$$\boldsymbol{u}^{e}=\boldsymbol{N}\boldsymbol{q}^{e} \tag{6.20}$$

$$\boldsymbol{\varepsilon}^{e}=\boldsymbol{B}\boldsymbol{q}^{e} \tag{6.21}$$

$$\begin{aligned}\boldsymbol{\sigma}^{e}&=\boldsymbol{D}(\boldsymbol{\varepsilon}^{e}-\boldsymbol{\varepsilon}^{0})\\&=\boldsymbol{D}\boldsymbol{B}\boldsymbol{q}^{e}-\boldsymbol{D}\boldsymbol{\varepsilon}^{0}\\&=\boldsymbol{S}\boldsymbol{q}^{e}-\boldsymbol{D}\alpha_T\Delta T[1 \quad 1 \quad 1 \quad 0 \quad 0 \quad 0]^{T}\end{aligned} \tag{6.22}$$

其中，$\boldsymbol{N}$、$\boldsymbol{B}$、$\boldsymbol{D}$、$\boldsymbol{S}$ 分别为单元的形状函数矩阵、几何矩阵、弹性系数矩阵和应力矩阵，它们都与一般弹性问题中所对应的矩阵完全相同；不同之处在于式（6.22）中包含温度应变的影响，可以看出式（6.22）中的最后一项表明温度变化只对正应力有影响，对剪应力没有影响。

对单元的位移式（6.22）和应变式（6.21）求变分（也就是求虚位移和虚应变），有

$$\left.\begin{aligned}\delta\boldsymbol{\mu}^{e}&=\boldsymbol{N}\delta\boldsymbol{q}^{e}\\\delta\boldsymbol{\varepsilon}^{e}&=\boldsymbol{B}\delta\boldsymbol{q}^{e}\end{aligned}\right\} \tag{6.23}$$

将单元的位移式（6.20）、应变式（6.21）以及虚位移、虚应变式（6.23）代入虚位移方程式（6.18），由于节点位移的变分增量 $\boldsymbol{q}^{e}$ 具有任意性，消去该项后，有

$$\boldsymbol{K}^{e}\boldsymbol{q}^{e}=\boldsymbol{P}^{e}+\boldsymbol{P}_0^{e} \tag{6.24}$$

其中

$$\boldsymbol{K}^{e}=\int_{\Omega^{e}}\boldsymbol{B}^{T}\boldsymbol{D}\boldsymbol{B}\,d\Omega \tag{6.25}$$

$$\boldsymbol{P}^{e}=\int_{\Omega^{e}}\boldsymbol{N}^{T}\bar{\boldsymbol{b}}\,d\Omega+\int_{S_p^{e}}\boldsymbol{N}^{T}\bar{\boldsymbol{p}}\,dA \tag{6.26}$$

$$\boldsymbol{P}_0^{e}=\int_{\Omega^{e}}\boldsymbol{B}^{T}\boldsymbol{D}\boldsymbol{\varepsilon}^{0}\,d\Omega \tag{6.27}$$

以上的 $\boldsymbol{P}_0^{e}$ 也叫作温度等效载荷。和一般弹性问题的有限元列式相比，有限元方程式（6.24）中的载荷端增加了温度等效载荷项 $\boldsymbol{P}_0^{e}$。

6.2 弹塑性材料的有限元分析

6.2.1 弹塑性材料分析的基本原理

在一般的材料力学计算中，都是考虑处于弹性受力状态的设计，而且还需要选取一定的安全系数；但研究材料的弹塑性行为，并进行相应的受力分析还是具有非常重要的意义的，首先，许多结构都会因设计和工艺上的需要开有孔洞或出现应力/应变集中区，材料容易、有时不可避免地产生局部区域的塑性行为；其次，有的结构需要利用材料的塑性行为来进行结构设计，如轿车在发生碰撞时，需要充分利用材料的塑性来吸收能量，以尽量保护乘员；最后，在材料的加工工程中，就是专门利用材料的塑性行为来获

得具有形状功能的结构件，其塑性行为将是衡量材料加工性能的重要指标。研究弹塑性问题的关键在于物理方程的处理。

(1) 弹塑性材料的物理方程

典型的实验曲线是通过标准试样的单向拉伸与压缩来获得的，如图 6.1 所示。

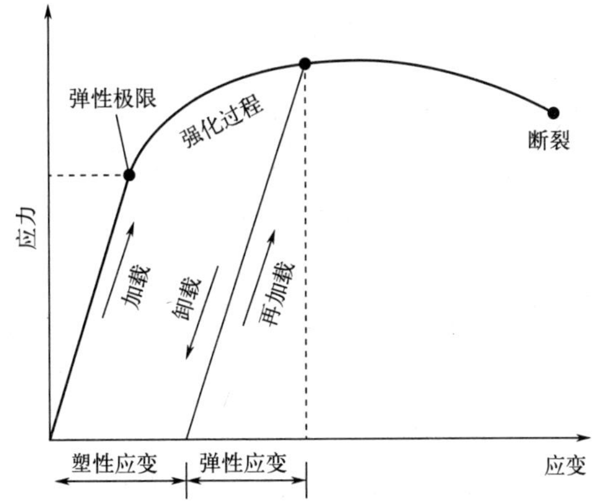

图 6.1 材料弹塑性行为的实验

在实际结构中，真实的情况是材料处于复杂的受力状态，即 σ_{ij} 中的各个分量都存在，基于材料的单拉应力-应变实验曲线，来描述复杂应力状态下材料的真实弹塑性行为，就必然涉及屈服准则、塑性流动法则、塑性强化准则这三个方面的描述，有了这三个方面的描述就可以完全确定出复杂应力状态下材料的真实弹塑性行为。

1) 屈服准则

用来确定材料产生屈服时的临界应力状态。大量的实验表明：材料的弹性极限或塑性屈服与静水压力无关；对于复杂应力状态，由等倾面组成的八面体平面上的正应力恰好就是静水压力，该八面体平面上的切应力为

$$\begin{aligned}\tau_8 &= \frac{1}{3}\sqrt{(\sigma_1-\sigma_2)^2+(\sigma_2-\sigma_3)^2+(\sigma_1-\sigma_3)^2}\\ &= \frac{1}{3}\sqrt{(\sigma_{xx}-\sigma_{yy})^2+(\sigma_{yy}-\sigma_{zz})^2+(\sigma_{zz}-\sigma_{xx})^2+6(\tau_{xy}^2+\tau_{yz}^2+\tau_{xz}^2)}\end{aligned} \tag{6.28}$$

它是决定材料是否产生屈服的力学参量，因此，初始屈服条件为

$$\tau_8=\tau_{yd} \tag{6.29}$$

其中，τ_{yd} 为临界屈服剪应力，将由实验来确定，一般是通过单拉实验来获得的，单拉实验获得的是临界屈服拉应力 σ_{yd}，所以通过以下关系来换算

$$\tau_{yd}=\frac{\sqrt{2}\sigma_{yd}}{3} \tag{6.30}$$

如果定义等效应力为

$$
\begin{aligned}
\sigma_{eq} &= \frac{3}{\sqrt{2}}\tau_8 \\
&= \frac{1}{\sqrt{2}}\sqrt{(\sigma_1-\sigma_2)^2+(\sigma_2-\sigma_3)^2+(\sigma_1-\sigma_3)^2} \\
&= \frac{1}{\sqrt{2}}\sqrt{(\sigma_{xx}-\sigma_{yy})^2+(\sigma_{yy}-\sigma_{zz})^2+(\sigma_{zz}-\sigma_{xx})^2+6(\tau_{xy}^2+\tau_{yz}^2+\tau_{xz}^2)}
\end{aligned}
\tag{6.31}
$$

则初始屈服条件式（6.29）可以写成

$$\sigma_{eq}=\sigma_{yd} \tag{6.32}$$

将等效应力写成更一般的形式，有

$$\sigma_{eq}=f(\sigma_{jj}) \tag{6.33}$$

其中，$\sigma_{jj}(\sigma_x,\ \sigma_y,\ \tau_{xy})$ 表示该点的应力状态，对于 2D 情况，它就是（ x，y，xy ）。则屈服面函数为

$$F(\sigma_{jj})=f(\sigma_{jj})-\sigma_{yd}=0 \tag{6.34}$$

如图 6.2 给出各种形式的屈服面函数。

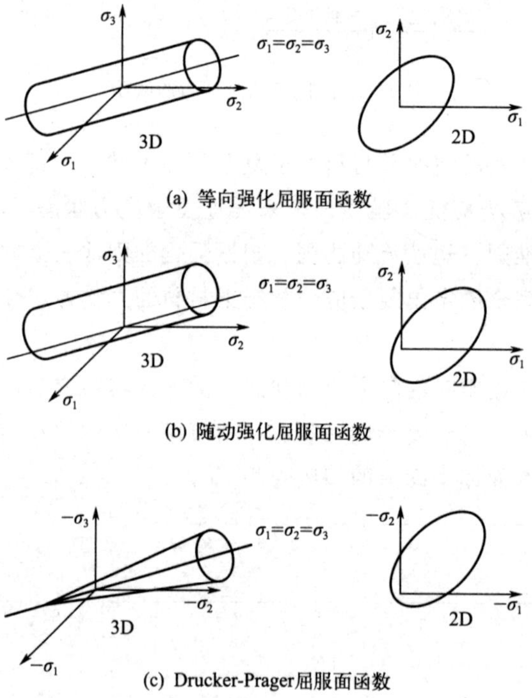

图 6.2 各种形式的屈服面函数

2）塑性流动法则

它用来确定塑性应变变化的大小和方向，它沿着一个势函数的法向增长，即

$$d\boldsymbol{\varepsilon}^{pl}=\lambda\partial\frac{Q}{\partial\boldsymbol{\sigma}} \tag{6.35}$$

其中，$d\boldsymbol{\varepsilon}^{pl}$ 为塑性应变增量；λ 为塑性增长乘子；Q 为塑性势函数，若为关联塑性

流动，则 Q 就是屈服面函数；即

$$Q(\boldsymbol{\sigma})=F(\boldsymbol{\sigma}) \tag{6.36}$$

当材料从一个塑性状态出发，其后继的行为是继续塑性加载还是弹性卸载要通过以下关系来判断：

如果 $F=0$，并且 $\dfrac{\partial F}{\partial \boldsymbol{\sigma}}\mathrm{d}\boldsymbol{\sigma}>0$，则继续塑性加载；

如果 $F=0$，并且 $\dfrac{\partial F}{\partial \boldsymbol{\sigma}}\mathrm{d}\boldsymbol{\sigma}<0$，则由塑性转为弹性卸载；

如果 $F=0$，并且 $\dfrac{\partial F}{\partial \boldsymbol{\sigma}}\mathrm{d}\boldsymbol{\sigma}=0$，则对于理想弹塑性材料，是塑性加载；对于硬化材料，此情况为中性变载，即继续为塑性状态，但不发生新的塑性流动。

3）塑性强化准则

用来描述屈服面是如何改变的，以确定后续屈服面的状态，一般有以下几种模型：

① 等向强化模型；

② 随动强化模型；

③ 混合强化（非等向）模型。

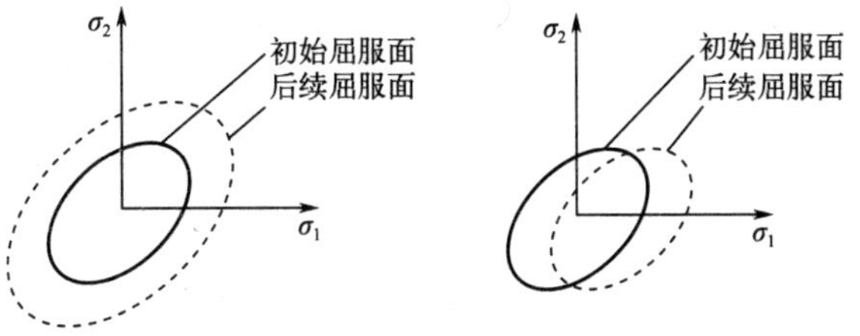

图 6.3　确定屈服面的塑性强化模型

等向强化和随动强化的模型如图 6.3 所示，在发生塑性强化的情况下，材料的临界屈服应力将随着塑性应变的积累而发生变化，即

$$\sigma_{yd}=\sigma_{yd}(\kappa, \alpha) \tag{6.37}$$

其中，κ 为塑性功；α 为屈服面的平移量，这两个量都可以通过实验来确定。

(2) 复杂应力状态下塑性应变增量的实际计算

基于以上的三方面准则，可以给出复杂应力状态下本构关系的增量形式，即

$$\sigma_{yd}=\sigma_{yd}(\kappa, \alpha) \tag{6.38}$$

6.2.2 基于全量理论的有限元分析列式

全量理论假设：整个加载过程为比例加载，其结果只与状态有关，与加载过程无关。基于全量理论的单元构造的基本表达式可将物理方程式（6.38）写成状态方程，即

$$\boldsymbol{\sigma} = \boldsymbol{D}^{\mathrm{ep}}(\boldsymbol{\varepsilon})\boldsymbol{\varepsilon} \tag{6.39}$$

其中，$\boldsymbol{D}^{\mathrm{ep}}(\boldsymbol{\varepsilon})$ 为弹塑性状态方程中的弹塑性矩阵。则所建立的有限元分析列式将为

$$\boldsymbol{K}^{\mathrm{ep}} = (\boldsymbol{q})\boldsymbol{q} = \boldsymbol{P} \tag{6.40}$$

其中

$$\boldsymbol{K}^{\mathrm{ep}}(\boldsymbol{q}) = \sum_{e}\int_{\Omega^{\mathrm{e}}} \boldsymbol{B}^{\mathrm{T}}\left[\boldsymbol{D}^{\mathrm{ep}}(\boldsymbol{q})\right]\boldsymbol{B}\,\mathrm{d}\Omega \tag{6.41}$$

由于为弹塑性本构关系，这时的刚度矩阵 $\boldsymbol{K}^{\mathrm{ep}}(\boldsymbol{q})$ 是位移 $\boldsymbol{q}$ 的函数，不是定常数矩阵。

6.2.3 基于增量理论的有限元分析列式

增量理论将考虑真实的加载过程，即变形结果与加载历史有关，写出增量形式下的弹塑性物理方程为

$$\Delta\boldsymbol{\sigma} = \boldsymbol{D}^{\mathrm{ep}}(\boldsymbol{\sigma},\ \boldsymbol{\varepsilon})\Delta\boldsymbol{\varepsilon} \tag{6.42}$$

在施加外载增量 $\Delta\bar{\boldsymbol{b}}$ 和 $\Delta\bar{\boldsymbol{p}}$ 的情况下，这时施加之前已有应力状态 $[\boldsymbol{\sigma}(t),\ \boldsymbol{b}(t),\ \bar{\boldsymbol{p}}(t)]$ 是处于平衡的，所以相应的虚功方程为

$$\int_{\Omega} \Delta\boldsymbol{\varepsilon}^{\mathrm{T}}\boldsymbol{D}^{\mathrm{ep}}\delta(\Delta\boldsymbol{\varepsilon})\mathrm{d}\Omega - \int_{\Omega} \Delta\bar{\boldsymbol{b}}\,\delta(\Delta\boldsymbol{u})\mathrm{d}\Omega - \int_{S_p} \Delta\bar{\boldsymbol{p}}\,\delta(\Delta\boldsymbol{u})\mathrm{d}A = 0 \tag{6.43}$$

设基于单元节点的位移及应变表达式为

$$\left.\begin{aligned}\Delta\boldsymbol{u}^{\mathrm{e}} &= \boldsymbol{N}\Delta\boldsymbol{q}^{\mathrm{e}}\\ \Delta\boldsymbol{\varepsilon}^{\mathrm{e}} &= \boldsymbol{B}\Delta\boldsymbol{q}^{\mathrm{e}}\end{aligned}\right\} \tag{6.44}$$

其中，$\Delta\boldsymbol{q}^{\mathrm{e}}$ 为单元的节点位移增量；$\boldsymbol{N}$ 和 $\boldsymbol{B}$ 分别为形状函数矩阵和几何矩阵。

可以给出整体有限元分析方程为

$$\boldsymbol{K}^{\mathrm{ep}}(\boldsymbol{q})\Delta\boldsymbol{q} = \Delta\boldsymbol{p} \tag{6.45}$$

其中

$$\boldsymbol{K}^{\mathrm{ep}}(\boldsymbol{q}) = \sum_{e}\int_{\Omega^{\mathrm{e}}} \boldsymbol{B}^{\mathrm{T}}\boldsymbol{D}^{\mathrm{ep}}(\boldsymbol{q}^{\mathrm{e}})\boldsymbol{B}\,\mathrm{d}\Omega$$

$$\Delta\boldsymbol{q} = \sum_{e}\Delta\boldsymbol{q}^{\mathrm{e}}$$

$$\Delta\boldsymbol{P} = \sum_{e}\int_{\Omega^{\mathrm{e}}} \boldsymbol{N}^{\mathrm{T}}\Delta\bar{\boldsymbol{b}}\,\mathrm{d}\Omega + \sum_{e}\int_{S_p^{\mathrm{e}}} \boldsymbol{N}^{\mathrm{T}}\Delta\bar{\boldsymbol{p}}\,\mathrm{d}A$$

6.2.4 非线性方程求解的 Newton-Raphson（N-R）迭代法

由上面的有限元分析方程可知，方程式（6.40）为非线性方程组，目前主要的求解方法有直接迭代法、Newton-Raphson（N-R）迭代法、改进的 N-R 迭代法。

下面主要介绍 Newton-Raphson 迭代法及其修正。

Newton-Raphson（N-R）迭代法的主要思路是进行分步逼近计算，在每一载荷增量步中，采用已得到的位移值代入并求得与位移相关的弹塑性矩阵的值，再进行线性计算，通过反复调整计算的载荷值与设定的载荷值的差来进行迭代，使其达到设定的

精度。

因此，将总载荷分成一系列载荷段，在每一载荷段内进行非线性方程的迭代，该方法的主要步骤如下。

步骤 1：将总外载 $\overline{\boldsymbol{P}}$ 分为一系列载荷段

$$\overline{\boldsymbol{P}}^{(1)},\quad \overline{\boldsymbol{P}}^{(2)},\quad \overline{\boldsymbol{P}}^{(3)},\quad \cdots,\quad \overline{\boldsymbol{P}}^{(n)}$$

步骤 2：在每一载荷段中进行多步循环迭代，直到在该载荷段内收敛。其中每一步的迭代计算公式为

$$\boldsymbol{K}^{\text{ep}}(\boldsymbol{q})\Delta\boldsymbol{q}=\Delta\boldsymbol{p}_i^{(k)} \tag{6.46}$$

式（6.46）中的 $\Delta\boldsymbol{p}_i^{(k)}$ 为

$$\Delta\boldsymbol{p}_i^{(k)}=\Delta\boldsymbol{p}_{i+1}^{(k)}-\boldsymbol{p}_i^{(k)} \tag{6.47}$$

步骤 3：进行所有载荷段的循环迭代，并将结果进行累加，如图 6.4 所示。

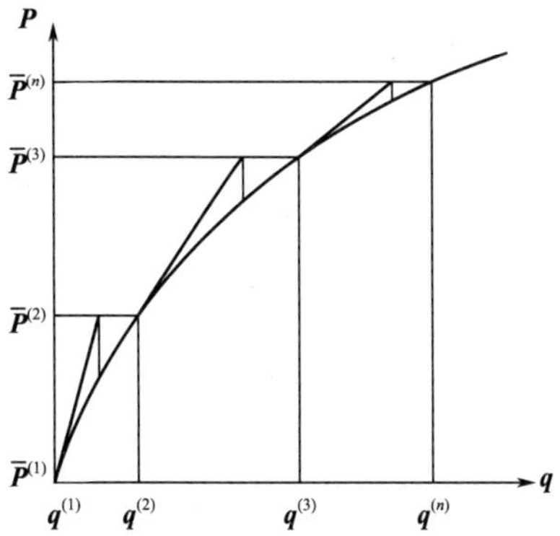

图 6.4　进行所有载荷段内的迭代计算

N-R 迭代法需要每次重新形成切线刚度矩阵并进行求逆，带来较大的计算量；如果切线刚度矩阵总是采用初始的，并且保持不变，则可以大大减少计算量，这种方法叫作修正的 N-R 迭代法，如图 6.5 所示。

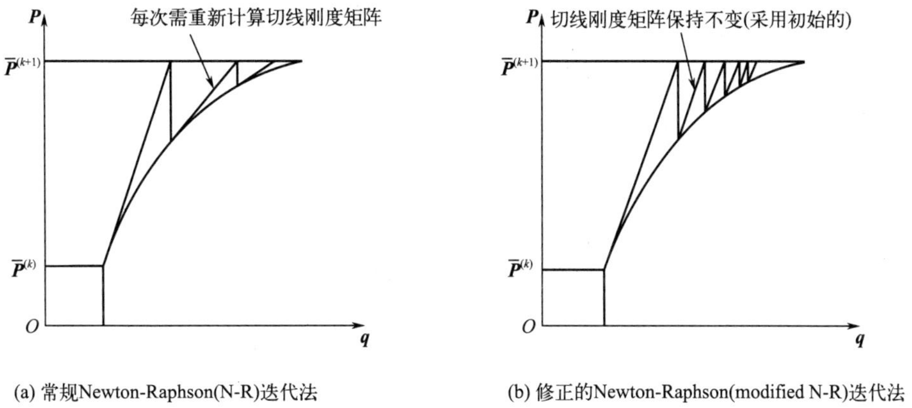

图 6.5　Newton-Raphson 迭代法与修正的 Newton-Raphson 迭代法

参考文献

[1] 陈义华．数学模型［M］．重庆：重庆大学出版社，1995.

[2] 陈理荣，等．数学建模导论［M］．北京：北京邮电大学出版社，1999.

[3] 邱大年，等．计算机在材料科学中的应用［M］．北京：北京工业大学出版社，1990.

[4] 谌安琦．科技工程中的数学模型［M］．北京：中国铁道出版社，1988.

[5] 熊家炯．材料设计［M］．天津：天津大学出版社，2000.

[6] 赵清澄．光测力学教程［M］．北京：高等教育出版社，1990.

[7] 冯端，等．金属物理学：第一卷　结构与缺陷［M］．北京：科学出版社，1998.

[8] 冯端，等．金属物理学：第二卷　相变［M］．北京：科学出版社，1998.

[9] 何曼君，等．高分子物理（修订版）［M］．上海：复旦大学出版社，1990.

[10] 马昌凤，林伟川．现代数值计算方法．北京：科学出版社，2018.

[11]（英）蓝凯维奇（Zienkiewicz，O C），（美）泰勒（Taylor，R L）．有限元方法：第1卷．基本原理［M］．5版．曾攀，译．北京：清华大学出版社，2007.